육 · 해 · 공군

ROTC/
학사장교

고득점 단기완성

KIDA 간부선발도구
+ 고난도 문제

SD에듀
(주)시대고시기획

2024 SD에듀 ROTC / 학사장교 KIDA 간부선발도구 고득점 단기완성

Always with you

사람의 인연은 길에서 우연하게 만나거나 함께 살아가는 것만을 의미하지는 않습니다.
책을 펴내는 출판사와 그 책을 읽는 독자의 만남도 소중한 인연입니다.
SD에듀는 항상 독자의 마음을 헤아리기 위해 노력하고 있습니다. 늘 독자와 함께하겠습니다.

머리말

장교란 소위 이상의 군인으로, 군대로부터 직접 전투부대를 통솔할 수 있는 권한 또는 전문적인 능력을 갖추고 기술적·행정적으로 지휘관을 보좌하는 임무를 부여받은 사람을 말합니다. 이렇게 중요한 임무를 띠고 있는 만큼 우리나라의 육·해·공군에서는 미래에 전장을 지휘할 수 있는 경쟁력을 갖춘 장교를 선발하기 위해 그 과정에 심혈을 기울이고 있습니다.

군 장교가 되는 방법은 다양하지만 장교가 되기 위해서는 정규 종합대학 졸업 이상의 학력을 갖추어야 하고, 사관생도가 아닌 경우에는 소정의 사관후보생 과정을 반드시 거쳐야 합니다. 이를 위해 각 군의 특성에 따라 적합한 인재를 선발하기 위해 별도의 필기시험 과정인 KIDA 간부선발도구를 시행하고, 한국사 등을 평가하고 있습니다.

이에 SD에듀에서는 다년간 장교도서 시리즈 판매 1위의 출간 경험과 모집전형의 철저한 모니터링을 통해 수험생들이 혼란을 겪지 않고, 보다 효과적으로 학습할 수 있도록 본 도서를 출간하였습니다. 본서가 시험을 준비하는 수험생들을 합격의 지름길로 인도할 수 있기를 바라며, 수험생 여러분들 모두 대한민국의 멋진 장교가 되시기를 소망합니다.

본서의 특징

❶ 군 전문가들의 철저한 분석을 통해 입수 가능한 모든 문제와 자료를 담았습니다.

❷ 전문 편집자들의 손을 거쳐 최신 출제경향에 맞도록 완성도를 높였습니다.

❸ 고득점을 할 수 있도록 과목별 고난도 문제를 수록하였습니다.

❹ 오직 수험생들을 위해 문제와 관련된 심화 내용을 학습할 수 있는 'Level UP', 실제 시험에서 적용 가능한 '전략 TIP' 등을 담았습니다.

SD 장교수험기획실 씀

육군 ROTC(학군사관) 선발 안내

※ 2023년 선발을 기준으로 작성한 것이므로 정확한 시험 정보는 육군 ROTC 사이트(www.armyofficer.mil.kr)를 확인해 주시기 바랍니다.

🔄 지원자격

❶ 사상이 건전하고 품행이 단정하며 체력이 강건한 자

❷ 연령: 임관일 기준 만 20세 이상 27세 이하인 대한민국 남녀

※ 제대군인(군필자)은 복무기간에 따라 응시 연령의 상한이 연장되고, 박사학위 취득자는 임관일 기준 만 29세까지 지원 가능함

❸ 수학 기간이 5년으로 연장되는 학과와 부전공, 복수전공, 전과 등의 사유로 수학 기간 5년에 졸업이 가능하다고 대학에서 인정한 재학생(학년마다 다름)

🔄 선발절차

3~4월	4월	5~6월	8월
지원서 접수	1차 선발평가	최종 선발평가	최종 합격

🔄 선발요소 및 배점

구분	계	1차 선발평가			최종 선발평가			
		필기시험	대학성적	수능/내신	면접평가	체력인증	신체검사	신원조사
정시	1,000점	200점	200점	200점	300점	100점	합·불	심의반영
사전	1,000점	200점	–	400점	300점	100점	합·불	심의반영

※ 동점자는 필기, 면접, 체력, 대학성적, 수능 또는 내신성적 순으로 선발

🔄 1차 선발평가

❶ 필기시험

구분	1교시(60분)	2교시(50분)		3교시(30분)
내용	공간능력, 언어/논리력, 자료해석, 지각속도	직무성격검사	상황판단검사	인성검사/복무적합도 검사
배점	160점	–	40점	–

❷ 대학성적(정시), 수능 또는 고교내신 반영: 모집요강 참조

❸ 선발방법: 1차 평가요소 종합성적 순으로 선발정원의 170% 선발

○ 최종 선발평가

❶ 면접평가

- 평가요소 및 배점

구분	제1시험장(개별 면접)	제2시험장(집단 토론)	제3시험장(개별 면접)
요소	국가관/안보관(60), 리더십/사회성(60)	표현력(30), 논리성(30), 참여도(30), 이해력(30)	지원동기/성장환경(30), 인성/품성(30)
배점	120점	120점	60점

※ 종합판정 : 면접관 2명 이상 재고 판정시 선발제외, 면접관 1명만 재고 판정시 심의 후 판정

❷ 신체검사

- 신체등위 판정 기준: 3급 이상
  ※ BMI 등급이 3급인 인원도 지원 가능하나 선발위원회에서 심의를 통해 합 · 불 결정
- 신체검사 종합 등급: 1 · 2급(합격), 3급(심의로 결정), 4급 이하(불합격)

❸ 체력인증

- 체력인증서에 의한 체력등급별 점수 부여
- 배점

구분	1~3급	불합격			
		1종목	2종목	3종목	4종목
점수	100점	98점	96점	94점	불합격

- 평가 항목

구분	건강체력	운동체력(택1)
만 19세 이상	• 근력: 악력 • 유연성: 윗몸앞으로 굽히기 • 근지구력 – 교차윗몸일으키기 – 반복점프(만 19세 이상 미해당) • 심폐지구력, 왕복오래달리기, 트레드밀 검사, 스텝 검사(택1)	• 민첩성: 10m 왕복달리기 • 순발력: 제자리멀리뛰기
만 18세 이하		• 민첩성: 일리노이 검사 • 순발력: 체공시간 • 협응력: 눈–손 협응력

육군 학사장교(학사사관) 선발 안내

※ 2023년 선발을 기준으로 작성한 것이므로 정확한 시험 정보는 육군 학사장교 사이트(www.goarmy.mil.kr)를 확인해 주시기 바랍니다.

⟳ 지원자격

❶ 연령: 임관일 기준 만 20세 이상 27세 이하인 대한민국 남녀
   ※ 제대군인(군필자)은 복무기간에 따라 응시 연령의 상한이 연장됨
❷ 4년제 대학 졸업자 또는 해당연도 졸업예정자, 법령에 따른 동일 수준 이상의 학력이 있다고 인정된 자
❸ 군인사법상 결격사유에 해당하지 않는 자

⟳ 선발절차

3월	4~5월	5~9월	9월
지원서 접수	1차 평가	2차 평가	최종 합격

⟳ 선발요소 및 배점

구분	1차 평가 (필기)	2차 평가							
		계	면접평가	체력검정	대학성적	잠재역량	한국사 (가점)	신체검사	신원조사
배점	합·불(서열)	105점	50점	20점	25점	5점	5점	합·불	최종심의 시 반영

⟳ 1차 평가(필기평가)

구분	1교시(85분)	2교시(60분)	3교시(50분)
평가과목	공간능력(18문항), 언어논리(25문항), 자료해석(20문항), 지각속도(30문항)	상황판단(15문항), 직무성격검사(180문항)	인성검사(338문항)

2차 평가

❶ 면접평가: 2단계 면접으로 구분하여 진행

구분	1단계(AI면접)	2단계(대면면접)	
	대인관계 기술 및 행동역량 평가	1면접(개인발표/집단토론)	2면접(개별)
평가요소	• 확고한 윤리의식 • 공감적 소통 • 회복 탄력성 • 적극적 임무수행 • 솔선수범	• 군 기본자세 • 리더십 · 상황판단 • 국가관 · 안보관 • 표현력 · 논리성 • 이해력 · 판단력	인성, 자질평가
배점	10점	40점	합 · 불

※ AI면접은 기회가 1회만 부여되므로 사전 시스템 점검 등 사전 준비 철저

❷ 신체검사: 육군모집 홈페이지의 '육군 신체검사 기준표' 참조

❸ 체력검정
- '국민체력인증센터' 인증서로 평가
- 배점

구분	전 종목 합격	불합격			
		1종목	2종목	3종목	4종목
배점	20점	18점	16점	14점	불합격

- 평가 항목

구분	건강체력	운동체력(택1)
내용	• 근력: 악력 • 유연성: 윗몸앞으로 굽히기 • 근지구력: 교차윗몸일으키기 • 심폐지구력: 왕복오래달리기, 스텝 검사(택1)	• 민첩성: 10m 왕복달리기 • 순발력: 제자리멀리뛰기

※ 유효기간: 서류제출 마감일 기준 6개월 이내 취득

❹ 기타역량
- 대학성적/수능(내신)성적(25점): 대학수학능력시험 성적과 고등학교 내신성적 중 본인에게 유리한 것만 제출
- 잠재역량(5점): 전산, 영어, 제2외국어 등 12개 분야로, 분야별 해당 자격증 원본 또는 사본 필요
- 한국사 평가(가점): 한국사능력검정시험 인증 등급

해군 ROTC(학군사관후보생) 선발 안내

※ 2023년 후반기 선발을 기준으로 작성한 것이므로 정확한 시험 정보는 각 학교 학군단 홈페이지를 참고 바랍니다.

🔄 지원자격

❶ 대상: 한국해양대, 부경대, 목표해양대, 제주대학교에 재학 중인 비승선학과 2학년생(4년제 학과) 또는 3학년생(5년제 학과)
❷ 연령: 임관일 기준 만 20세 이상 27세 이하인 대한민국 남녀
❸ 신체: 신체등급 3급 이상
❹ 군인사법상 결격사유에 해당하지 않는 자

🔄 선발절차

9~10월	11월	11~12월	24년 1월
지원서 접수	1차 전형	2차 전형	최종 합격

🔄 선발요소 및 배점

구분	계	1차 전형(필기시험)				2차 전형			신원조사
		KIDA 간부선발도구	한국사	인성검사	가산점 (배점 外)	체력검정	면접	신체검사	
배점	100점	55점	10점	합·불	10점	15점	20점	합·불	활용

※ 체력검정은 국민체력인증센터(국민체력100) 인증서 반영

🔄 1차 전형

❶ KIDA 간부선발도구

배점	인지능력적성검사				상황판단검사	직무성격검사
	언어논리	자료해석	지각속도	공간능력		
55점	30%	30%	10%	10%	20%	면접 참고

※ 언어논리, 자료해석 과목 중 1개 과목 이상 성적이 해당과목 배점의 30% 미만인 자는 불합격

❷ 한국사: 한국사능력검정시험 인증서 제출
❸ 인성검사: MMPI-Ⅱ 인성검사지를 이용한 검사
❹ 가산점: 영어, 제2외국어, 전산 등

◯ 2차 전형

❶ 면접

- AI면접(4점)
- 대면면접(16점)

배점	간부자질			일반사항			
	국가 · 역사관	품성 · 태도	리더십 · 학교생활	전문지식	표현력	목적의식	성장환경
16점	20%	20%	10%	15%	15%	10%	10%

※ 평가결과 1개 분야 이상 "가"로 평가되었거나, 종합점수 "미(46점)" 미만인 자는 불합격

❷ 신체검사: 세부사항은 해군 홈페이지 신체검사기준 참조

배점	신장(cm)	BMI(kg/m^2)	비고
남	159~195	17~32	• 질병 · 심신장애 정도에 따른 신체등위 3급 이상
여	152~183	17~32	• 색약: 항해, 항공조종을 제외한 전 병과 지원 가능 • 색맹: 지원 불가

※ 신체등급 3급 기준

❸ 체력검정

- '국민체력인증센터' 인증서, 항목별 평가결과지 제출
- 배점

구분	1급	2급	3급	불합격 종목수별 점수			
				1종목	2종목	3종목	4종목
배점	15점	14.5점	14점	13점	12.5점	12점	불합격

※ 2차 전형 마감일 기준 1년 이내에 취득한 인증서만 인정

해군 학사장교(학사사관후보생) 선발 안내

※ 2023년 선발을 기준으로 작성한 것이므로 정확한 시험 정보는 해군 학사장교 사이트(www.navy.mil.kr)를 확인해 주시기 바랍니다.

◑ 지원자격

❶ 연령: 임관일 기준 만 20세 이상 29세 이하인 대한민국 남녀

　※ 제대군인(군필자)은 복무기간에 따라 응시 연령의 상한이 연장되고, 박사학위 취득자는 임관일 기준 만 31세까지 지원 가능함

❷ 학력: 학사학위 취득(예정)자 또는 이와 동등 이상의 학력 소지자

❸ 신체: 신체등급 3급 이상

❹ 사상이 건전하고 품행이 단정하며 건강한 자

❺ 군인사법상 결격사유에 해당하지 않는 자

◑ 선발절차

9~10월	10월	11~12월	24년 2월
지원서 접수	1차 전형	2차 전형	최종 합격

◑ 일반분야 평가요소 및 배점

평가요소	1차 전형			2차 전형			가산점	계
	간부선발도구(필기시험)	한국사능력검정시험	소계	신체/인성검사	면접(AI면접 20% 반영)	신원조사		
배점	210점	20점	230점	합 · 불	200점	활용	50점	480점

◑ 1차 전형

❶ KIDA 간부선발도구

구분	인지능력적성검사(93문항/58분)				상황판단검사(15문항/20분)	직무성격검사(180문항/30분)	소계
	언어논리	자료해석	지각속도	공간지각			
배점	68점	68점	16점	16점	42점	면접 참고	210점

※ 필기시험 총점의 50% 미만 또는 언어논리, 자료해석 과목 중 1개 이상의 성적이 30% 미만인 자는 불합격(과락) 처리

❷ 한국사: 한국사능력검정 인증서 제출

2차 전형

❶ 면접

- AI면접: 소프트스킬 및 BEI역량 평가(40점)
- 대면면접

구분	군인기본자세	문제해결능력	적응력	국가관 · 안보관 · 역사관
배점	30점	50점	60점	60점
평가중점	• 태도(10) • 발성발음 · 외적자세 (20)	• 표현력 · 논리성(40) • 창의성(10)	• 목적의식(20) • 리더십 · 학교생활(25) • 해군지식 · 병과 일반 지식(15)	• 국가 · 역사관(40) • 안보관(20)

※ 면접평가 불참자는 불합격 처리

- 인성검사: MMPI – Ⅱ 인성검사지를 이용한 검사

❷ 신체검사: 세부사항은 해군 홈페이지 신체검사기준 참조

배점	신장(cm)	BMI(kg/m²)	비고
남	159~195	17~32	• 질병 · 심신장애 정도에 따른 신체등위 3급 이상 • 색약: 항해, 항공조종을 제외한 전 병과 지원 가능 • 색맹: 지원 불가
여	152~183	17~32	

※ 신체등급 3급 기준

❸ 체력 가산점

- '국민체력인증센터' 인증서 제출
- 체력 가산점 적용

구분	가산점 적용			자격시험종류
	1점	3점	5점	
체력등급	3급	2급	1급	국민체력인증센터

※ 서류제출 12개월 이내

공군 ROTC(학군사관후보생) 선발 안내

※ 2023년 선발을 기준으로 작성한 것이므로 정확한 시험 정보는 각 학교 학군단 홈페이지를 참고 바랍니다.

지원자격

❶ 사상이 건전하고 품행이 단정하며 체력이 강건한 대한민국 국민
❷ 대상: 공군 학군단이 설치된 대학교(항공대, 한서대, 교통대, 경상국립대, 서울과기대, 숙명여대, 연세대)의
   1 · 2학년 학생(5학년 학과의 경우 2 · 3학년)
   ※ 편입생인 경우 3학년으로 정상 진학이 가능하다고 대학에서 추천된 학생
   ※ 모집정원의 10% 수준 추가 선발 가능
   ※ 2학년은 전년도 선발인원 입단 포기 등의 경우 소요 변동 가능
❸ 연령: 임관일 기준 만 20세 이상 27세 이하인 대한민국 남녀
   ※ 제대군인(군필자)은 복무기간에 따라 응시 연령의 상한 연장
❹ 군인사법상 결격사유에 해당하지 않는 자

선발절차

3~4월	5~6월	6~8월	8월
지원서 접수	1차 전형	2차 전형	최종 합격

선발요소 및 배점

구분	1차 전형	2차 전형					최종선발 위원회
	필기시험	필기시험(1차)	면접	대학성적	신체검사	신원조사	
2학년	100점 (100%)	100점 (40%)	25점 (30%)	100점 (30%)	합 · 불	적 · 부	1 · 2차 전형결과 종합 선발
1학년							

◯ 1차 전형

구분	1교시					2교시			계
	언어논리	자료해석	공간능력	지각속도	소계	상황판단	직무성격	소계	
문항 수	25개	20개	18개	30개	93개	15개	180개	195개	288개
배점	30점	30점	10점	10점	80점	20점	면접자료	20점	100점

표 상단: KIDA 간부선발도구

※ 합격 최저기준: 40점, 필기점수 배점의 40% 이상, 최저점수 미만 시 불합격 처리

◯ 2차 전형

❶ 신체/인성검사: 1차 전형 합격자 전원 대상

❷ 체력인증/면접
- 체력인증: '국민체력인증센터' 인증서 제출
- 면접(25점)

평가항목	핵심가치	국가관	리더십	품성	표현력	태도 · 예절	성장환경
세부평가내용	도전, 헌신, 전문성, 팀워크	안보의식, 역사 · 시민의식	결단 · 추진력, 솔선수범	성실성, 도덕성	논리성, 자신감	예의 · 바른 자세	취미 · 특기 활동
배점	8점	4점	3점	3점	3점	2점	2점

※ 최종선발 시 점수반영(25%)
※ 각 면접관 평가항목 중 1개 항목이라도 0점 부여 또는 전 면접관 총점 평균이 15점 미만 시 불합격 판정

공군 학사장교(학사사관후보생) 선발 안내

※ 2023년 선발을 기준으로 작성한 것이므로 정확한 시험 정보는 공군 학사장교 사이트(www.airforce.mil.kr)를 확인해 주시기 바랍니다.

지원자격

❶ 연령: 임관일 기준 만 20세 이상 27세 이하인 대한민국 남녀

※ 제대군인(군필자)은 복무기간에 따라 응시 연령의 상한 연장

❷ 학력: 국내 · 외 대학(4년제) 학사 학위 취득(예정)자 또는 법령에 따라 이와 같은 수준 이상의 학력이 있다고 인정된 자(교육부 인정학위 독학사, 학점은행제, 방통대, 사이버대 등 취득자 포함)

❸ 군인사법상 결격사유에 해당하지 않는 자

선발절차

3월	4~6월	6~7월	7월
지원서 접수	1차 전형	2차 전형	최종 합격

평가요소 및 배점

1차 전형	2차 전형				
필기시험	신체검사	면접	신원조사	결격사유	최종선발위원회
100점	합 · 불	화상(20점) AI(5점)	적 · 부	적 · 부	종합 심사

1차 전형

구분	KIDA 간부선발도구								계
	1교시					2교시			
	언어논리	자료해석	공간능력	지각속도	소계	상황판단	직무성격	소계	
문항 수	25개	20개	18개	30개	93개	15개	180개	195개	288개
배점	30점	30점	10점	10점	80점	20점	면접자료	20점	100점

※ 합격 최저점수: 40점(KIDA 간부선발도구 배점의 40% 이상)

🔄 2차 전형

❶ 신체검사

구분	내용
신체기준	• 남: 159cm 이상 204cm 미만/BMI: 17 이상 33 미만 • 여: 155cm 이상 185cm 미만/BMI: 17 이상 33 미만
시력	• 교정시력 우안 0.7 이상, 좌안 0.5 이상(왼손잡이는 반대) • 시력 교정수술을 한 사람은 입대 전 최소 3개월 이상 회복기간 권장
색각	• 별도 기준 적용 • 5급 공채자, 공인회계사, 어학우수자, 공사 · 항과고 교관, 사법시험 · 변호사시험 합격자 및 외국변호사는 색각 이상자 선발 가능
기타	혈압 등 세부기준은 공군 내부 규정에 따름

❷ 면접

• AI면접: 일반 면접과 병행하여 점수(5점) 반영
• 대면면접: 20점 만점

평가항목	핵심가치	국가관	리더십	품성	표현력	태도 · 예절	성장환경
세부평가내용	도전, 헌신, 전문성, 팀워크	안보의식, 역사 · 시민의식	결단 · 추진력, 솔선수범	성실성, 도덕성	논리성, 자신감	예의 · 바른 자세	취미 · 특기 활동
배점	6점	3점	3점	3점	3점	1점	1점

※ 면접관(1명)의 평가항목 중 1개 항목이라도 0점 부여 또는 면접관(3명) 총점 평균이 10점 미만 시 불합격 판정

❸ 국민체력인증결과 제출

🔄 입영 전형

❶ 대상: 최종 합격자 전원

❷ 전형 내용

구분	내용
정밀신체검사	• 검사과목: 구강검사, 혈액, X-ray, 소변검사(여성은 부인과 검사 포함) 등 • 공군 신체검사 규정 합격등위 기준 적용
인성검사	복무적합도 검사

❸ 지참물: 합격통지서, 신분증, 최종학력증명서(졸업증명서 등), 산부인과 문진 결과지(임신반응검사 포함), 외국 국적 포기확인서(복수 국적 포기자)

※ 지원서에 기재한 자격 외 추가 자격이 있을 경우 지참 가능(특기분류 시 활용)
※ 신체검사 조건부 합격자는 민간병원 발급 진단서 지참

육·해·공군
ROTC
학사장교

고득점 단기완성

KIDA 간부선발도구 + 고난도 문제

문제편

제 1 편

공간능력

● 공간능력이란?

공간능력은 '공간에 대한 이해력(공간시각화)과 심상 회전능력(공간관계)'을 측정하는 검사로, 주어진 입체도형 또는 전개도 등을 보고 그 형태와 구조를 파악·추론할 수 있는 능력을 측정하는 검사입니다.

● 출제 유형은?

총 4개의 유형이 출제되고, 18문항을 10분 안에 풀어야 합니다. 풀이법이 다소 정형화되어 있어 반복 학습을 통해 유형을 익힌다면 충분히 시간 안에 고득점을 받을 수 있습니다.

- **전개도 펼침**: 제시된 입체도형을 펼쳤을 때, 이에 알맞은 전개도를 찾는 유형
- **전개도 닫힘**: 제시된 전개도를 접었을 때, 이에 알맞은 입체도형을 찾는 유형
- **블록 개수 세기**: 제시된 블록 구조물을 보고, 블록의 개수를 세는 유형
- **블록 겨냥도**: 제시된 블록 구조물을 특정 방향(정면, 좌측, 우측, 상단)에서 바라보았을 때, 이에 일 치하는 단면을 찾는 유형

● 출제 유형별 예상 비중은?

제 1 장 유형 익히기

| 유형 1 | 전개도 펼침

다음 입체도형의 전개도로 알맞은 것은?

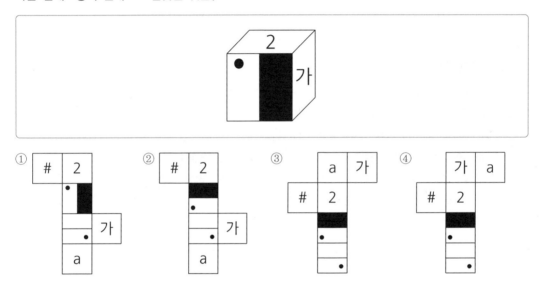

① # 2 · 가 a ② # 2 · 가 a ③ a 가 # 2 · · ④ 가 a # 2 · ·

Q 정답해설

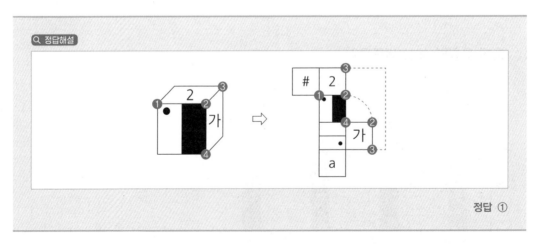

정답 ①

전략 TIP 입체도형(정육면체)과 전개도가 일치하는 것을 찾는 문제입니다. 입체도형의 그림과 주변에 있는 기호의 관계를 파악하여 이와 일치하는 전개도를 찾아봅니다.

|유형 2| 전개도 닫힘

다음 전개도의 입체도형으로 알맞은 것은?

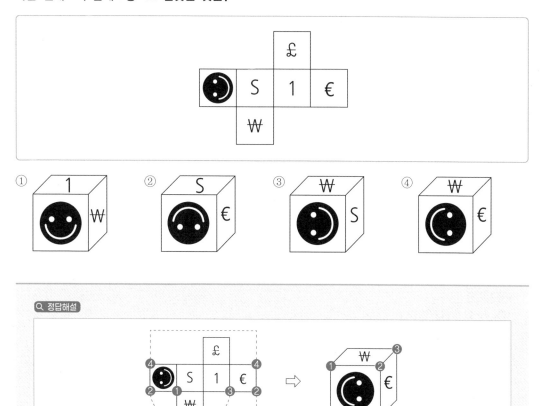

전략 TIP 전개도를 입체도형으로 연상하는 능력이 중요합니다. 전개도에서 어떠한 면이 서로 맞닿아 입체도형을 이루는지를 이해해야 합니다. 시험지를 돌려보거나 가필할 수 없기 때문에 숙련이 필요합니다.

아래에 제시된 그림과 같이 쌓기 위해 필요한 블록의 수를 고르시오.

* 블록은 모양과 크기가 모두 동일한 정육면체임

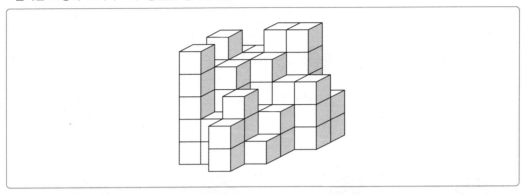

① 64개　　　　② 66개　　　　③ 68개　　　　④ 70개

🔍 정답해설

1층: 4+4+5+4+2=19개
2층: 4+4+5+3+2=18개
3층: 4+3+3+2+1=13개
4층: 4+3+2+1+0=10개
5층: 2+0+1+1+0=4개
∴ 19+18+13+10+4=64개

정답 ①

전략 TIP　쌓여진 블록의 개수를 세는 문제입니다. 아래층부터 각 열의 블록 개수를 세고 합산하여 총 개수를 찾아 봅니다.

| 유형 4 | 블록 겨냥도

아래에 제시된 블록들을 화살표로 표시한 방향에서 바라봤을 때의 모양으로 알맞은 것을 고르시오.

* 블록은 모양과 크기가 모두 동일한 정육면체임

* 바라보는 시선의 방향은 블록의 면과 수직을 이루며, 원근에 의해 블록이 작게 보이는 효과는 고려하지 않음

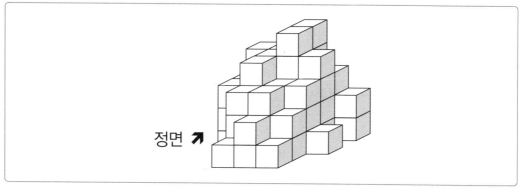

정면 ↗

① 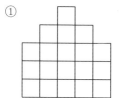   ② 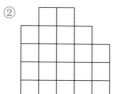   ③ 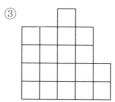   ④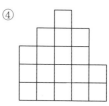

🔍 정답해설

정면으로 바라보았을 때, 4층 – 4층 – 5층 – 4층 – 2층으로 구성되어 있다.

정답 ③

전략 TIP 특정 위치에서 바라보았을 때의 모양을 찾는 문제입니다. 정면, 좌측, 우측, 상단에서 바라보았을 때 일치하는 모양을 각 열의 층수를 세어 봅니다.

제2장 고득점 문제

유형 1 | 전개도 펼침

[01~31] 다음에 이어지는 문제에 답하시오.

- 입체도형을 펼쳐 전개도를 만들 때, 전개도에 표시된 그림(예: ▌, ◪ 등)은 회전의 효과를 반영함. 즉, 본 문제의 풀이과정에서 보기의 전개도상에 표시된 "▐"와 "▅"은 서로 다른 것으로 취급함
- 단, 기호 및 문자(예: ☎, ♤, ♨, K, H 등)의 회전에 의한 효과는 본 문제의 풀이과정에 반영하지 않음. 즉, 입체도형을 펼쳐 전개도를 만들 때, "ㅁ"의 방향으로 나타나는 기호 및 문자도 보기에서는 "ㅁ"의 방향으로 표시하며 동일한 것으로 취급함

01 다음 입체도형의 전개도로 알맞은 것은?

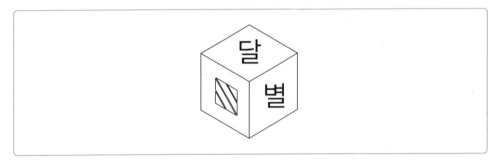

①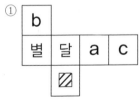

②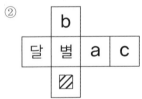

③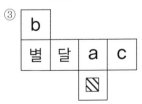

④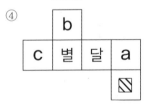

02 다음 입체도형의 전개도로 알맞은 것은?

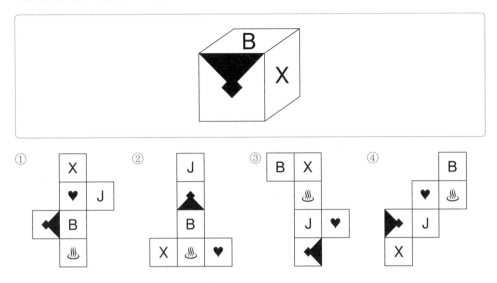

03 다음 입체도형의 전개도로 알맞은 것은?

①
사돈			
사람	사슴	사과	사랑
	사자		

②
사돈			
사람	사슴	사과	사랑
		사자	

③
	사돈		
사랑	사람	사슴	사과
		사자	

④
	사돈		
사슴	사람	사과	사랑
	사자		

공간능력 지각속도 언어논리 자료해석

04 다음 입체도형의 전개도로 알맞은 것은?

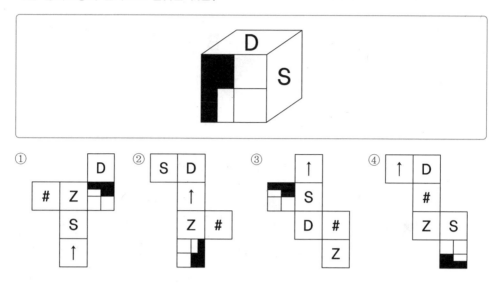

① ② ③ ④

05 다음 입체도형의 전개도로 알맞은 것은?

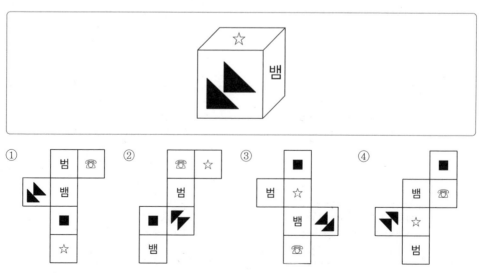

① ② ③ ④

06 다음 입체도형의 전개도로 알맞은 것은?

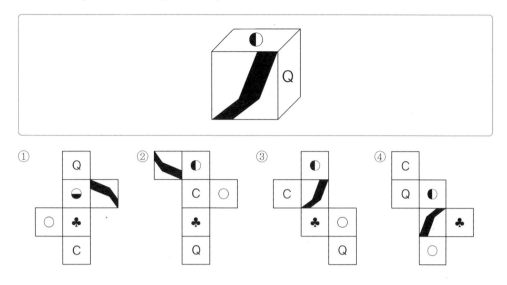

07 다음 입체도형의 전개도로 알맞은 것은?

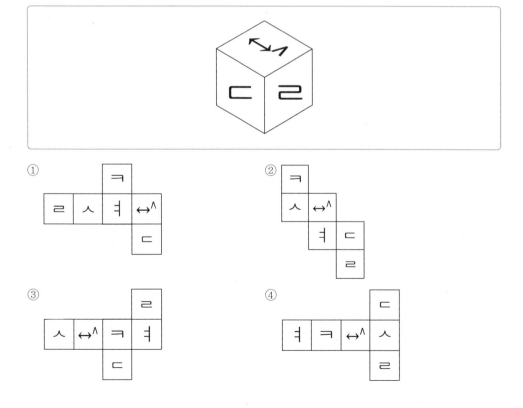

08 다음 입체도형의 전개도로 알맞은 것은?

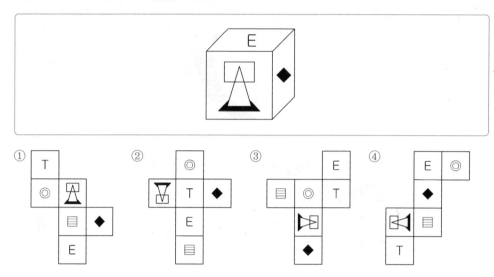

09 다음 입체도형의 전개도로 알맞은 것은?

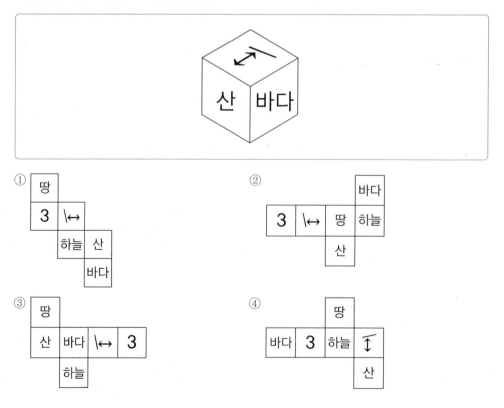

10 다음 입체도형의 전개도로 알맞은 것은?

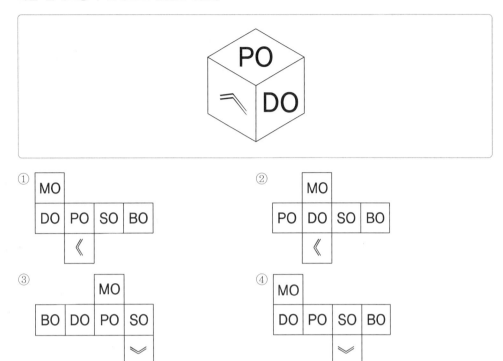

11 다음 입체도형의 전개도로 알맞은 것은?

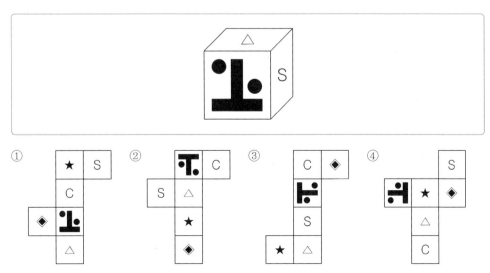

12 다음 입체도형의 전개도로 알맞은 것은?

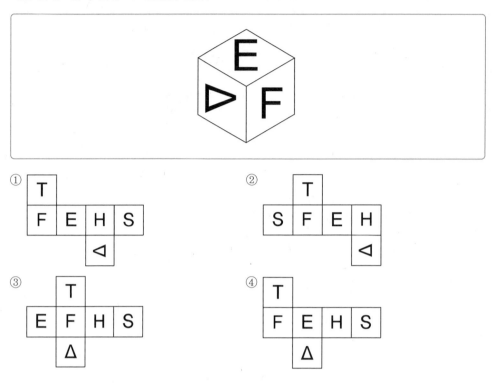

13 다음 입체도형의 전개도로 알맞은 것은?

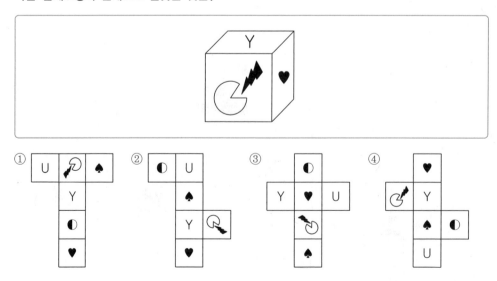

14 다음 입체도형의 전개도로 알맞은 것은?

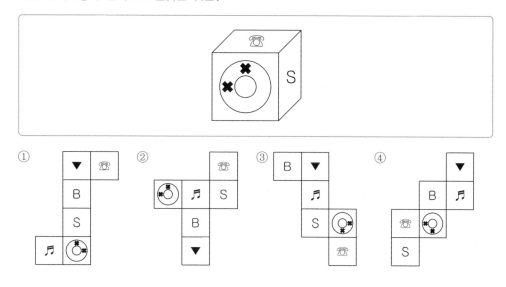

15 다음 입체도형의 전개도로 알맞은 것은?

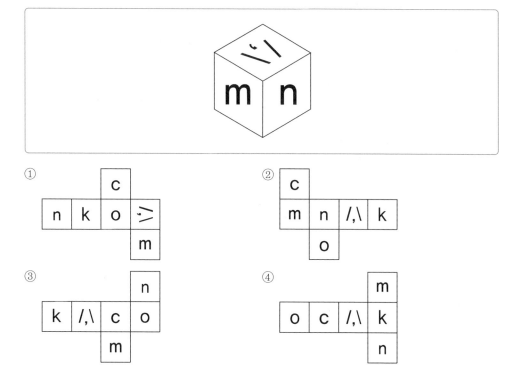

16 다음 입체도형의 전개도로 알맞은 것은?

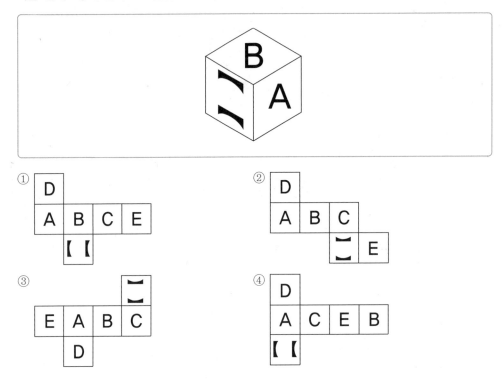

17 다음 입체도형의 전개도로 알맞은 것은?

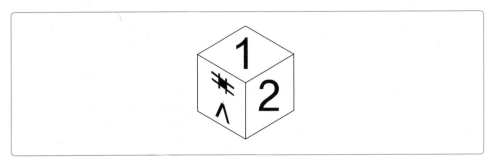

①

		5	
7	2	1	3
		∨ ≭	

②

5			
2	3	7	1
# <			

③

5			
2	1	3	
		∨ ≭	7

④

			∨ ≭
7	2	1	3
	5		

18 다음 입체도형의 전개도로 알맞은 것은?

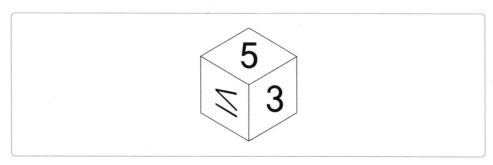

①

	ㄴ		
3	5	2	ㅜ
		Ⅵ	

②

	ㄴ		
ㅜ	3	5	2
			Ⅵ

③

	ㄴ		
5	3	2	ㅜ
	Ⅵ		

④

	ㄴ		
3	5	2	ㅜ
	Ⅵ		

19 다음 입체도형의 전개도로 알맞은 것은?

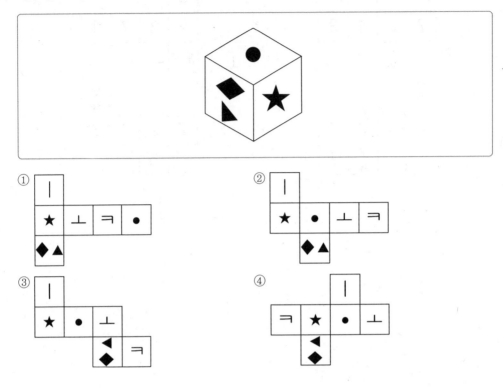

20 다음 입체도형의 전개도로 알맞은 것은?

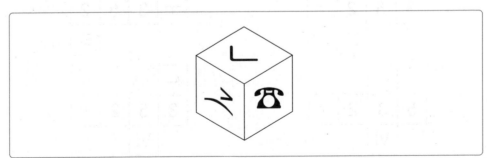

①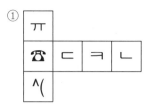

②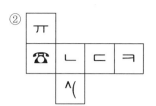

③

④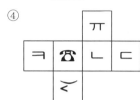

21 다음 입체도형의 전개도로 알맞은 것은?

①

②

③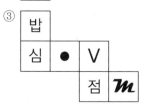

④

22 다음 입체도형의 전개도로 알맞은 것은?

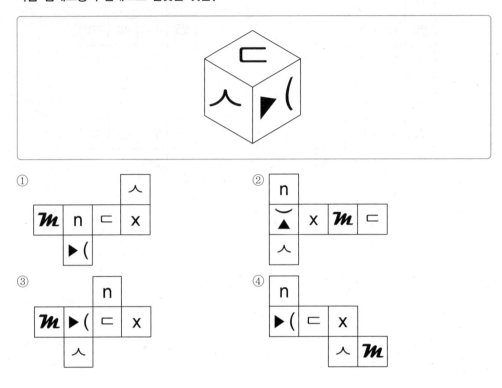

23 다음 입체도형의 전개도로 알맞은 것은?

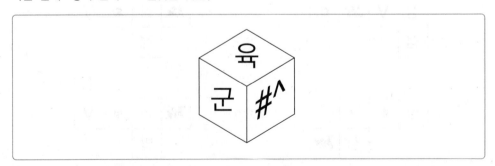

①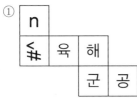

②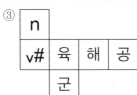

③

④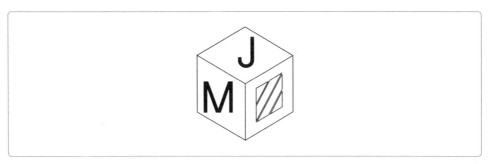

24 다음 입체도형의 전개도로 알맞은 것은?

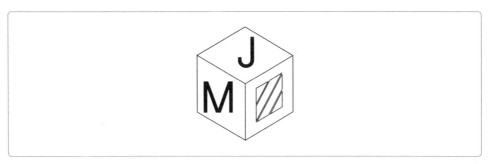

①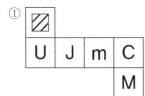

②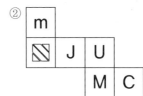

③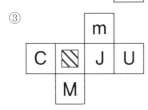

④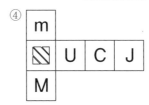

25 다음 입체도형의 전개도로 알맞은 것은?

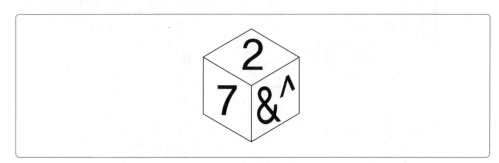

①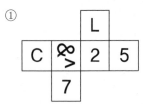

③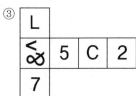

②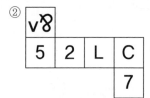

④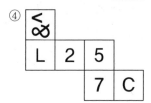

26 다음 입체도형의 전개도로 알맞은 것은?

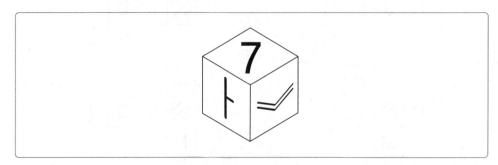

①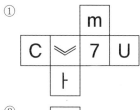

②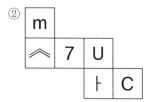

③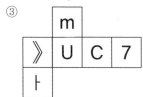

④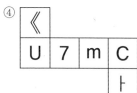

27 다음 입체도형의 전개도로 알맞은 것은?

①

②

③

④

28 다음 입체도형의 전개도로 알맞은 것은?

①
5		
<#	1	3
	2	7

②
v#			
3	1	5	7
			2

③
	5	
<#	3	7	1
2		

④
		2
7	5	1	3
		#^

29 다음 입체도형의 전개도로 알맞은 것은?

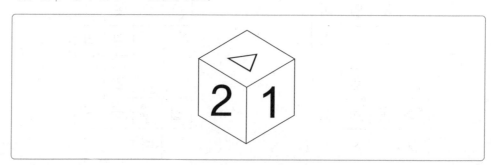

①
	5		
1	3	7	△
			2

②
1			
3	◁	5	7
			2

③
5		
◁	3	
	7	2
		1

④
		5	
2	1	◁	3
	7		

30 다음 입체도형의 전개도로 알맞은 것은?

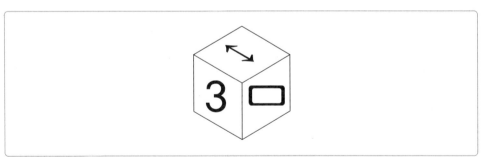

①
	m		
3	□	↔	8
	7		

②
		m	
□	8	7	↔
			3

③
		3
7	m	↔	8
		□

④
		□	
8	↔	m	7
			3

31 다음 입체도형의 전개도로 알맞은 것은?

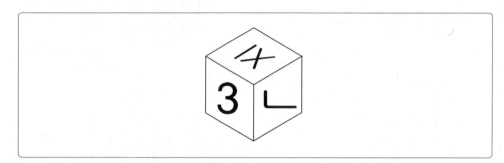

①
```
2
IX 8
   7 3
     ㄴ
```

②
```
      2
ㄴ 8 7 IX
        3
```

③
```
        ㄴ
8 IX 2 7
        3
```

④
```
        3
7 2 IX 8
        ㄴ
```

[32~36] 다음에 이어지는 문제에 답하시오.

- 입체도형을 펼쳐 전개도를 만들 때, 전개도에 표시된 그림(예: ▐, ◱ 등)은 회전의 효과를 반영함. 즉, 본 문제의 풀이과정에서 보기의 전개도상에 표시된 "▐"와 "▬"은 서로 다른 것으로 취급함

- 단, 기호 및 문자(예: ☎, ♤, ♨, K, H 등)의 회전에 의한 효과는 본 문제의 풀이과정에 반영하지 않음. 즉, 입체도형을 펼쳐 전개도를 만들 때, "🖼"의 방향으로 나타나는 기호 및 문자도 보기에서는 "☎"의 방향으로 표시하며 동일한 것으로 취급함

32 다음 입체도형의 전개도로 알맞은 것은?

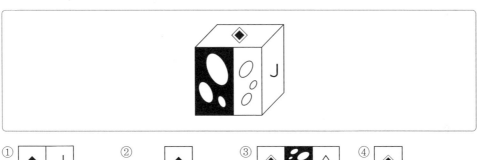

① 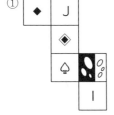 ② 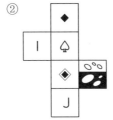 ③ 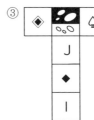 ④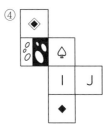

33 다음 입체도형의 전개도로 알맞은 것은?

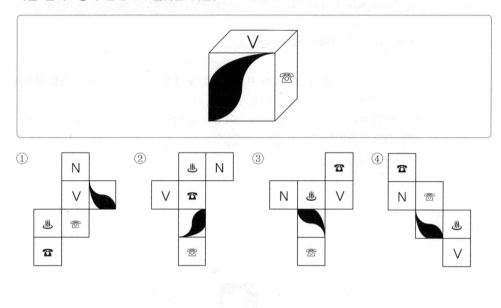

34 다음 입체도형의 전개도로 알맞은 것은?

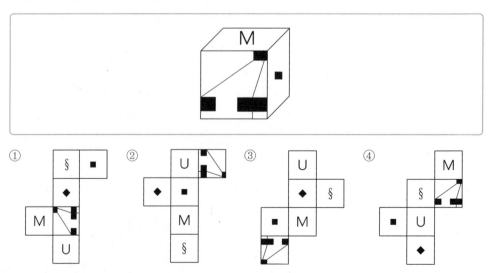

35 다음 입체도형의 전개도로 알맞은 것은?

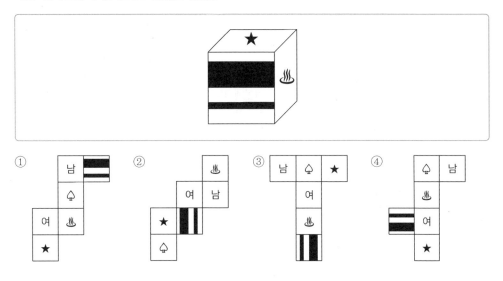

36 다음 입체도형의 전개도로 알맞은 것은?

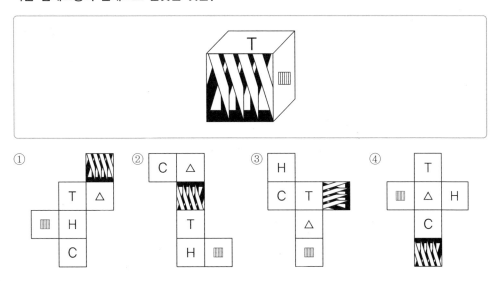

[01~29] 다음에 이어지는 문제에 답하시오.

- 전개도를 접어 입체도형을 만들 때, 입체도형에 표시된 그림(예: ▮, ◳ 등)은 회전의 효과를 반영함.
  즉, 본 문제의 풀이과정에서 보기의 입체도형상에 표시된 "▮"와 "▬"은 서로 다른 것으로 취급함
- 단, 기호 및 문자(예: ☎, ♤, ♨, K, H 등)의 회전에 의한 효과는 본 문제의 풀이과정에 반영하지 않음.
  즉, 전개도를 접어 입체도형으로 만들 때, "☎"의 방향으로 나타나는 기호 및 문자도 보기에서는 "☎"의
  방향으로 표시하며 동일한 것으로 취급함

01 다음 전개도의 입체도형으로 알맞은 것은?

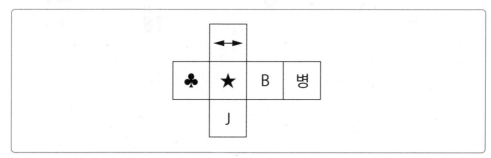

① 　② 　③ 　④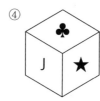

02 다음 전개도의 입체도형으로 알맞은 것은?

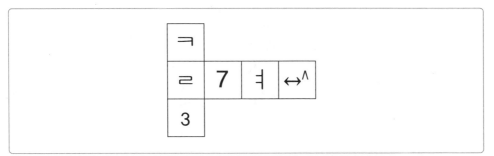

  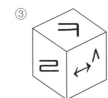 

공간능력
지각속도
언어논리
자료해석

03 다음 전개도의 입체도형으로 알맞은 것은?

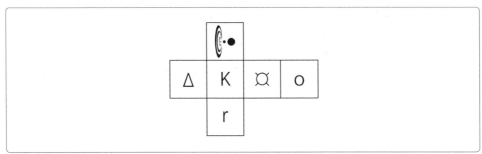

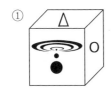 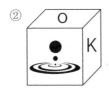 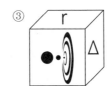

04 다음 전개도의 입체도형으로 알맞은 것은?

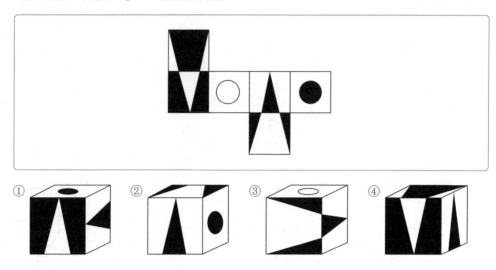

05 다음 전개도의 입체도형으로 알맞은 것은?

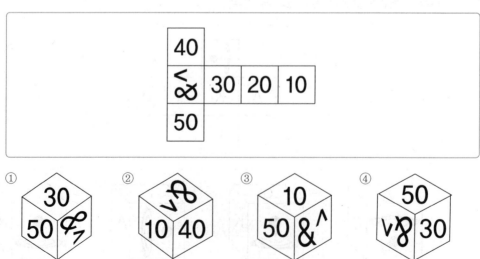

06 다음 전개도의 입체도형으로 알맞은 것은?

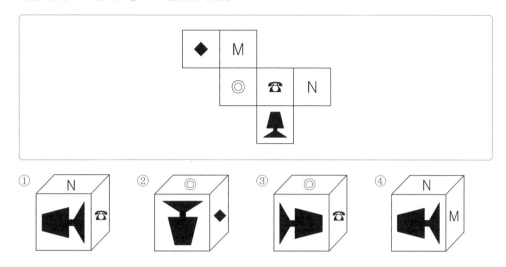

07 다음 전개도의 입체도형으로 알맞은 것은?

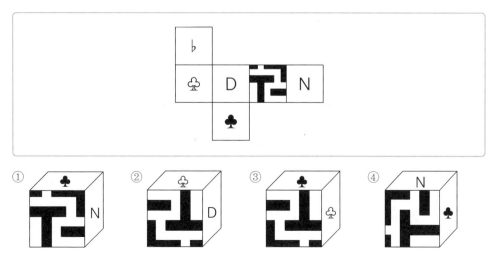

08 다음 전개도의 입체도형으로 알맞은 것은?

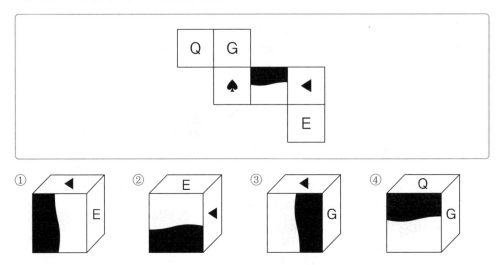

09 다음 전개도의 입체도형으로 알맞은 것은?

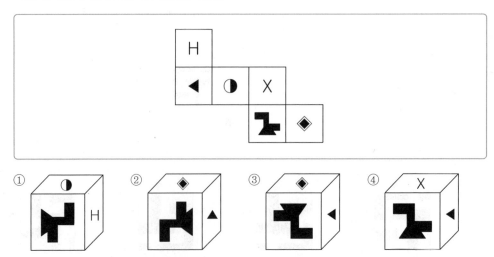

10 다음 전개도의 입체도형으로 알맞은 것은?

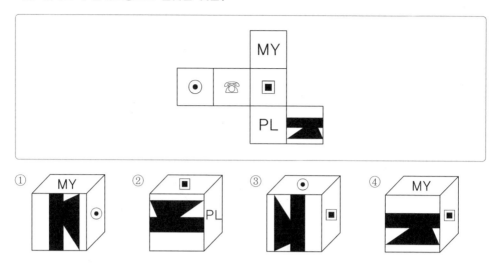

11 다음 전개도의 입체도형으로 알맞은 것은?

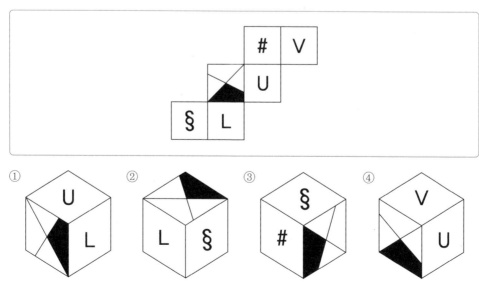

12   다음 전개도의 입체도형으로 알맞은 것은?

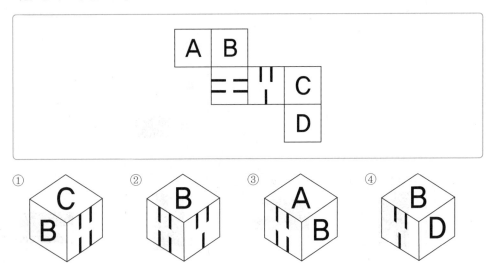

13   다음 전개도의 입체도형으로 알맞은 것은?

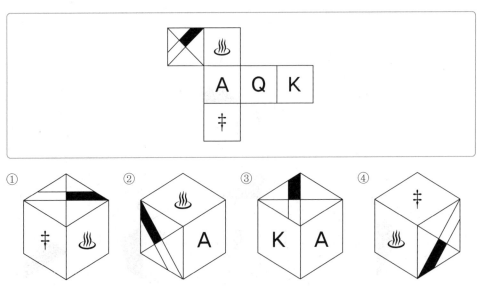

14 다음 전개도의 입체도형으로 알맞은 것은?

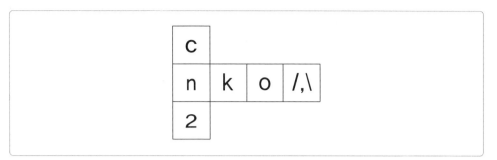

①  ② 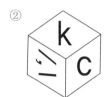 ③  ④

15 다음 전개도의 입체도형으로 알맞은 것은?

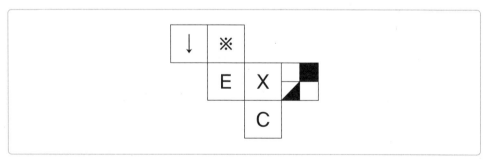

① 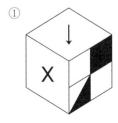 ②  ③ 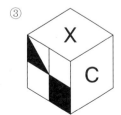 ④

16 다음 전개도의 입체도형으로 알맞은 것은?

①  ②  ③  ④

17 다음 전개도의 입체도형으로 알맞은 것은?

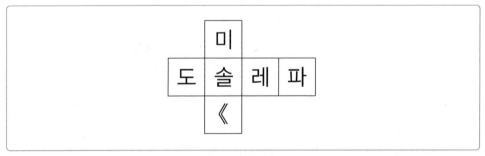

①  ②  ③  ④

18 다음 전개도의 입체도형으로 알맞은 것은?

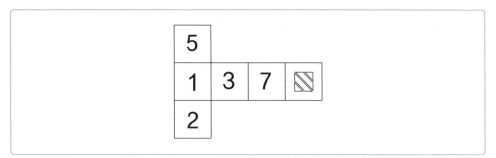

① 　② 　③ 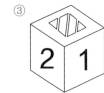　④

19 다음 전개도의 입체도형으로 알맞은 것은?

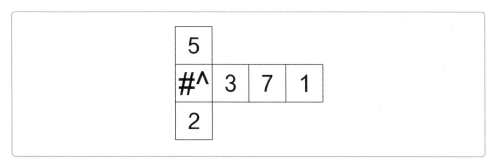

① 　② 　③ 　④

20 다음 전개도의 입체도형으로 알맞은 것은?

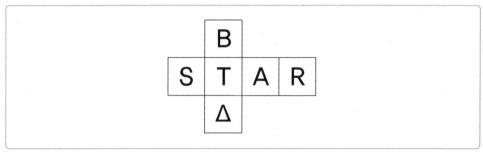

① 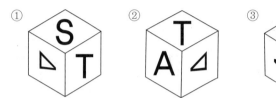 ② ③ 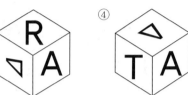 ④

21 다음 전개도의 입체도형으로 알맞은 것은?

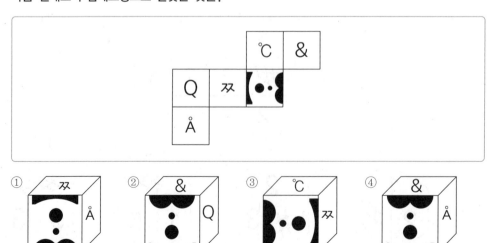

22 다음 전개도의 입체도형으로 알맞은 것은?

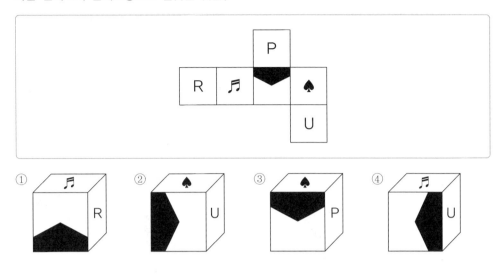

23 다음 전개도의 입체도형으로 알맞은 것은?

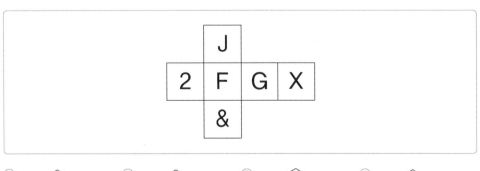

24 다음 전개도의 입체도형으로 알맞은 것은?

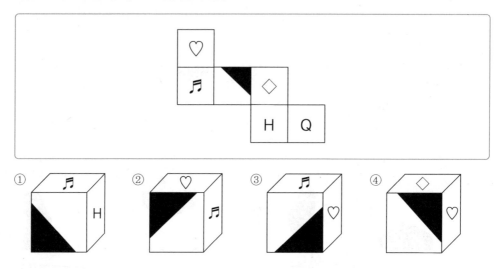

25 다음 전개도의 입체도형으로 알맞은 것은?

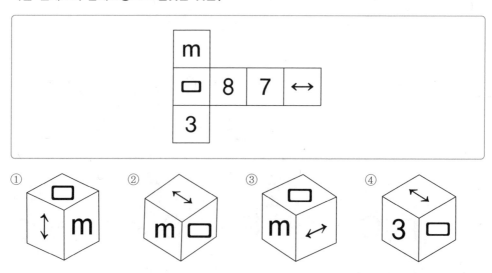

26 다음 전개도의 입체도형으로 알맞은 것은?

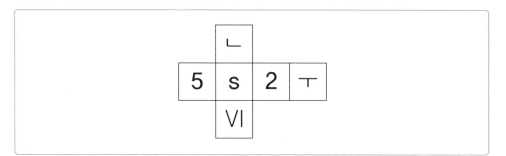

①  ②  ③  ④

27 다음 전개도의 입체도형으로 알맞은 것은?

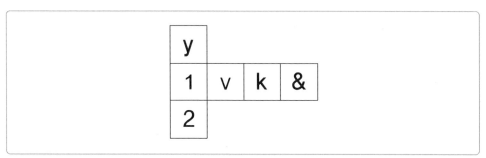

①  ② 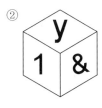 ③  ④

28 다음 전개도의 입체도형으로 알맞은 것은?

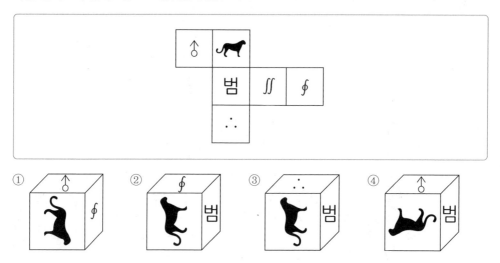

29 다음 전개도의 입체도형으로 알맞은 것은?

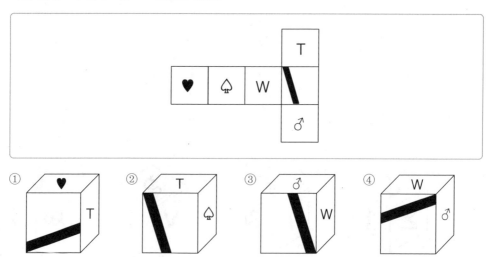

[30~34] 다음에 이어지는 문제에 답하시오.

- 전개도를 접어 입체도형을 만들 때, 입체도형에 표시된 그림(예: ▊, ◰ 등)은 회전의 효과를 반영함. 즉, 본 문제의 풀이과정에서 보기의 입체도형상에 표시된 "▊"와 "▬"은 서로 다른 것으로 취급함
- 단, 기호 및 문자(예: ☎, ☙, ♨, K, H 등)의 회전에 의한 효과는 본 문제의 풀이과정에 반영하지 않음. 즉, 전개도를 접어 입체도형으로 만들 때, "㉾"의 방향으로 나타나는 기호 및 문자도 보기에서는 "㉾"의 방향으로 표시하며 동일한 것으로 취급함

30 다음 전개도의 입체도형으로 알맞은 것은?

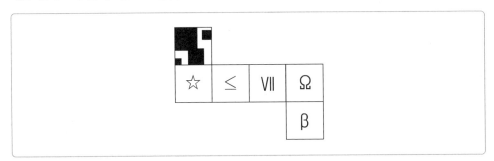

① 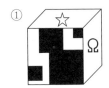 ② 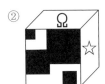 ③  ④

31 다음 전개도의 입체도형으로 알맞은 것은?

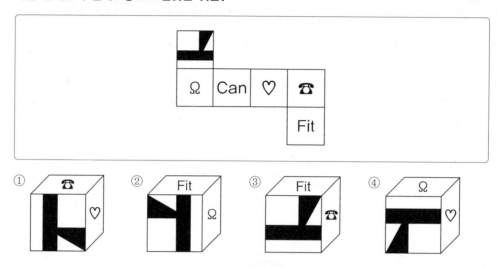

32 다음 전개도의 입체도형으로 알맞은 것은?

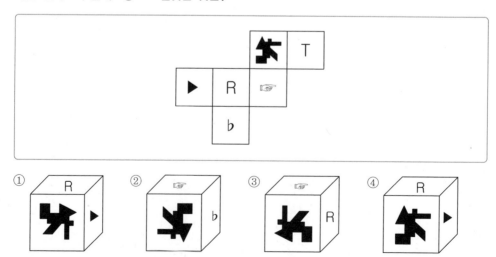

33 다음 전개도의 입체도형으로 알맞은 것은?

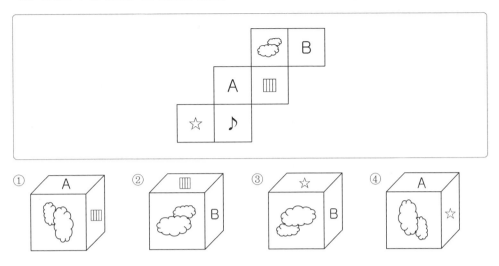

34 다음 전개도의 입체도형으로 알맞은 것은?

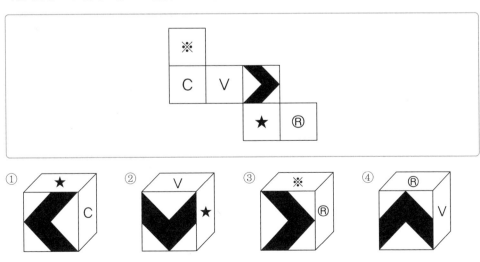

[01~30] 아래에 제시된 그림과 같이 쌓기 위해 필요한 블록의 수를 고르시오.

＊블록은 모양과 크기가 모두 동일한 정육면체임

01

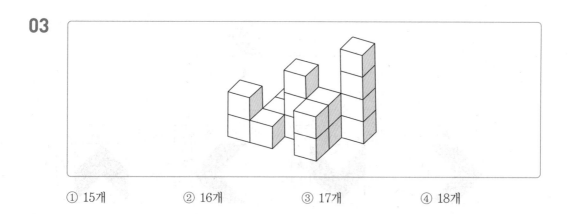

① 20개   ② 21개   ③ 23개   ④ 24개

02

① 16개   ② 17개   ③ 18개   ④ 19개

03

① 15개   ② 16개   ③ 17개   ④ 18개

04

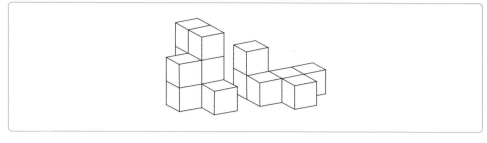

① 15개 ② 16개 ③ 17개 ④ 18개

05

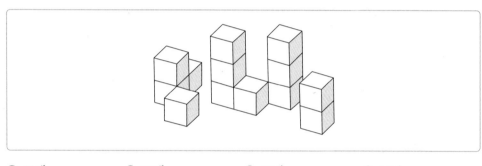

① 11개 ② 12개 ③ 13개 ④ 14개

06

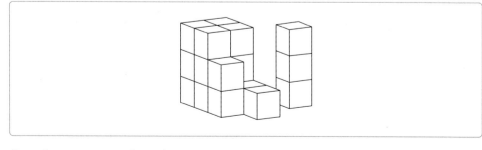

① 18개 ② 19개 ③ 20개 ④ 21개

07

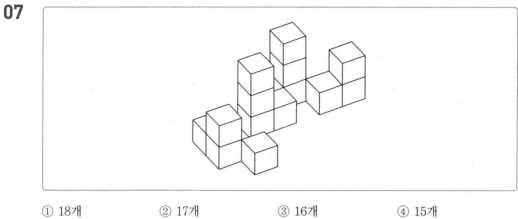

① 18개   ② 17개   ③ 16개   ④ 15개

08

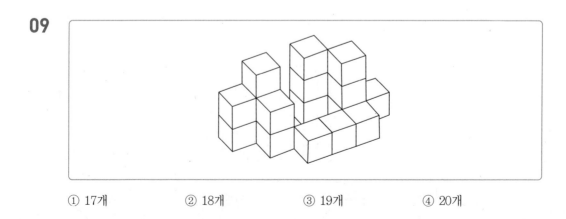

① 20개   ② 21개   ③ 22개   ④ 23개

09

① 17개   ② 18개   ③ 19개   ④ 20개

10

① 17개   ② 18개   ③ 19개   ④ 20개

11

① 39개   ② 40개   ③ 41개   ④ 42개

12

① 42개   ② 43개   ③ 44개   ④ 45개

13

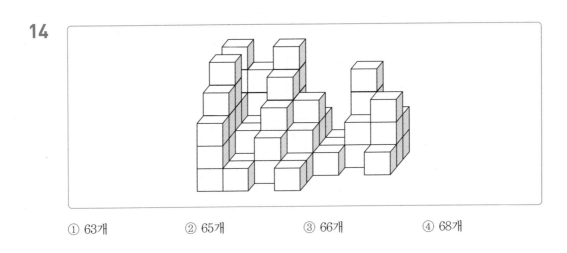

① 51개   ② 53개   ③ 55개   ④ 57개

14

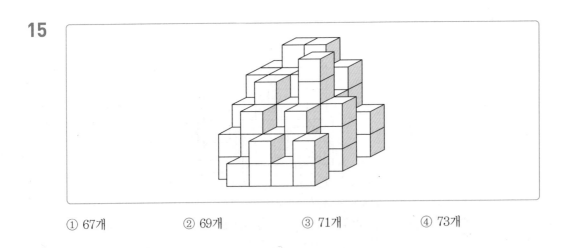

① 63개   ② 65개   ③ 66개   ④ 68개

15

① 67개   ② 69개   ③ 71개   ④ 73개

16

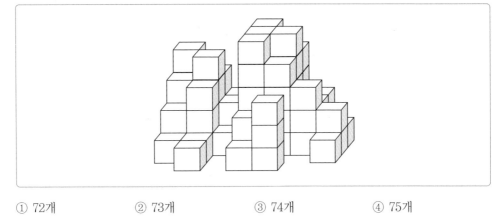

① 72개   ② 73개   ③ 74개   ④ 75개

17

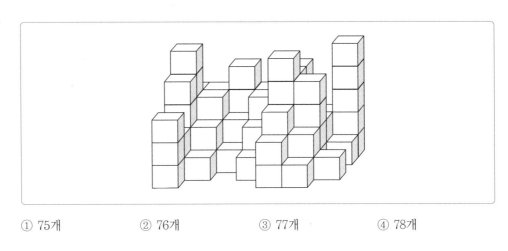

① 75개   ② 76개   ③ 77개   ④ 78개

18

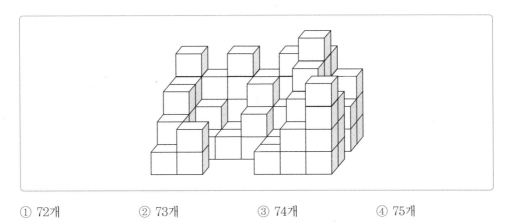

① 72개   ② 73개   ③ 74개   ④ 75개

공간능력 지각속도 언어논리 자료해석

19

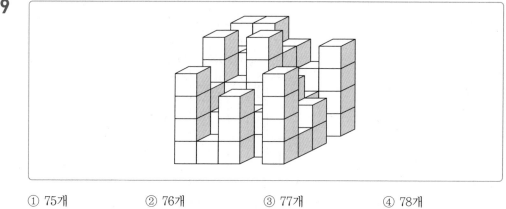

① 75개　　　　② 76개　　　　③ 77개　　　　④ 78개

20

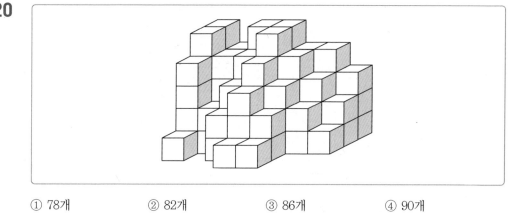

① 78개　　　　② 82개　　　　③ 86개　　　　④ 90개

21

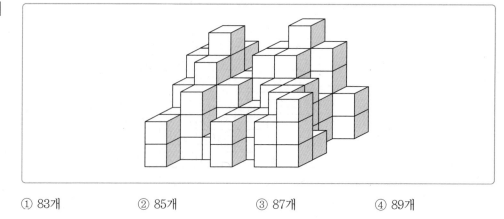

① 83개　　　　② 85개　　　　③ 87개　　　　④ 89개

22

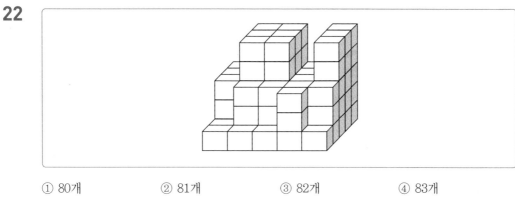

① 80개   ② 81개   ③ 82개   ④ 83개

23

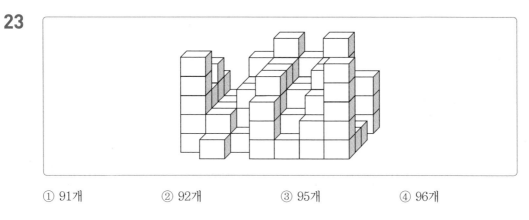

① 91개   ② 92개   ③ 95개   ④ 96개

24

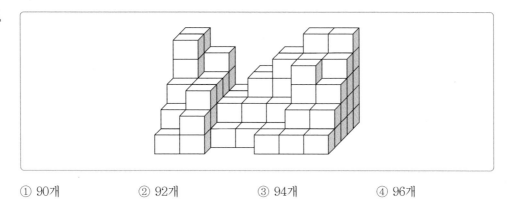

① 90개   ② 92개   ③ 94개   ④ 96개

25

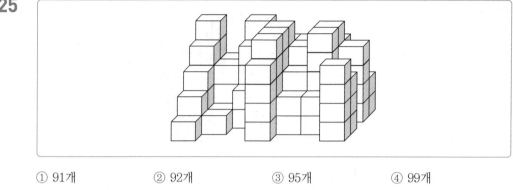

① 91개   ② 92개   ③ 95개   ④ 99개

26

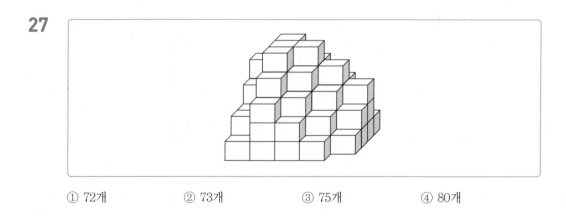

① 81개   ② 82개   ③ 83개   ④ 86개

27

① 72개   ② 73개   ③ 75개   ④ 80개

28

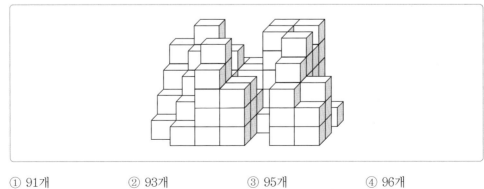

① 76개   ② 79개   ③ 81개   ④ 85개

29

① 71개   ② 74개   ③ 75개   ④ 80개

30

① 91개   ② 93개   ③ 95개   ④ 96개

[31~35] 아래에 제시된 그림과 같이 쌓기 위해 필요한 블록의 수를 고르시오.

* 블록은 모양과 크기가 모두 동일한 정육면체임

31

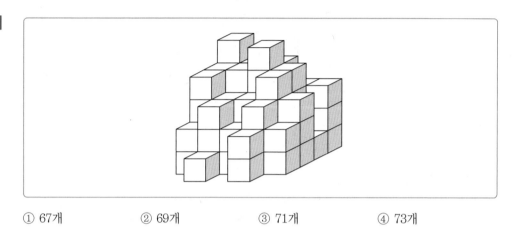

① 67개   ② 69개   ③ 71개   ④ 73개

32

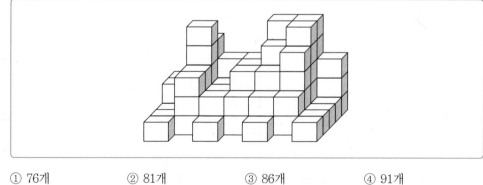

① 76개   ② 81개   ③ 86개   ④ 91개

33

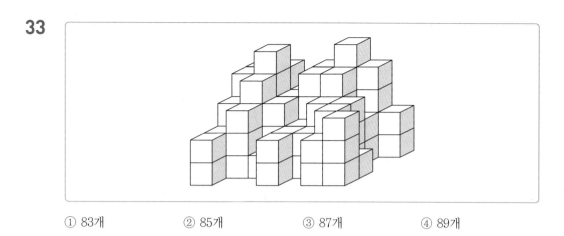

① 83개   ② 85개   ③ 87개   ④ 89개

34

① 107개   ② 109개   ③ 111개   ④ 113개

35

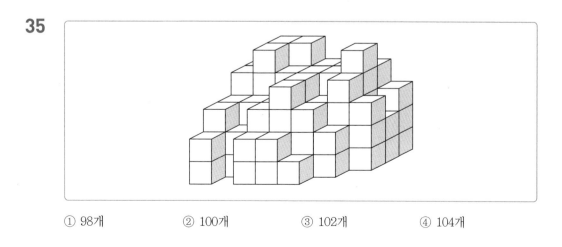

① 98개   ② 100개   ③ 102개   ④ 104개

[01~30] 아래에 제시된 블록들을 화살표 표시한 방향에서 바라봤을 때의 모양으로 알맞은 것을 고르시오.

* 블록은 모양과 크기가 모두 동일한 정육면체임
* 바라보는 시선의 방향은 블록의 면과 수직을 이루며 원근에 의해 블록이 작게 보이는 효과는 고려하지 않음

01

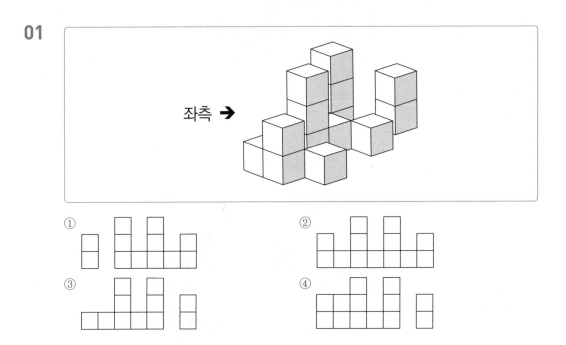

① ② ③ ④

02

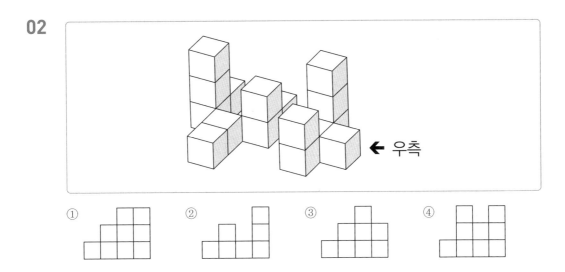

← 우측

① ② ③ ④

03

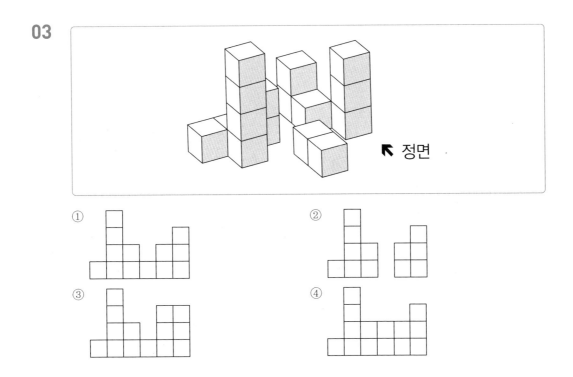

↖ 정면

① ②

③ ④

04

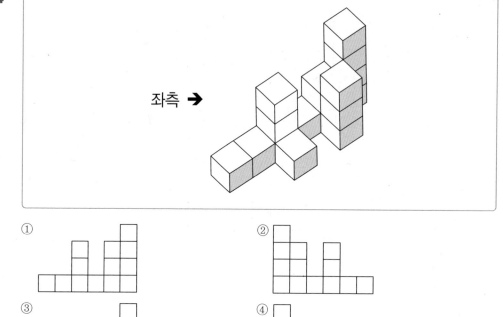

05

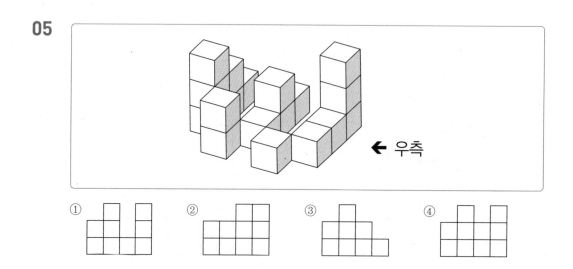

06

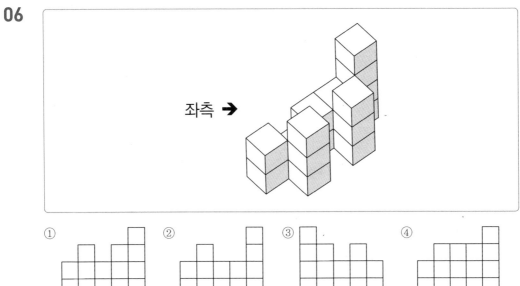

① ② ③ ④

07

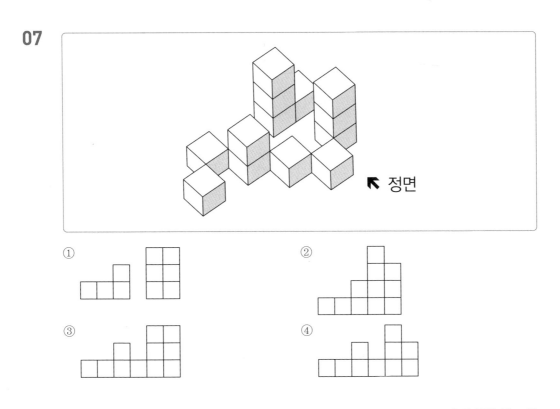

① ② ③ ④

08

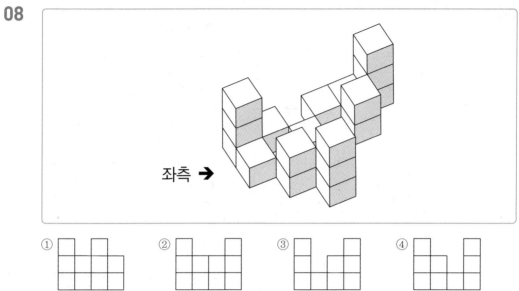

① ② ③ ④

09

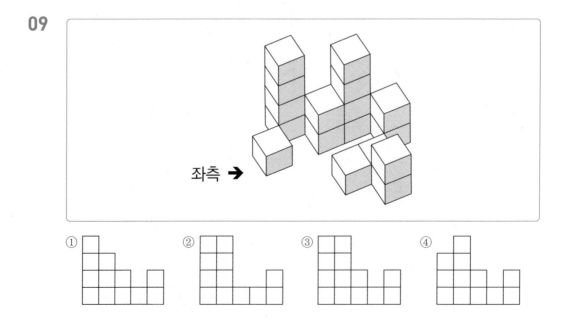

① ② ③ ④

10

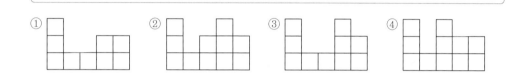

좌측 →

① ② ③ ④

11

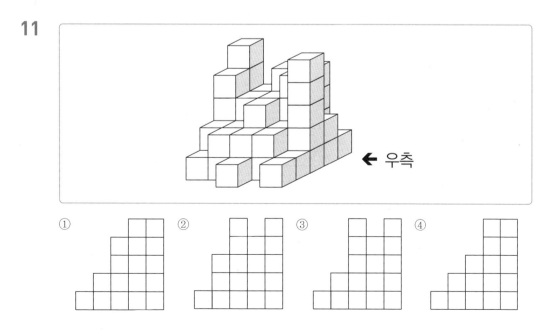

← 우측

① ② ③ ④

12

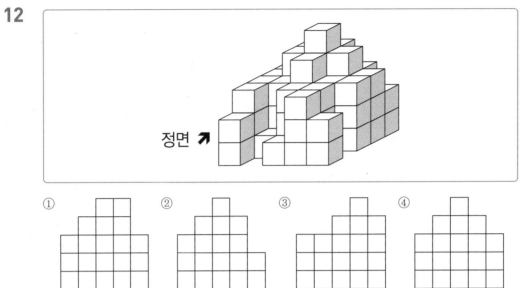

13

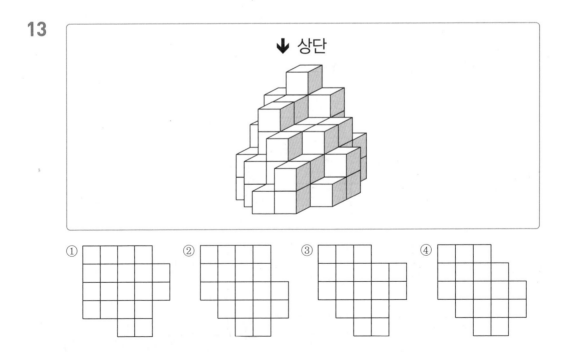

14

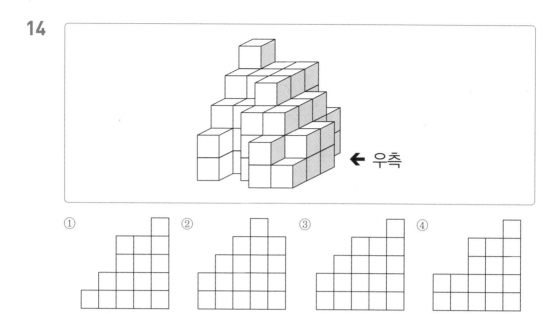

① ② ③ ④

15

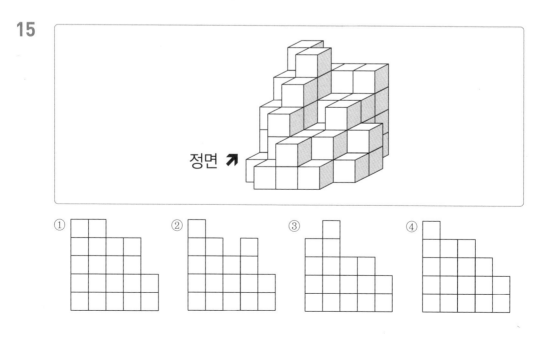

① ② ③ ④

16

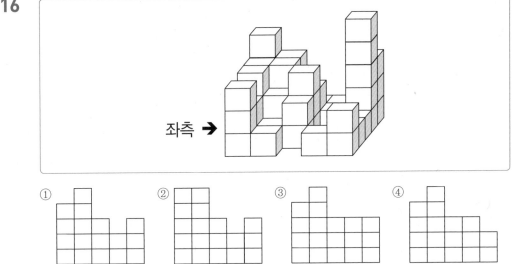

① ② ③ ④

17

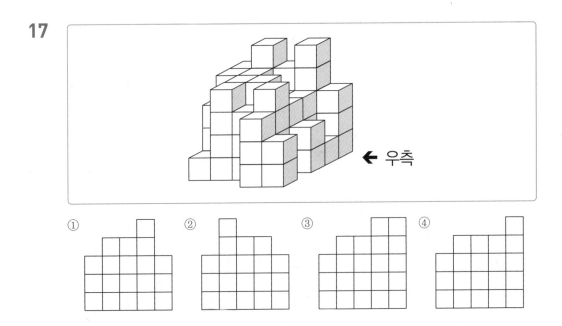

① ② ③ ④

18

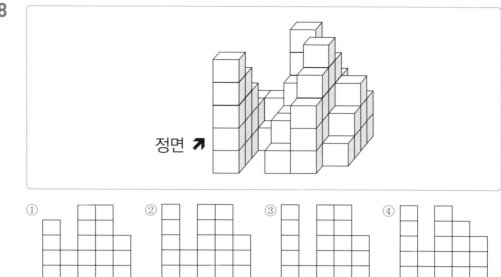

19

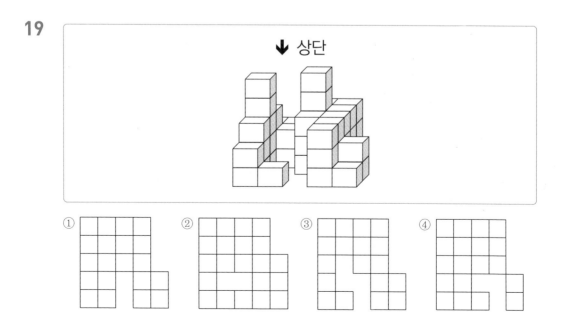

20

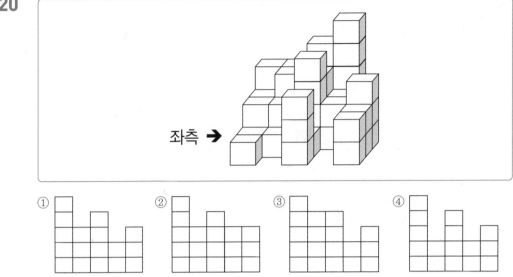

21

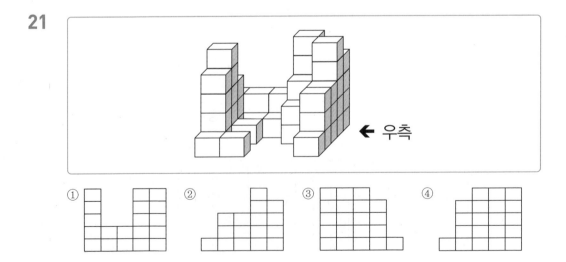

22

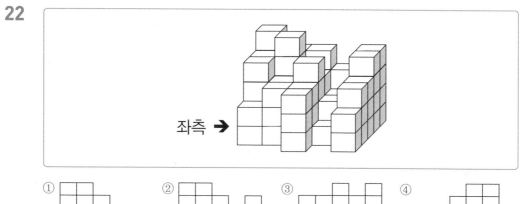

좌측 →

①    ② 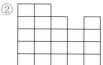   ③ 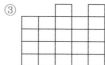   ④

23

↓ 상단

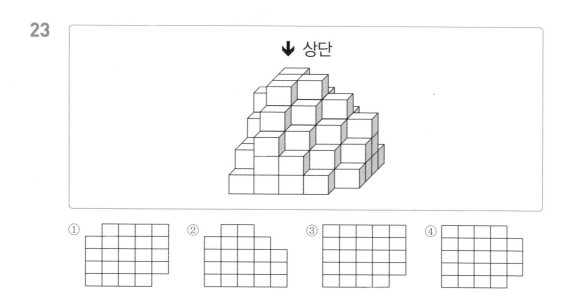

24

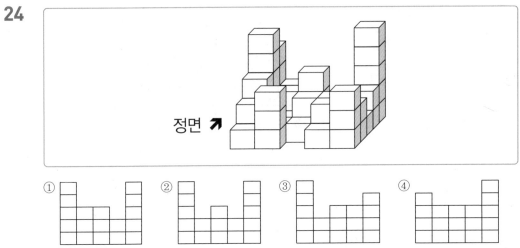

① ② ③ ④

25

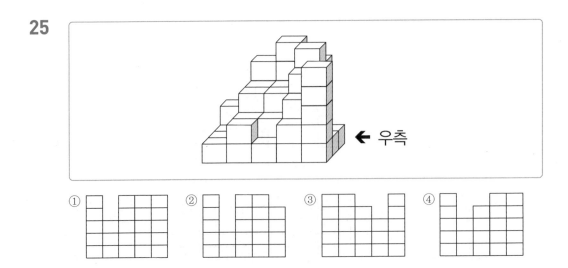

① ② ③ ④

26

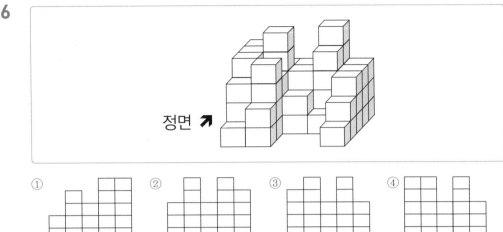

정면 ↗

① ② ③ ④

27

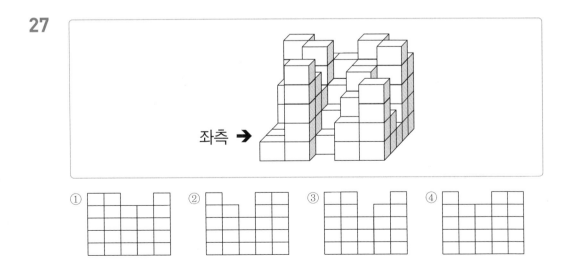

좌측 →

① ② ③ ④

28

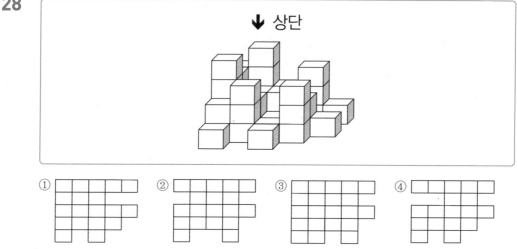

① ② ③ ④

29

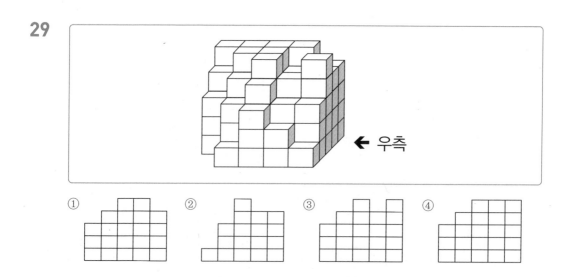

① ② ③ ④

30

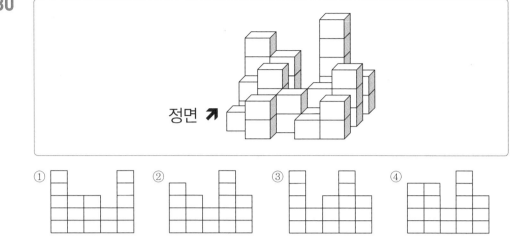

① ② ③ ④

📋 **고난도 문제**

[31~35] 아래에 제시된 블록들을 화살표 표시한 방향에서 바라봤을 때의 모양으로 알맞은 것을 고르시오.

＊ 블록은 모양과 크기가 모두 동일한 정육면체임

＊ 바라보는 시선의 방향은 블록의 면과 수직을 이루며 원근에 의해 블록이 작게 보이는 효과는 고려하지 않음

31

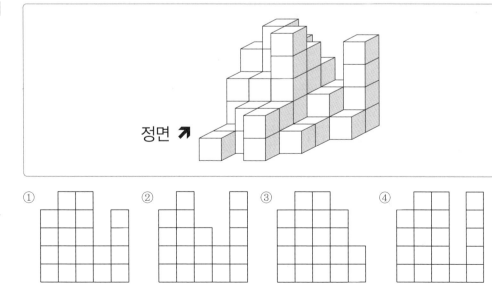

① ② ③ ④

32

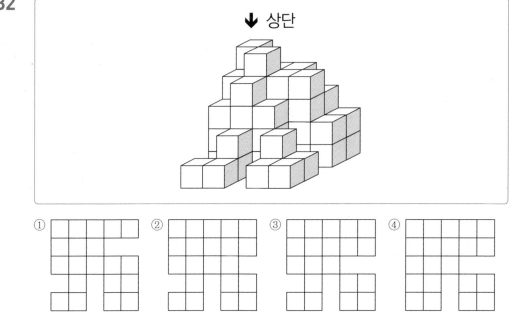

33

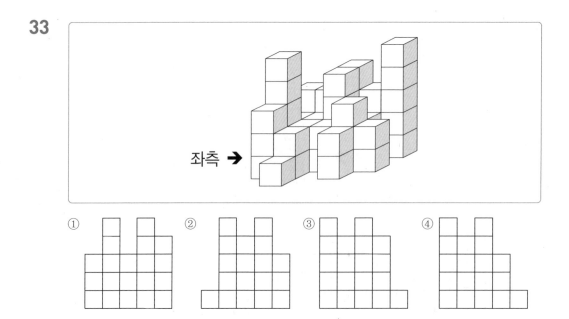

34

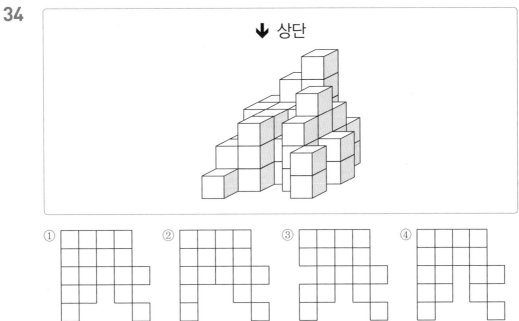

① ② ③ ④

35

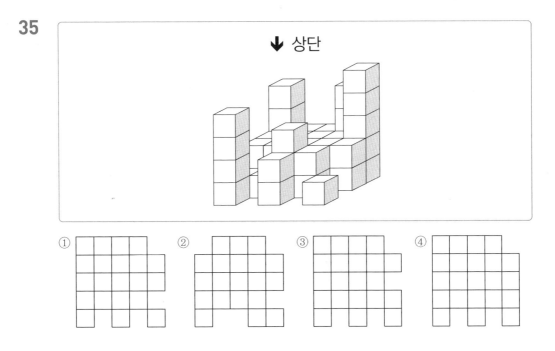

① ② ③ ④

제2편

지각속도

지각속도란?

지각속도는 '시각적인 형태의 세부 항목을 정확하고 신속하게 파악하여 비교 및 대조 등을 통해 처리 과제를 수행하는 능력'을 측정하기 위한 검사입니다. 즉, 인지적 지각 반응의 속도와 정확성을 측정하는 검사로, 주어진 문자·숫자·기호 등을 보고 문제에서 요구하는 바를 빠르게 해결할 수 있는 인지 능력을 측정하는 검사입니다.

출제 유형은?

총 2개의 유형이 출제되고, 30문항을 3분 안에 풀어야 합니다. 평균 1문항을 6초 안에 풀어야 하므로 시간이 매우 촉박하지만, 난도가 높지는 않습니다. 따라서 신속함과 정확성을 동시에 높이는 것이 중요합니다.
- **대응 관계**: 일련의 문자·숫자·기호 등의 짝이 제시된 후, 이에 해당하는 대응 관계를 파악하여 일치 여부를 판단하는 유형
- **개수 세기**: 굵은 글씨체로 표시된 문자·숫자·기호 등을 〈보기〉에서 찾아 그 개수를 세는 유형

출제 유형별 예상 비중은?

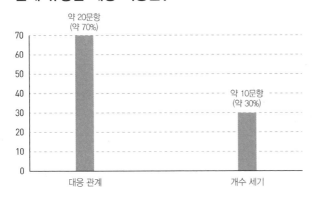

제 1 장 유형 익히기

| 유형 1 | 대응 관계

다음 〈보기〉의 왼쪽과 오른쪽 기호의 대응을 참고하여 각 문제의 대응이 같으면 답안지에 '① 맞음'을, 틀리면 '② 틀림'을 선택하시오.

> **보기**
>
> | | | | | |
> |---|---|---|---|---|
> | 추출 = 개시 | 전술 = 지역 | 공격 = 장치 | 착륙 = 장교 | 상륙 = 폭탄 |
> | 탄약 = 전차 | 적재 = 보급 | 연락 = 비행 | 유도 = 부대 | 주력 = 지점 |

연락 공격 추출 적재 탄약 – 비행 장치 개시 지점 전차	① 맞음 ② 틀림

Q 정답해설

비행 장치 개시 지점 전차 → 비행 장치 개시 <u>보급</u> 전차

정답 ②

전략 TIP 기호, 문자, 숫자의 대응 관계에 관한 문항입니다. 기호, 문자, 숫자 외에 다양한 그림들도 활용될 수 있습니다. 기본적인 풀이 방법은 동일하기 때문에 기본 문제를 위주로 빠르게 푸는 연습이 필요합니다.

다음의 〈보기〉에서 각 문제의 왼쪽에 표시된 굵은 글씨체의 기호, 문자, 숫자의 개수를 모두 세어 오른쪽에서 찾으시오.

	〈보기〉	〈개수〉
2	45213654728697082968575276562132443524 6257867985	① 5개 ② 6개 ③ 7개 ④ 8개

🔍 정답해설

4521365472869708296857527656213244352462 57867985 (8개)

정답 ④

전략 TIP 기호, 문자, 숫자의 해당 개수를 식별하는 유형입니다. 기본적인 풀이 방법은 동일하기 때문에 역시 기본 문제 위주로 빠르게 푸는 연습이 필요합니다.

제 2 장 고득점 문제

| SET 1 |

[01~20] 다음 〈보기〉의 왼쪽과 오른쪽 기호의 대응을 참고하여 각 문제의 대응이 같으면 답안지에 '①
맞음'을, 틀리면 '② 틀림'을 선택하시오.

[01~05]

보기

빨강 = ◁	파랑 = ▶	주황 = ⌣	노랑 = ♣	초록 = ♨
보라 = ☞	연두 = ▣	분홍 = ☎	하늘 = ♥	검정 = ◈

01	연두 하늘 주황 보라 초록 — ▣ ♥ ♣ ◈ ♨	① 맞음 ② 틀림
02	빨강 검정 하늘 노랑 보라 — ◁ ▣ ♥ ♣ ▶	① 맞음 ② 틀림
03	초록 노랑 파랑 분홍 빨강 — ♨ ♣ ▶ ☎ ◁	① 맞음 ② 틀림
04	하늘 빨강 주황 연두 검정 — ♥ ☞ ⌣ ▣ ▶	① 맞음 ② 틀림
05	보라 분홍 초록 빨강 검정 — ☞ ☎ ♨ ◁ ◈	① 맞음 ② 틀림

[06~10]

보기

해 = 512	달 = 263	바람 = 942	구름 = 614	별 = 102
비 = 432	눈 = 831	천둥 = 612	번개 = 745	우박 = 572

06	해 비 번개 우박 별 — 512 432 745 572 102	① 맞음 ② 틀림
07	별 바람 번개 구름 달 — 102 942 745 614 263	① 맞음 ② 틀림

08	눈 달 비 바람 우박	–	831 745 432 102 572	① 맞음 ② 틀림
09	번개 천둥 바람 해 달	–	745 612 942 512 263	① 맞음 ② 틀림
10	우박 번개 천둥 비 별	–	572 614 512 432 102	① 맞음 ② 틀림

[11~15]

보기

사과 = ■	망고 = □	배 = ☐	멜론 = ▣	감 = ▤
수박 = ▥	토마토 = ▦	귤 = ▨	오렌지 = ▧	키위 = ▩

11	사과 토마토 귤 키위 멜론	–	■ ▦ ▨ ▩ ▣	① 맞음 ② 틀림
12	감 수박 망고 오렌지 키위	–	▦ ▥ □ ▧ ▤	① 맞음 ② 틀림
13	망고 사과 감 귤 오렌지	–	□ ■ ▤ ▨ ▧	① 맞음 ② 틀림
14	키위 망고 토마토 배 멜론	–	▩ □ ▦ ☐ ▣	① 맞음 ② 틀림
15	수박 토마토 사과 감 오렌지	–	▥ ▦ □ ▨ ▧	① 맞음 ② 틀림

[16~20]

보기

철원 = fm	화천 = MW	인제 = KHz	평창 = nF	횡성 = cal
양구 = μA	영월 = MPa	삼척 = μs	홍천 = km	동해 = GB

16	철원 양구 횡성 영월 화천	–	fm μA cal MPa MW	① 맞음 ② 틀림
17	홍천 양구 화천 인제 횡성	–	km μA MW KHz cal	① 맞음 ② 틀림
18	동해 홍천 평창 삼척 양구	–	GB KHz nF MPa μA	① 맞음 ② 틀림
19	횡성 인제 동해 영월 삼척	–	cal KHz GB MPa μs	① 맞음 ② 틀림
20	인제 삼척 평창 영월 양구	–	KHz cal nF MPa GB	① 맞음 ② 틀림

[21~30] 다음의 〈보기〉에서 각 문제의 왼쪽에 표시된 굵은 글씨체의 기호, 문자, 숫자의 개수를 모두 세어 오른쪽에서 찾으시오(단, 대문자와 소문자는 구분하지 않는다).

		〈보기〉	〈개수〉
21	**류**	랄류리랴루류랴럴로류려류로러랄리류라랴류럴로류리류류	① 7개 ② 8개 ③ 9개 ④ 10개
22	**e**	To become a better leader, you have to step out of your comfort zone.	① 6개 ② 7개 ③ 8개 ④ 9개
23	**8**	1654228568843159425864821548669828411375 18624	① 8개 ② 9개 ③ 10개 ④ 11개
24	**▦**	▦▥▤▨▥▦▧▨▥▦▧▨▥▦▧▨▥▦▧▨▥▦▧▨▥▦▥▤▥▨▥▨▦▥▤▥▨▥▥▦▥▨▤	① 6개 ② 7개 ③ 8개 ④ 9개
25	**1**	6231519431262158613421569741125131164851 26354	① 12개 ② 13개 ③ 14개 ④ 15개
26	**s**	Small changes in the sensory properties of foods are sufficient to increase food intake.	① 5개 ② 6개 ③ 7개 ④ 8개
27	**ㄴ**	면접에 참여할 수 있는 편리성이 있어 면접 기회가 확대됩니다.	① 4개 ② 5개 ③ 6개 ④ 7개
28	**ㅋ**	ㄷㅌㄹㅋㅌㄷㅋㄹㅋㄷㄹㅋㄷㄷㅌㄷㅋㄹㅌㄹㅋ ㄷㅌㄹㅋㄷㅌㄷㅌㄹㅌㄹㅋㄷㄹㅋㄷㅌㄹㅋㅌ	① 10개 ② 11개 ③ 12개 ④ 13개
29	**ㄹ**	아버지도 가게 일을 수월하게 보려면 잔심부름꾼인 나를 무시하고는 아쉬울 때가 많을 터였다.	① 6개 ② 7개 ③ 8개 ④ 9개
30	**5**	2648915576235845216548972356224513587564 32156	① 10개 ② 11개 ③ 12개 ④ 13개

[01~20] 다음 〈보기〉의 왼쪽과 오른쪽 기호의 대응을 참고하여 각 문제의 대응이 같으면 답안지에 '① 맞음'을, 틀리면 '② 틀림'을 선택하시오.

[01~05]

> **보기**
>
> 커피 = you 우유 = year 홍차 = young 코코아 = yes 주스 = yard
>
> 스무디 = yawn 칵테일 = yell 파르페 = yours 밀크티 = yet 모카 = yellow

01	파르페 커피 홍차 밀크티 주스 – yours yet young yell yard	① 맞음 ② 틀림
02	우유 코코아 모카 커피 주스 – year yes yellow you yard	① 맞음 ② 틀림
03	밀크티 칵테일 우유 주스 홍차 – yet yes you yard young	① 맞음 ② 틀림
04	홍차 스무디 파르페 커피 우유 – young yawn yours you year	① 맞음 ② 틀림
05	주스 모카 우유 스무디 밀크티 – yard yellow year yawn yet	① 맞음 ② 틀림

[06~10]

> **보기**
>
> 수달 = ◎ 불곰 = × 늑대 = ※ 사자 = ♣ 하마 = ♫
>
> 기린 = ≡ 표범 = ± 여우 = ♭ 염소 = ▷ 사슴 = ◈

06	늑대 사자 사슴 표범 하마 – ※ ♣ ◈ ± ♫	① 맞음 ② 틀림
07	불곰 염소 늑대 기린 수달 – × ▷ ※ ≡ ◎	① 맞음 ② 틀림
08	하마 여우 수달 사자 기린 – ♫ ◈ ◎ ▷ ≡	① 맞음 ② 틀림
09	사슴 늑대 불곰 수달 염소 – ◈ ※ ♫ ◎ ×	① 맞음 ② 틀림
10	여우 기린 사자 불곰 표범 – ♭ ≡ ♣ × ±	① 맞음 ② 틀림

보기

∠ = 65	∫ = 96	≠ = 13	∂ = 59	∴ = 10
≦ = 70	ㄴ = 45	Σ = 27	÷ = 84	∓ = 32

11	∓ ≦ ∫ ≠ ∴	−	32 59 96 27 10	① 맞음 ② 틀림
12	÷ ∂ ∠ ㄴ Σ	−	84 59 65 45 27	① 맞음 ② 틀림
13	∂ Σ ∫ ∓ ∂	−	59 45 96 32 70	① 맞음 ② 틀림
14	≦ ∓ Σ ∫ ∂	−	70 32 27 96 59	① 맞음 ② 틀림
15	∠ ÷ ≦ ㄴ ≠	−	65 84 70 45 13	① 맞음 ② 틀림

보기

goods = 마포	govern = 강남	grain = 은평	grass = 금천	gray = 강서
great = 용산	green = 서초	grind = 종로	group = 성북	grow = 관악

16	grind grass govern great green	−	종로 금천 강남 용산 서초	① 맞음 ② 틀림
17	gray goods group grain grow	−	강서 마포 성북 은평 관악	① 맞음 ② 틀림
18	govern great grind group grass	−	강남 강서 관악 성북 금천	① 맞음 ② 틀림
19	great grain grass goods group	−	용산 은평 금천 마포 성북	① 맞음 ② 틀림
20	grow gray great green govern	−	마포 강서 종로 서초 강남	① 맞음 ② 틀림

[21~30] 다음의 〈보기〉에서 각 문제의 왼쪽에 표시된 굵은 글씨체의 기호, 문자, 숫자의 개수를 모두 세어 오른쪽에서 찾으시오(단, 대문자와 소문자는 구분하지 않는다).

	〈보기〉	〈개수〉
21 2	561845233265488512265945214563782545216589563	① 5개 ② 6개 ③ 7개 ④ 8개
22 ㅡ	나는 나에게 작은 손을 내밀어 눈물과 위안으로 잡는 마지막 악수.	① 5개 ② 6개 ③ 7개 ④ 8개
23 h	Their mineral and vitamin rich diet helped them have healthy teeth.	① 6개 ② 7개 ③ 8개 ④ 9개
24 ♥	♠ ♧ ♤ ♡ ♠ ♥ ♧ ♤ ♠ ♠ ♡ ♧ ♤ ♥ ♠ ♡ ♧ ♤ ♠ ♥ ♡ ♧ ♠ ♥ ♧ ♤ ♠ ♤ ♡ ♥ ♥ ♧ ♤ ♠ ♧ ♡ ♡ ♠ ♧ ♤ ♠	① 4개 ② 5개 ③ 6개 ④ 7개
25 t	They were excited to tell me about their achievements, and our relationship got better.	① 10개 ② 11개 ③ 12개 ④ 13개
26 4	254332489564532154654123365462549465213687351	① 7개 ② 8개 ③ 9개 ④ 10개
27 ◎	●◎◑○●◐○◎○● ○ ●◑●●◎○◎●◎○◑ ●●◐◑○◎●◐◑○ ●◐●◐○◑	① 7개 ② 8개 ③ 9개 ④ 10개
28 ㅇ	인간의 얼굴 표정은 매우 정교하고 민감한 의사소통 도구인 것이다.	① 8개 ② 9개 ③ 10개 ④ 11개
29 ₩	£¢₩$¢¥₩$¢£¢₩¢₩$¥¢£¢₩$¢£¢¥₩¢$¢£¢₩$¥¥¢$₩£	① 7개 ② 8개 ③ 9개 ④ 10개
30 e	One reason that makes night animals special is their big eyes.	① 6개 ② 7개 ③ 8개 ④ 9개

[01~20] 다음 〈보기〉의 왼쪽과 오른쪽 기호의 대응을 참고하여 각 문제의 대응이 같으면 답안지에 '①
맞음'을, 틀리면 '② 틀림'을 선택하시오.

[01~05]

보기

딸기 = ♩	귤 = ♯	메론 = ♭	포도 = ♫	바나나 = 𝄋
키위 = ♬	수박 = ♪	사과 = ♫	배 = 𝄢	감 = ♬

01	수박 배 바나나 키위 귤 – ♭ ♫ 𝄋 ♬ ♯	① 맞음 ② 틀림
02	감 포도 딸기 메론 바나나 – ♬ ♫ ♩ ♭ 𝄋	① 맞음 ② 틀림
03	사과 키위 포도 귤 메론 – ♫ ♬ ♫ ♯ 𝄋	① 맞음 ② 틀림
04	배 포도 수박 사과 딸기 – 𝄢 ♫ ♪ ♫ ♩	① 맞음 ② 틀림
05	포도 감 바나나 수박 배 – ♫ ♪ 𝄋 ♬ 𝄢	① 맞음 ② 틀림

[06~10]

보기

052 = 풍뎅이	032 = 사슴벌레	062 = 물방개	042 = 개미	044 = 사마귀
063 = 매미	054 = 대벌레	051 = 풀무치	02 = 베짱이	031 = 여치

06	054 042 031 02 062 – 대벌레 개미 여치 베짱이 물방개	① 맞음 ② 틀림
07	032 044 02 051 063 – 사슴벌레 개미 사마귀 풀무치 매미	① 맞음 ② 틀림
08	031 062 052 044 051 – 여치 물방개 풍뎅이 사마귀 풀무치	① 맞음 ② 틀림
09	02 052 032 063 031 – 베짱이 풍뎅이 사슴벌레 매미 여치	① 맞음 ② 틀림
10	044 032 054 031 042 – 사마귀 사슴벌레 풍뎅이 여치 베짱이	① 맞음 ② 틀림

[11~15]

보기				
돼지 = ◬	염소 = ◆	양 = ◈	젖소 = ⬖	고라니 = ◎
코뿔소 = ◇	하마 = ◉	기린 = ▽	코끼리 = ◙	낙타 = ▣

11	기린 젖소 낙타 하마 양 – ▽ ⬖ ▣ ◉ ◈	① 맞음 ② 틀림
12	코뿔소 기린 고라니 낙타 염소 – ◇ ◙ ◈ ▣ ◆	① 맞음 ② 틀림
13	코끼리 하마 돼지 고라니 낙타 – ◙ ◉ ◬ ◎ ▣	① 맞음 ② 틀림
14	염소 돼지 코뿔소 기린 하마 – ◆ ◬ ◇ ▽ ◉	① 맞음 ② 틀림
15	고라니 양 젖소 코끼리 낙타 – ◎ ◆ ⬖ ◙ ◈	① 맞음 ② 틀림

[16~20]

보기				
abc = $	sid = ₵	stu = ₣	ghi = ¤	yza = ฿
jkl = £	def = ₩	pqr = ₦	vwx = ₢	mno = ¥

16	jkl vwx sid mno yza – £ ₢ ¥ ₵ ฿	① 맞음 ② 틀림
17	stu abc pqr yza def – ₣ $ ₦ ฿ ₩	① 맞음 ② 틀림
18	ghi mno jkl pqr vwx – ¤ ₦ £ ¥ ₢	① 맞음 ② 틀림
19	def stu abc ghi sid – ₩ ₣ $ ¤ ₵	① 맞음 ② 틀림
20	pqr def ghi jkl abc – ฿ ₩ ₣ £ $	① 맞음 ② 틀림

[21~30] 다음의 〈보기〉에서 각 문제의 왼쪽에 표시된 굵은 글씨체의 기호, 문자, 숫자의 개수를 모두 세어 오른쪽에서 찾으시오(단, 대문자와 소문자는 구분하지 않는다).

		〈보기〉	〈개수〉
21	⇨	⇦⇨⇨⇦⇨⇧⇨⇦⇩⇦⇨⇦⇦⇧⇧⇨⇨⇦⇦⇨⇨⇦⇨⇧⇨⇩⇦⇨⇨⇦ ⇧⇧⇨⇦⇨⇩⇨⇧⇨⇨⇨⇦⇨⇦	① 12개 ② 13개 ③ 14개 ④ 15개
22	a	It has fantastic gardens, high walls, and wonderful decorations.	① 6개 ② 7개 ③ 8개 ④ 9개
23	▥	(기호 나열)	① 12개 ② 13개 ③ 14개 ④ 15개
24	샤	서샤샤슈시쇄샤소서슈새샤서샤소슈샤세써새샤수시사샤새서샤	① 8개 ② 9개 ③ 10개 ④ 11개
25	2	15489523212114864561332187988421365515887 4656	① 5개 ② 6개 ③ 7개 ④ 8개
26	◗	●◎○●◎●○●◑○●◗○●◑●●◎●◑○○◗● ●◎○◑●◎◗●◎○●◑◗●○○●◗	① 8개 ② 9개 ③ 10개 ④ 11개
27	8	213858864529858423881578621254832183216852131	① 8개 ② 9개 ③ 10개 ④ 11개
28	ㅏ	인간이 개발한 인공지능이 인간을 판단한다면 주체와 객체가 뒤바뀌는 상황이 발생할 것이다.	① 12개 ② 13개 ③ 14개 ④ 15개
29	i	It is located in the mountains in the south of Spain.	① 6개 ② 7개 ③ 8개 ④ 9개
30	1	326541589153132483205916218986166547112564852	① 5개 ② 6개 ③ 7개 ④ 8개

[01~20] 다음 〈보기〉의 왼쪽과 오른쪽 기호의 대응을 참고하여 각 문제의 대응이 같으면 답안지에 '① 맞음'을, 틀리면 '② 틀림'을 선택하시오.

[01~05]

라오스 = 256	몽골 = 945	미얀마 = 162	싱가포르 = 853	오만 = 716
이란 = 372	일본 = 429	중국 = 527	태국 = 147	베트남 = 643

01	베트남 중국 미얀마 라오스 일본	–	643 527 162 256 429	① 맞음 ② 틀림
02	오만 일본 몽골 태국 싱가포르	–	716 429 945 147 853	① 맞음 ② 틀림
03	중국 태국 싱가포르 일본 이란	–	527 147 853 429 372	① 맞음 ② 틀림
04	태국 오만 몽골 베트남 라오스	–	527 716 853 643 256	① 맞음 ② 틀림
05	미얀마 몽골 중국 이란 태국	–	162 945 527 372 147	① 맞음 ② 틀림

[06~10]

Jan = ☀	Feb = ☆	Apr = ⧗	May = ☎	Jul = ☂
Oct = ♨	Dec = ⌂	Jun = ☺	Aug = ☙	Mar = ✐

06	Dec Feb Apr Oct May	–	⌂ ☆ ⧗ ♨ ☎	① 맞음 ② 틀림
07	Jul Mar Jun Dec Jan	–	☎ ✐ ☙ ⌂ ☀	① 맞음 ② 틀림
08	Aug May Dec Jul Feb	–	☙ ⧗ ⌂ ☂ ♨	① 맞음 ② 틀림
09	Apr Jun Oct Aug Mar	–	⧗ ☺ ♨ ☙ ✐	① 맞음 ② 틀림
10	Feb May Mar Jan Jun	–	☆ ☎ ✐ ☀ ☺	① 맞음 ② 틀림

보기

ま = 송어	あ = 붕어	な = 복어	わ = 잉어	さ = 상어
た = 민어	ば = 전어	ら = 연어	か = 장어	や = 방어

11	か た ま わ ら – 장어 붕어 상어 잉어 연어	① 맞음 ② 틀림
12	や さ な ば あ – 방어 상어 복어 전어 붕어	① 맞음 ② 틀림
13	さ ば た や あ – 상어 전어 민어 방어 붕어	① 맞음 ② 틀림
14	あ た ら わ か – 전어 민어 연어 송어 장어	① 맞음 ② 틀림
15	ら や わ か ま – 연어 방어 장어 복어 송어	① 맞음 ② 틀림

보기

◐ = cow	◑ = ant	⊖ = cat	⊝ = dog	◔ = pig
◕ = horse	⑪ = tiger	◎ = fox	◉ = bear	○ = lion

16	◔ ⊝ ○ ⑪ ◑ – pig dog lion tiger ant	① 맞음 ② 틀림
17	◐ ◉ ⊖ ◎ ○ – horse bear cat pig lion	① 맞음 ② 틀림
18	⊖ ◐ ◎ ⊝ ◔ – cat cow fox dog pig	① 맞음 ② 틀림
19	◑ ◉ ◕ ⊝ ◐ – ant fox horse bear cow	① 맞음 ② 틀림
20	⊖ ○ ◔ ⊝ ⑪ – cat lion pig dog tiger	① 맞음 ② 틀림

[21~30] 다음의 〈보기〉에서 각 문제의 왼쪽에 표시된 굵은 글씨체의 기호, 문자, 숫자의 개수를 모두 세어 오른쪽에서 찾으시오(단, 대문자와 소문자는 구분하지 않는다).

		〈보기〉	〈개수〉
21	**밈**	멤므밈멩머음밈멩은머밈밈밍밉은밈멩멍밈임멘밈밈은밍멥밈	① 8개 ② 9개 ③ 10개 ④ 11개
22	**4**	135492654654153486416514566531213564651324654	① 8개 ② 9개 ③ 10개 ④ 11개
23	**e**	Being a teenager can be a very stressful time in your life.	① 7개 ② 8개 ③ 9개 ④ 10개
24	**ㄱ**	이제 손가락만한 고추모종이 깔려 있는 밭에 여기저기 연탄재들이 나뒹굴고 있지 않은가	① 5개 ② 6개 ③ 7개 ④ 8개
25	**◼**	◗☉◉○◆◈○◖▣◖○◖◗▣◖◆◉○◖◖▣◖○◉◖ ◖◆◖◗◖◖▣○◖○◉◆◖◉◆◗○◖◖○◉○◖	① 5개 ② 6개 ③ 7개 ④ 8개
26	**o**	Over three million people live in Mongolia and its capital city is Ulaanbaator.	① 5개 ② 6개 ③ 7개 ④ 8개
27	**ㄴ**	우주 사이는 우러러 바라보기나 하려니와 나와 공주의 현격함은 하늘과 땅 같도다.	① 7개 ② 8개 ③ 9개 ④ 10개
28	**t**	The start of the boat tour was far from what I had expected.	① 7개 ② 8개 ③ 9개 ④ 10개
29	**3**	263153485223656612354779952323235213643589643	① 10개 ② 11개 ③ 12개 ④ 13개
30	**⊡**	⊟⊞⊡⊞⊡Φ⊟⊞⊞⊞⊞⊠⊞⊞⊟⊞⊡⊞⊞⊞⊞⊟Φ⊟⊞⊡⊟⊠ ⊟Φ⊡⊟⊡⊟⊡⊞⊞⊡⊟⊞⊡⊞⊞⊟⊟⊞Φ⊟⊡⊞⊟⊞⊟	① 8개 ② 9개 ③ 10개 ④ 11개

[01~20] 다음 〈보기〉의 왼쪽과 오른쪽 기호의 대응을 참고하여 각 문제의 대응이 같으면 답안지에 '① 맞음'을, 틀리면 '② 틀림'을 선택하시오.

[01~05]

보기

Ψ = 한라산	α = 태백산	β = 설악산	γ = 청계산	δ = 속리산
θ = 백두산	λ = 지리산	μ = 오대산	π = 금강산	Ω = 인왕산

01	$\theta\ \mu\ \gamma\ \pi\ \Psi$ – 인왕산 오대산 청계산 금강산 속리산	① 맞음 ② 틀림
02	$\beta\ \delta\ \Omega\ \alpha\ \lambda$ – 설악산 한라산 인왕산 태백산 백두산	① 맞음 ② 틀림
03	$\Omega\ \mu\ \gamma\ \theta\ \Psi$ – 인왕산 오대산 청계산 백두산 한라산	① 맞음 ② 틀림
04	$\delta\ \beta\ \alpha\ \lambda\ \pi$ – 속리산 설악산 태백산 지리산 금강산	① 맞음 ② 틀림
05	$\lambda\ \delta\ \Psi\ \gamma\ \mu$ – 지리산 속리산 한라산 청계산 오대산	① 맞음 ② 틀림

[06~10]

보기

봄 = ▶	여름 = ▲	가을 = ◣	겨울 = △	아침 = ◥
점심 = ◢	저녁 = △	새벽 = ▼	밤 = ◀	낮 = △

06	밤 점심 여름 아침 봄 – ◀ ◢ ▲ ◥ ▶	① 맞음 ② 틀림
07	저녁 겨울 점심 낮 아침 – △ △ ◢ △ ◥	① 맞음 ② 틀림
08	봄 새벽 여름 점심 낮 – ◀ ▼ ▲ ▲ △	① 맞음 ② 틀림
09	겨울 저녁 새벽 밤 가을 – △ ▶ ▼ ◀ ◣	① 맞음 ② 틀림
10	가을 낮 아침 저녁 여름 – ◣ △ ◢ △ ▼	① 맞음 ② 틀림

보기

| ♯ = 컴퓨터 | 𝄢 = 모니터 | 𝄞 = 디스켓 | ♫ = 후레쉬 | ♭ = 마우스 |
| 𝅘𝅥𝅮𝅘𝅥𝅮 = 스피커 | ♮ = 프린터 | ♪ = 키보드 | ⌢ = 콘센트 | ♪ = 스탠드 |

11	♯ 𝅘𝅥𝅮𝅘𝅥𝅮 ⌢ ♫ 𝄢 － 컴퓨터 스피커 키보드 스탠드 모니터	① 맞음 ② 틀림
12	𝄞 ♪ ♭ ♮ 𝄢 － 디스켓 스탠드 후레쉬 프린터 마우스	① 맞음 ② 틀림
13	♫ ♮ ⌢ ♯ ♪ － 스피커 프린터 콘센트 컴퓨터 스탠드	① 맞음 ② 틀림
14	⌢ ♫ 𝅘𝅥𝅮𝅘𝅥𝅮 𝄢 ♮ － 콘센트 스탠드 스피커 모니터 프린터	① 맞음 ② 틀림
15	♪ ♯ 𝅘𝅥𝅮𝅘𝅥𝅮 ♪ ♮ － 키보드 컴퓨터 스피커 스탠드 프린터	① 맞음 ② 틀림

보기

| 교사 = ← | 화가 = ↑ | 의사 = ↘ | 변호사 = ↓ | 배우 = ⇐ |
| 가수 = → | 군인 = ↗ | 판사 = ↙ | 작가 = ↘ | 간호사 = ↔ |

16	작가 가수 의사 배우 화가 － ↘ → ↘ ⇐ ↑	① 맞음 ② 틀림
17	간호사 교사 변호사 판사 의사 － ↔ ← ↓ ↙ ↘	① 맞음 ② 틀림
18	배우 군인 간호사 교사 작가 － ⇐ ↗ ↔ ← ↘	① 맞음 ② 틀림
19	교사 변호사 군인 가수 판사 － ← ↓ ↗ → ↙	① 맞음 ② 틀림
20	군인 의사 가수 작가 교사 － ↗ ↔ → ↘ ←	① 맞음 ② 틀림

[21~30] 다음의 〈보기〉에서 각 문제의 왼쪽에 표시된 굵은 글씨체의 기호, 문자, 숫자의 개수를 모두 세어 오른쪽에서 찾으시오(단, 대문자와 소문자는 구분하지 않는다).

		〈보기〉	〈개수〉
21	s	I started to talk less about myself and listen more to my co-workers.	① 5개　② 6개　③ 7개　④ 8개
22	6	16285765468653216946855656326651126845857 64233	① 11개　② 12개　③ 13개　④ 14개
23	✋	𝄇 ⑪ ✎ 🖐 卩 卩 𝄇 ⑪ ✎ 𝄇 🖐 ⑪ 𝄇 卩 𝄇 ✎ ⑪ 𝄇 🖐 卩 𝄇 🖐 ⑪ ✎ 𝄇 🖐 ✎ 卩 𝄇 ⑪ 卩 ✎ 𝄇 ⑪⑪🖐卩 𝄇 ✎ ⑪	① 4개　② 5개　③ 6개　④ 7개
24	e	A greater variety of food leads people to eat more than they would otherwise.	① 9개　② 10개　③ 11개　④ 12개
25	개	가개거갸개개기개구개가거개개갸개가가개기개구	① 7개　② 8개　③ 9개　④ 10개
26	2	21569845487326587945213625891542248632188 92665	① 6개　② 7개　③ 8개　④ 9개
27	⊘	⊗⊙⊕⊕⊗⊗⊙⊙⊝⊗⊙⊕⊙⊗⊙⊕⊝⊙⊗⊝⊙⊕⊙⊗⊝⊕ ⊝⊙⊗⊝⊙⊗⊕⊕⊗⊗⊙⊝⊙⊝⊙⊗⊗⊙⊝⊕⊕	① 8개　② 9개　③ 10개　④ 11개
28	f	If you're learning to play golf, think of yourself as a future champion.	① 5개　② 6개　③ 7개　④ 8개
29	4	6123548452394644512371546514233519454821 42354	① 10개　② 11개　③ 12개　④ 13개
30	ㅏ	머리 위에 하트를 그리는 행동을 통해 상대방에게 사랑의 감정을 더욱 강하게 전달하는 것 등이 그러한 예이다.	① 9개　② 10개　③ 11개　④ 12개

[01~20] 다음 〈보기〉의 왼쪽과 오른쪽 기호의 대응을 참고하여 각 문제의 대응이 같으면 답안지에 '① 맞음'을, 틀리면 '② 틀림'을 선택하시오.

[01~05]

> **보기**
>
> | | | | | |
> |---|---|---|---|---|
> | 시계 = 장갑 | 연고 = 수건 | 구두 = 어깨 | 휴지 = 헬멧 | 깔창 = 발열 |
> | 쿠션 = 세제 | 안경 = 전자 | 편지 = 샴푸 | 패드 = 상처 | 우의 = 보호 |

01	우의 구두 연고 휴지 쿠션 – 보호 어깨 상처 헬멧 세제	① 맞음	② 틀림
02	연고 시계 쿠션 패드 구두 – 수건 장갑 세제 상처 어깨	① 맞음	② 틀림
03	쿠션 구두 휴지 시계 패드 – 세제 어깨 헬멧 장갑 상처	① 맞음	② 틀림
04	안경 구두 연고 우의 쿠션 – 전자 세제 수건 보호 장갑	① 맞음	② 틀림
05	깔창 우의 연고 패드 시계 – 발열 보호 수건 상처 장갑	① 맞음	② 틀림

[06~10]

> **보기**
>
> | | | | | |
> |---|---|---|---|---|
> | goods = ◎ | govern = × | grain = ※ | grass = ♣ | gray = ♫ |
> | great = ≡ | green = ± | grind = ☑ | group = ▷ | grow = ◈ |

06	goods grass grow group grind – ◎ ♣ ◈ ▷ ☑	① 맞음	② 틀림
07	govern great grain grow group – × ≡ ※ ◈ ▷	① 맞음	② 틀림
08	grain group great gray govern – ※ ▷ ≡ ♫ ±	① 맞음	② 틀림
09	green group govern grass grind – ± ▷ × ♣ ☑	① 맞음	② 틀림
10	gray grass goods grind green – ♫ ♣ ◈ ☑ ±	① 맞음	② 틀림

[11~15]

보기

낙지 = ⊗	석화 = ⊙	백합 = ⊘	멍게 = ⊖	문어 = ⊙
전복 = ⊕	개불 = ⊕	소라 = ⊛	해삼 = ⊗	홍합 = ⊖

11	소라 낙지 전복 해삼 문어	–	⊛ ⊗ ⊕ ⊗ ⊙	① 맞음 ② 틀림
12	백합 멍게 전복 소라 낙지	–	⊘ ⊖ ⊕ ⊛ ⊗	① 맞음 ② 틀림
13	석화 전복 멍게 해삼 홍합	–	⊙ ⊛ ⊖ ⊗ ⊙	① 맞음 ② 틀림
14	홍합 전복 개불 백합 해삼	–	⊖ ⊕ ⊘ ⊙ ⊗	① 맞음 ② 틀림
15	개불 낙지 전복 문어 석화	–	⊛ ⊗ ⊖ ⊙ ⊙	① 맞음 ② 틀림

[16~20]

보기

마포 = 342	강남 = 826	은평 = 932	금천 = 582	강서 = 285
강북 = 104	서초 = 789	종로 = 742	구로 = 438	관악 = 605

16	구로 관악 강서 종로 강북	–	438 605 285 742 104	① 맞음 ② 틀림
17	서초 강서 은평 관악 금천	–	789 826 932 605 582	① 맞음 ② 틀림
18	강서 강남 금천 마포 관악	–	285 826 582 342 605	① 맞음 ② 틀림
19	구로 강서 은평 종로 강남	–	438 285 104 742 826	① 맞음 ② 틀림
20	마포 구로 은평 금천 종로	–	342 438 932 582 742	① 맞음 ② 틀림

[21~30] 다음의 〈보기〉에서 각 문제의 왼쪽에 표시된 굵은 글씨체의 기호, 문자, 숫자의 개수를 모두 세어 오른쪽에서 찾으시오(단, 대문자와 소문자는 구분하지 않는다).

		〈보기〉	〈개수〉
21	섬	술샐술샐섬섬설설솟술섬샐솟섬섬섬섬설설섬술술설 솟술섬섬솟술샐샐솟샐샐설솟술솟설설	① 7개 ② 8개 ③ 9개 ④ 10개
22	ㅣ	우리는 여러분이 서약을 깨뜨리는 습관을 갖도록 해서는 안 되며, 여러분도 이러한 습관을 키워서는 안 됩니다.	① 5개 ② 6개 ③ 7개 ④ 8개
23	9	3548488412194247514129874418974798154984 61598412	① 6개 ② 7개 ③ 8개 ④ 9개
24	ㄹ	나는 나를 고발한 사람들이 신들을 믿는다고 하는 것보 다 더 높은 차원에서 신들을 믿고 있기 때문입니다.	① 7개 ② 8개 ③ 9개 ④ 10개
25	t	Assuming several impacts, all from bodies between 0.01 and 0.1 times the Earth's mass, allows the compositions to "average out."	① 8개 ② 9개 ③ 10개 ④ 11개
26	△	△▽♨♨☎△※※△▽♨♨△☎※☎☎△♨△♨♨ ▽▽☎▽△☎☎▽△△△▽△▽▽※※※※※	① 11개 ② 12개 ③ 13개 ④ 14개
27	5	0534576206575773123989641294078006159099 748104845865600	① 5개 ② 6개 ③ 7개 ④ 8개
28	e	While it isn't a deal breaker for the multiple- impact theory, it will require more research.	① 10개 ② 11개 ③ 12개 ④ 13개
29	α	$x\alpha\delta\beta\delta\delta\delta\omega\omega\delta\delta\alpha\alpha\beta x\delta\omega\delta\omega\omega\alpha x\alpha\alpha\delta\omega\beta\omega\beta\alpha x\beta\beta\beta$ $\alpha\beta\beta x x x\alpha\alpha\alpha$	① 9개 ② 10개 ③ 11개 ④ 12개
30	ㄹ	어촌의 등불은 가물거리는데 배의 지붕에 빗소리는 울 어 느리다가 빠르다가 우수수 하는 소리가 차갑고도 슬 프다.	① 7개 ② 8개 ③ 9개 ④ 10개

| SET 7 |

[01~20] 다음 〈보기〉의 왼쪽과 오른쪽 기호의 대응을 참고하여 각 문제의 대응이 같으면 답안지에 '①
맞음'을, 틀리면 '② 틀림'을 선택하시오.

[01~05]

> **보기**
>
> | | | | | |
> |---|---|---|---|---|
> | 목련 = 3/4 | 튤립 = 5/6 | 벚꽃 = 4/2 | 유채 = 8/5 | 수국 = 6/7 |
> | 국화 = 1/8 | 장미 = 9/1 | 팬지 = 6/8 | 모란 = 7/2 | 과꽃 = 2/7 |

01	목련 팬지 국화 과꽃 벚꽃	– 3/4 6/8 1/8 2/7 4/2	① 맞음 ② 틀림
02	국화 튤립 모란 유채 장미	– 1/8 2/7 7/2 6/8 9/1	① 맞음 ② 틀림
03	장미 벚꽃 과꽃 모란 유채	– 9/1 4/2 2/7 7/2 8/5	① 맞음 ② 틀림
04	팬지 목련 수국 모란 유채	– 6/8 3/4 1/8 7/2 8/5	① 맞음 ② 틀림
05	수국 튤립 국화 팬지 목련	– 7/2 5/6 1/8 6/8 6/7	① 맞음 ② 틀림

[06~10]

> **보기**
>
> | | | | | |
> |---|---|---|---|---|
> | hair = ヘ | half = ユ | halt = ル | hang = リ | hand = ナ |
> | happy = マ | hard = ト | harm = コ | hat = イ | hate = ア |

06	half hate halt happy hair	– ユ ア リ マ ヘ	① 맞음 ② 틀림
07	happy hang hard half halt	– マ リ ト ユ ル	① 맞음 ② 틀림
08	happy hard halt hat hate	– マ ト ル イ ア	① 맞음 ② 틀림
09	half hand hair hang hat	– ユ ナ ヘ リ ア	① 맞음 ② 틀림
10	hate hang half hair happy	– ア リ ユ ヘ マ	① 맞음 ② 틀림

[11~15]

보기

╱ = 수소	↳ = 헬륨	ℙ = 리튬	‰ = 붕소	■ = 탄소
☎ = 질소	≈ = 산소	⇨ = 네온	∥∥ = 규소	∬ = 염소

11	↳ ℙ ∬ ╱ ☎ – 헬륨 리튬 수소 염소 질소	① 맞음	② 틀림
12	∥∥ ↳ ‰ ≈ ⇨ – 규소 수소 붕소 산소 네온	① 맞음	② 틀림
13	↳ ≈ ╱ ☎ ⇨ – 헬륨 산소 수소 질소 네온	① 맞음	② 틀림
14	╱ ■ ↳ ∥∥ ‰ – 수소 탄소 헬륨 규소 붕소	① 맞음	② 틀림
15	☎ ↳ ∬ ⇨ ∥∥ – 질소 헬륨 염소 네온 탄소	① 맞음	② 틀림

[16~20]

보기

식탁 = 823	침대 = 481	수건 = 182	베개 = 431	커튼 = 992
쿠션 = 698	소파 = 722	의자 = 221	책장 = 370	책상 = 504

16	소파 책상 수건 커튼 책장 – 221 504 182 992 370	① 맞음	② 틀림
17	식탁 소파 책장 의자 침대 – 823 722 370 221 431	① 맞음	② 틀림
18	커튼 식탁 침대 베개 의자 – 992 823 481 431 221	① 맞음	② 틀림
19	수건 쿠션 소파 베개 커튼 – 182 698 722 431 992	① 맞음	② 틀림
20	책상 베개 식탁 침대 수건 – 504 431 823 481 182	① 맞음	② 틀림

[21~30] 다음의 〈보기〉에서 각 문제의 왼쪽에 표시된 굵은 글씨체의 기호, 문자, 숫자의 개수를 모두 세어 오른쪽에서 찾으시오(단, 대문자와 소문자는 구분하지 않는다).

		〈보기〉	〈개수〉
21	**복**	발발복복발불불발별밟밟발밟밟복발발발불별복불불밟 별복별불밟별복밟밟밟별복불불별불복별별	① 7개 ② 8개 ③ 9개 ④ 10개
22	**ㄷ**	철학이 '지혜에 대한 사랑'이라는 건 다들 아실 겁니다. 하지만 철학은, 사실, 그것보다는 훨씬 재미있습니다.	① 5개 ② 6개 ③ 7개 ④ 8개
23	**4**	42165706285405554499131874349670433322185000808018 00668	① 5개 ② 6개 ③ 7개 ④ 8개
24	**ㄱ**	노화가며 젊은 시인 소설가와 원주의 정다운 얼굴, 그리고 지광의 아내도 와서 산뜻한 옷차림으로 시중을 들고 있었다.	① 5개 ② 6개 ③ 7개 ④ 8개
25	**o**	The point is to focus on the goal so that you try your best.	① 6개 ② 7개 ③ 8개 ④ 9개
26	**●**	@@●○@@○○◎○○◎@◑@◑○◑◑◎◑◑ ●○@●@@◎◎●◑●○◑●◎○●◎●◎●	① 9개 ② 10개 ③ 11개 ④ 12개
27	**0**	779535966745823323823336861646448218800422149011004 0000	① 8개 ② 9개 ③ 10개 ④ 11개
28	**a**	Our moon is a little more than a quarter of the diameter of the Earth and has about 1.2% of Earth's mass.	① 9개 ② 10개 ③ 11개 ④ 12개
29	**↙**	↙↖↖↕↕↕↖↙☜↙↖☜☜↖↕↖↙↕↗☜↗↖ ↗↗↕↙☜☜↕↕↗☜☜↗↙↖↙↗↗☜↙↙↙	① 8개 ② 9개 ③ 10개 ④ 11개
30	**e**	The problem is that the odds of getting a single impact that hits in just the right way are relatively small.	① 6개 ② 7개 ③ 8개 ④ 9개

[01~20] 다음 〈보기〉의 왼쪽과 오른쪽 기호의 대응을 참고하여 각 문제의 대응이 같으면 답안지에 '① 맞음'을, 틀리면 '② 틀림'을 선택하시오.

[01~05]

> **보기**
>
> 수송 = 통제   통신 = 공수   전투 = 시설   중앙 = 모함   연합 = 확인
> 지휘 = 방어   사격 = 제공   근접 = 헬기   항공 = 관제   보안 = 협조

01	전투 수송 보안 통신 연합 – 시설 통제 협조 모함 확인	① 맞음 ② 틀림
02	지휘 보안 항공 연합 사격 – 방어 협조 관제 확인 제공	① 맞음 ② 틀림
03	수송 통신 항공 전투 중앙 – 통제 공수 관제 시설 모함	① 맞음 ② 틀림
04	항공 사격 중앙 수송 통신 – 모함 제공 관제 통제 공수	① 맞음 ② 틀림
05	연합 보안 항공 사격 지휘 – 확인 협조 관제 제공 방어	① 맞음 ② 틀림

[06~10]

> **보기**
>
> price = ◐   private = ◑   probably = ▷   problem = ◎   pride = ♨
> produce = ♫   product = @   project = ◆   protect = ▶   prove = ♣

06	problem protect pride product prove – ◎ ◆ ♨ @ ♣	① 맞음 ② 틀림
07	pride price problem prove protect – ♨ ◐ ◎ ♣ ▶	① 맞음 ② 틀림
08	prove product private produce price – ♣ @ ◐ ♫ ◐	① 맞음 ② 틀림
09	private problem produce prove product – ◑ ◎ @ ♣ ♫	① 맞음 ② 틀림
10	probably private prove problem price – ▷ ◑ ♣ ◎ ◐	① 맞음 ② 틀림

[11~15]

보기

| 참나무 = ▨ | 옻나무 = ■ | 대나무 = ▥ | 잣나무 = □ | 소나무 = ▩ |
| 감나무 = ▣ | 밤나무 = ☰ | 등나무 = ◢ | 전나무 = ▦ | 벚나무 = ◧ |

11	전나무 대나무 벚나무 소나무 참나무 - ▦ ▥ ◧ ▩ ▨	① 맞음	② 틀림
12	옻나무 등나무 감나무 대나무 밤나무 - ■ □ ▨ ▥ ☰	① 맞음	② 틀림
13	잣나무 감나무 등나무 참나무 벚나무 - □ ▣ ◢ ■ ▥	① 맞음	② 틀림
14	밤나무 옻나무 등나무 소나무 전나무 - ☰ ■ ◢ ▩ ▦	① 맞음	② 틀림
15	벚나무 참나무 감나무 밤나무 대나무 - ■ ▨ ▣ ◧ ▥	① 맞음	② 틀림

[16~20]

보기

| 제주도 = 047 | 거제도 = 864 | 진도 = 761 | 강화도 = 170 | 독도 = 786 |
| 안면도 = 717 | 완도 = 647 | 울릉도 = 114 | 거금도 = 355 | 교동도 = 478 |

16	울릉도 거금도 진도 독도 안면도 - 114 355 761 786 717	① 맞음	② 틀림
17	안면도 거제도 울릉도 강화도 교동도 - 717 864 114 170 478	① 맞음	② 틀림
18	진도 제주도 안면도 독도 강화도 - 647 047 717 786 170	① 맞음	② 틀림
19	거제도 강화도 제주도 울릉도 완도 - 864 170 047 114 647	① 맞음	② 틀림
20	거금도 교동도 안면도 독도 울릉도 - 355 478 761 786 114	① 맞음	② 틀림

[21~30] 다음의 〈보기〉에서 각 문제의 왼쪽에 표시된 굵은 글씨체의 기호, 문자, 숫자의 개수를 모두 세어 오른쪽에서 찾으시오(단, 대문자와 소문자는 구분하지 않는다).

		〈보기〉	〈개수〉
21	잉	양융양잉잉양잉잉영용용양용용양영용영양융융양양양용영영영잉잉영영영융용잉잉융융융용융융융	① 7개 ② 8개 ③ 9개 ④ 11개
22	ㅡ	그것들은 세기말 빈의 역사와 정신을 보여준다. 링을 돌아볼 때 당신은 세기말 링의 한가운데 서 있게 되는 것이다.	① 5개 ② 6개 ③ 7개 ④ 8개
23	5	9555654123565452623845215468954892354861 25265	① 13개 ② 14개 ③ 15개 ④ 16개
24	ㄴ	평생 한 곳, '프로이트 의원'을 떠나지도 옮기지도 않고 47년을 한결같이 진료했던 그의 모습은 성실한 의사의 표상이었다.	① 7개 ② 8개 ③ 9개 ④ 10개
25	i	In answer after answer, Obama expressed his confidence in the next cohort of Americans, from their resilience to their tolerance.	① 8개 ② 9개 ③ 10개 ④ 11개
26	▶	▶▲▲▲▶◆▶■▼▼▲▶▲▶◆▼◆■▲▲■■ ▼◆▲▼▼▼▶▶◆■■▼▼■◆◆■▶◆▶▶	① 8개 ② 9개 ③ 10개 ④ 11개
27	9	8782411835514479787545293911912149302255 502468590663326	① 5개 ② 6개 ③ 7개 ④ 8개
28	h	The private equity, bankruptcy, and steel magnate quickly named trade policy with China as one of the areas he'd seek to change.	① 5개 ② 6개 ③ 7개 ④ 8개
29	ⓘ	ⓒⒷⒹⓐⓘⒽⓘⓐⓔⒻⓘⒽⒷⓔⓐⒽⒻⓖⓔⒻⓒ ⒹⒹⓖ	① 1개 ② 2개 ③ 3개 ④ 4개
30	o	While automation has struck some fear in the hearts of average workers, most employers expect it to actually create jobs.	① 8개 ② 9개 ③ 10개 ④ 11개

[01~20] 다음 〈보기〉의 왼쪽과 오른쪽 기호의 대응을 참고하여 각 문제의 대응이 같으면 답안지에 '① 맞음'을, 틀리면 '② 틀림'을 선택하시오.

[01~05]

> **보기**
>
> 전자 = 첩보   우군 = 상황   야전 = 서열   전방 = 연습   맹룡 = 억제
>
> 전투 = 무장   비상 = 포병   방어 = 공격   신속 = 지원   화력 = 대책

01	야전 신속 비상 전투 전방 – 서열 무장 포병 지원 연습	① 맞음 ② 틀림
02	신속 방어 전자 전투 야전 – 지원 첩보 공격 무장 서열	① 맞음 ② 틀림
03	우군 신속 방어 전투 야전 – 상황 지원 공격 무장 서열	① 맞음 ② 틀림
04	화력 전자 맹룡 전투 우군 – 대책 첩보 억제 무장 지원	① 맞음 ② 틀림
05	맹룡 야전 화력 전투 신속 – 억제 서열 대책 무장 지원	① 맞음 ② 틀림

[06~10]

> **보기**
>
> 1 = mom   4 = mind   8 = move   2 = mad   0 = million
>
> 5 = make   9 = moral   3 = mean   6 = meet   7 = miss

06	1 6 0 5 2 – mom meet million make mad	① 맞음 ② 틀림
07	8 6 4 9 3 – move mad mind moral miss	① 맞음 ② 틀림
08	2 0 7 1 5 – mind million miss moral make	① 맞음 ② 틀림
09	6 4 9 3 8 – meet mind moral mean move	① 맞음 ② 틀림
10	3 0 4 5 7 – mean mom mad make miss	① 맞음 ② 틀림

[11~15]

보기

♫ = 사천	✉ = 안면	✿ = 장돌	☺ = 청송	✿ = 송도
✈ = 후포	📁 = 삼척	📄 = 변산	🖐 = 문갑	✂ = 덕포

11	✿ ♫ 🖐 ✂ 📁 – 장돌 사천 문갑 덕포 삼척	① 맞음 ② 틀림
12	📄 ✉ 🖐 ✈ ✿ – 변산 안면 문갑 후포 장돌	① 맞음 ② 틀림
13	✿ ✈ ☺ ✉ 📄 – 송도 후포 청송 삼척 변산	① 맞음 ② 틀림
14	✉ ✂ ♫ 🖐 ✿ – 안면 덕포 사천 문갑 송도	① 맞음 ② 틀림
15	✂ ✉ 📄 ✿ ✿ – 덕포 안면 변산 장돌 송도	① 맞음 ② 틀림

[16~20]

보기

바이칼 = 271	말라위 = 638	이리 = 637	위니펙 = 175	발하시 = 827
라도가 = 045	오네가 = 687	베네른 = 683	앨버트 = 277	칭하이 = 721

16	칭하이 오네가 이리 앨버트 베네른 – 721 637 687 277 683	① 맞음 ② 틀림
17	베네른 라도가 칭하이 말라위 이리 – 683 045 721 638 637	① 맞음 ② 틀림
18	이리 칭하이 베네른 앨버트 라도가 – 637 721 683 277 045	① 맞음 ② 틀림
19	바이칼 앨버트 발하시 라도가 오네가 – 721 277 827 045 687	① 맞음 ② 틀림
20	발하시 칭하이 이리 바이칼 앨버트 – 827 175 637 271 277	① 맞음 ② 틀림

[21~30] 다음의 〈보기〉에서 각 문제의 왼쪽에 표시된 굵은 글씨체의 기호, 문자, 숫자의 개수를 모두 세어 오른쪽에서 찾으시오(단, 대문자와 소문자는 구분하지 않는다).

		〈보기〉	〈개수〉
21	콧	콧콕콕콕콕콘콧콧콧콧콕콘콧콕콘콘콘콧콧콕콧콕 콧콘콧콧콕콘콧콧콘콧콧콧콕콧콧콕콧콧콧콘	① 7개 ② 8개 ③ 9개 ④ 10개
22	ㄹ	나는 여름은 제외하고 봄, 가을, 겨울에 이곳을 지나다녔다. 나는 빈에 가면 매일 아침 이곳을 걷고, 빈을 떠나면 매일 아침 서울을 걸으면서 슈타트파르크의 바람을 추억한다.	① 11개 ② 12개 ③ 13개 ④ 14개
23	2	41198680589352857846754942936249357202697615393111 21243	① 7개 ② 8개 ③ 9개 ④ 10개
24	ㅐ	다양한 얼굴 표정은 말을 주고받는 행위의 뒤에서 그림자처럼 따라다니며 대화 내용의 이면에 담긴 중요한 감정 상태를 전달한다.	① 3개 ② 4개 ③ 5개 ④ 6개
25	o	I have more confidence on racial issues in the next generation than I do in our generation or the previous generation.	① 9개 ② 10개 ③ 11개 ④ 12개
26	ㄸ	ㄲㄹㅉㄸㄹㄹㄹㅉㄸㄹㄹㄹㅉㄲㅃㄹㅃㅃㅃㄸㄸㅃ ㅃㄲㅉㄸㅃㅃㅉㅃㄹㄲㄲㄱㄸㅉㅉㄸㄸㄷㄷㄹㅉㄸㄹ	① 8개 ② 9개 ③ 10개 ④ 11개
27	3	2634523941352795143695433513694236413125 6463	① 9개 ② 10개 ③ 11개 ④ 12개
28	e	Healthy democracies thrive on transparency and leadership that is sensitive to the needs of its citizens.	① 11개 ② 12개 ③ 13개 ④ 14개
29	병	병 ㅎㅎㅄㄱㅎㅎ 뱅 ㅇㅇㅄㄱㅇㅇㅄㄱㅎㅎㅄㄱㅄㄱ 뱅 ㅇㅇ 병 뱅 ㅇㅇㅄㄱ 병 뱅 병 ㅇㅇ ㅎㅎㅄㄱㅎㅎ 뱅 ㅄㄱ 병 ㅎㅎㅄㄱ 뱅 뱅 ㅇㅇ 뱅 병 ㅎㅎㅇㅇ 병 ㅇㅇㅇㅇ 병 병	① 6개 ② 7개 ③ 8개 ④ 9개
30	s	Ross did add, however, that "simultaneity" is another factor that's sorely missing in US trade agreements.	① 7개 ② 8개 ③ 9개 ④ 10개

| SET 10 |

[01~20] 다음 〈보기〉의 왼쪽과 오른쪽 기호의 대응을 참고하여 각 문제의 대응이 같으면 답안지에 '①
맞음'을, 틀리면 '② 틀림'을 선택하시오.

[01~05]

> **보기**
>
> 도북 = 증원   지리 = 초소   화력 = 투발   항법 = 강하   감시 = 투하
>
> 고공 = 편각   핵심 = 장치   대량 = 정보   공중 = 사단   보병 = 표적

01	공중 대량 도북 화력 보병 – 사단 정보 편각 투발 표적	① 맞음 ② 틀림
02	화력 대량 보병 항법 핵심 – 투발 정보 표적 강하 장치	① 맞음 ② 틀림
03	핵심 항법 보병 공중 대량 – 장치 강하 표적 사단 정보	① 맞음 ② 틀림
04	지리 보병 감시 도북 핵심 – 초소 표적 투하 증원 장치	① 맞음 ② 틀림
05	고공 감시 화력 핵심 대량 – 편각 투하 투발 장치 증원	① 맞음 ② 틀림

[06~10]

> **보기**
>
> show = ◆   side = ▣   sign = ♭   similar = #   simple = ▥
>
> simply = □   since = ★   sing = §   single = ♣   sister = ♡

06	side show sing sign similar – ▣ ◆ § ♭ #	① 맞음 ② 틀림
07	sign simply since show sing – ♭ ▣ ★ ◆ §	① 맞음 ② 틀림
08	side sign simple simply since – ▣ ♭ □ ▥ ★	① 맞음 ② 틀림
09	single since similar simply side – ♣ ★ # ▥ ▣	① 맞음 ② 틀림
10	show similar simply sing simple – ◆ # □ § ▥	① 맞음 ② 틀림

[11~15]

Φ = 요골	Д = 척골	E = 쇄골	Ш = 견갑골	M = 유구골
Б = 중절골	A = 삼각골	C = 주상골	B = 거골	H = 경추

11	Φ B Ш M Б –	요골 거골 견갑골 유구골 중절골	① 맞음 ② 틀림
12	Ш Д H E Φ –	견갑골 척골 경추 쇄골 척골	① 맞음 ② 틀림
13	A Б Д H Φ –	삼각골 주상골 척골 경추 요골	① 맞음 ② 틀림
14	Φ Ш Д A M –	요골 견갑골 삼각골 척골 유구골	① 맞음 ② 틀림
15	Ш M C H E –	견갑골 유구골 주상골 경추 쇄골	① 맞음 ② 틀림

[16~20]

앙카라 = n6g	헬싱키 = e7q	베를린 = j4y	더블린 = j2l	모나코 = v0p
아테네 = u8i	바티칸 = a3d	리스본 = g1h	브뤼셀 = h9e	프라하 = c5d

16	앙카라 브뤼셀 프라하 모나코 베를린 –	n6g a3d g1h v0p j4y	① 맞음 ② 틀림
17	브뤼셀 바티칸 앙카라 베를린 헬싱키 –	h9e a3d n6g j4y e7q	① 맞음 ② 틀림
18	베를린 바티칸 브뤼셀 앙카라 모나코 –	j4y a3d h9e n6g v0p	① 맞음 ② 틀림
19	리스본 더블린 프라하 아테네 바티칸 –	g1h j2l c5d u8i a3d	① 맞음 ② 틀림
20	아테네 더블린 리스본 프라하 헬싱키 –	c5d j2l g1h h9e e7q	① 맞음 ② 틀림

[21~30] 다음의 〈보기〉에서 각 문제의 왼쪽에 표시된 굵은 글씨체의 기호, 문자, 숫자의 개수를 모두 세어 오른쪽에서 찾으시오(단, 대문자와 소문자는 구분하지 않는다).

		〈보기〉	〈개수〉
21	**샬**	셸셉셩셉샌슌셩셉셩셩샬샌샌셉슌셉샬샬슌샌샬셉셩 셉슌샌셉샬슌슌샬샌샌슌샌슌셩샬슌샬셩셩셩	① 7개 ② 8개 ③ 9개 ④ 10개
22	**ㅔ**	19세기 말에 빈은 세상에서 가장 큰 변화가 있었으며, 650년간의 구체제가 무너지고 새로운 세상이 만들어졌다. 그 과정에서 그들은 가장 큰 산고를 겪었다.	① 5개 ② 6개 ③ 7개 ④ 8개
23	**4**	47586585986687821400426904953013524398949 516713355276007	① 6개 ② 7개 ③ 8개 ④ 9개
24	**ㄴ**	깐깐한 베토벤은 다른 음악가들과 함께 있기 싫어서 따로 나와 앉아 있고, 게다가 사람들이 지나다니면서 자기를 올려다볼 길가에 앉아 있다.	① 8개 ② 9개 ③ 10개 ④ 11개
25	**t**	They are more inclusive by instinct than we are, and hopefully, my presidency maybe helped that along a little bit.	① 9개 ② 10개 ③ 11개 ④ 12개
26	**⅔**	⅕⅜⅔⅓⅜⅗⅛⅔⅗⅗⅛⅛⅜⅖⅛⅗⅛⅗⅗⅛⅔⅗⅓⅜⅖⅔⅜⅛⅛⅗⅗⅔⅘⅛⅘⅗⅔⅗⅛⅘⅜⅖⅘⅜ ⅕⅘⅗	① 8개 ② 9개 ③ 10개 ④ 11개
27	**5**	69176076353396948825298579147694694645581 842581854522222	① 5개 ② 6개 ③ 7개 ④ 8개
28	**s**	The amount of glass and plastic waste is smaller than that of garden cuttings.	① 6개 ② 7개 ③ 8개 ④ 9개
29	**✏**	⬛❄🔔✈◈⬛⬛✈🔔✈⬛❄◈➪✈▱◈✈❄🔔◈⬛❄◈➪ ❄🔺◈❄	① 2개 ② 3개 ③ 4개 ④ 5개
30	**o**	I think the president has done a wonderful job preconditioning other countries with whom we'll be negotiating that change is coming.	① 8개 ② 9개 ③ 10개 ④ 11개

[01~20] 다음 〈보기〉의 왼쪽과 오른쪽 기호의 대응을 참고하여 각 문제의 대응이 같으면 답안지에 '① 맞음'을, 틀리면 '② 틀림'을 선택하시오.

[01~05]

> **보기**
>
> keep = 사단 know = 연대 korea = 중대 knock = 대대 knit = 분대
> kid = 해병대 key = 해군 king = 소대 knight = 공군 keen = 육군

01	korea knight knock keep king	–	중대 공군 대대 사단 소대	① 맞음 ② 틀림
02	kid keen key knit keep	–	해병대 육군 해군 분대 사단	① 맞음 ② 틀림
03	keep keen king knit kid	–	사단 공군 연대 분대 해병대	① 맞음 ② 틀림
04	know knit key knock kid	–	육군 분대 사단 대대 해병대	① 맞음 ② 틀림
05	korea knight know king keep	–	중대 공군 연대 소대 사단	① 맞음 ② 틀림

[06~10]

> **보기**
>
> 서울 = ♙ 인천 = ♗ 대전 = ♨ 대구 = ♝ 울산 = ♖
> 부산 = ♟ 광주 = ♕ 제주도 = ♜ 세종 = ♣ 독도 = ♘

06	제주도 부산 서울 세종 독도	–	♜ ♟ ♙ ♣ ♘	① 맞음 ② 틀림
07	울산 광주 독도 서울 인천	–	♖ ♕ ♘ ♙ ♗	① 맞음 ② 틀림
08	서울 부산 인천 세종 제주도	–	♙ ♝ ♨ ♣ ♜	① 맞음 ② 틀림
09	광주 대구 울산 부산 서울	–	♕ ♝ ♖ ♟ ♙	① 맞음 ② 틀림
10	대전 울산 부산 독도 광주	–	♨ ♖ ♟ ♘ ♕	① 맞음 ② 틀림

보기

산 = 20.	천 = 96.	들 = 15.	해 = 42.	논 = 65.
달 = 11.	하늘 = 38.	강 = 75.	구름 = 57.	바다 = 28.

11	달 강 바다 논 하늘	− 11. 75. 28. 65. 38.	① 맞음 ② 틀림
12	구름 산 천 달 강	− 65. 20. 96. 38. 75.	① 맞음 ② 틀림
13	들 강 해 산 바다	− 15. 75. 38. 65. 28.	① 맞음 ② 틀림
14	해 구름 하늘 천 논	− 42. 57. 38. 96. 65.	① 맞음 ② 틀림
15	바다 달 강 산 구름	− 28. 96. 75. 11. 57.	① 맞음 ② 틀림

보기

128 = 대령	526 = 망령	341 = 혼령	695 = 발령	842 = 유령
912 = 수령	249 = 연령	417 = 명령	756 = 요령	237 = 법령

16	249 417 526 912 756	− 연령 법령 망령 명령 요령	① 맞음 ② 틀림
17	128 842 249 237 695	− 대령 유령 연령 법령 발령	① 맞음 ② 틀림
18	526 341 695 249 128	− 망령 혼령 발령 연령 대령	① 맞음 ② 틀림
19	341 249 756 912 417	− 혼령 연령 요령 수령 명령	① 맞음 ② 틀림
20	695 237 842 128 341	− 수령 망령 유령 대령 혼령	① 맞음 ② 틀림

[21~30] 다음의 〈보기〉에서 각 문제의 왼쪽에 표시된 굵은 글씨체의 기호, 문자, 숫자의 개수를 모두 세어 오른쪽에서 찾으시오(단, 대문자와 소문자는 구분하지 않는다).

		〈보기〉	〈개수〉
21	**ㅅ**	내가 한림의 재모를 아껴 이같이 기별해 사위를 삼고자 하였더니 선생 형제는 도학군자라 예가 아닌 것을 문책 하시는 도다.	① 6개 ② 7개 ③ 8개 ④ 9개
22	**6**	75615486234685123621661458645642316489125 6487	① 10개 ② 11개 ③ 12개 ④ 13개
23	**o**	You have to challenge the conventional ways of doing things and search for opportunities to innovate.	① 9개 ② 10개 ③ 11개 ④ 12개
24	**ㄹ**	퍼플 오션을 찾기 위한 대표적인 전략은 이미 인기를 얻은 소재를 다른 장르에 적용하여 그 파급 효과를 노리는 것이다.	① 11개 ② 12개 ③ 13개 ④ 14개
25	**8**	234519851364582169878745236125469862315862321	① 6개 ② 7개 ③ 8개 ④ 9개
26	**⊇**	ㅋㄷㄷㅋㄷㅋㄷㅋㅌㅋㄷㄱㄷㅋㄷㅌㅋㄷㅋㄷㅋㄷ ㅋㄷㄷㅋㄷㄹㄷㄷㄱㄷㅋㅌㄷㄱㄷㄹㄷㅋㄷ	① 3개 ② 4개 ③ 5개 ④ 6개
27	**ㅇ**	바람은 넘실 천 이랑 만 이랑 이랑이랑 햇빛이 갈라지고 보리도 허리통이 부끄럽게 드러났다.	① 10개 ② 11개 ③ 12개 ④ 13개
28	**e**	We can get the business of the country done.	① 5개 ② 6개 ③ 7개 ④ 8개
29	**四**	一五六二九四五八二三三二一五四七五八六四五二 九四六七五一八六四五七五二二三三一六二九七四 六五四六七八	① 6개 ② 7개 ③ 8개 ④ 9개
30	**4**	4654241364851647951344568452694136552346 79452	① 10개 ② 11개 ③ 12개 ④ 13개

| SET 12 |

[01~20] 다음 〈보기〉의 왼쪽과 오른쪽 기호의 대응을 참고하여 각 문제의 대응이 같으면 답안지에 '①
맞음'을, 틀리면 '② 틀림'을 선택하시오.

[01~05]

> **보기**
>
> ◈ = Ω   ▶ = ⊞   ☎ = 訝   ◁ = ₤   ◖ = ⌘
>
> ♠ = ⅗   ♨ = ⇧   ♥ = ◇   ♧ = ?!   ☞ = Ö

01	◖ ☞ ♧ ◁ ◈　−　⌘ Ö ?! ₤ Ω	① 맞음	② 틀림
02	♨ ▶ ♧ ◈ ♥　−　⇧ ⊞ ?! Ω ◇	① 맞음	② 틀림
03	▶ ◁ ♠ ☎ ☞　−　Ω ₤ ⅗ ⌘ Ö	① 맞음	② 틀림
04	♠ ◈ ◖ ♧ ☎　−　⅗ Ω ⌘ ?! 訝	① 맞음	② 틀림
05	◁ ☞ ▶ ☎ ♥　−　₤ Ö ⊞ 訝 ◇	① 맞음	② 틀림

[06~10]

> **보기**
>
> 벌새 = 쿡   큰앵무 = 쿠   제비 = 코   물총새 = 커   딱따구리 = 카
>
> 왜가리 = 키   독수리 = 케   펭귄 = 콕   수탉 = 켜   공작 = 캐

06	펭귄 딱따구리 공작 제비 왜가리　−　콕 카 캐 코 키	① 맞음	② 틀림
07	독수리 펭귄 물총새 공작 벌새　−　케 켜 코 캐 쿡	① 맞음	② 틀림
08	딱따구리 제비 큰앵무 왜가리 수탉　−　카 캐 쿠 커 켜	① 맞음	② 틀림
09	공작 큰앵무 왜가리 독수리 펭귄　−　캐 쿠 키 케 콕	① 맞음	② 틀림
10	수탉 물총새 딱따구리 큰앵무 제비　−　콕 커 카 쿠 키	① 맞음	② 틀림

[11~15]

보기				
해바라기 = ✈	장미 = ☼	백일홍 = ♠	금잔화 = ❖	나팔꽃 = ✪
무궁화 = ❀	수선화 = ✦	프리지아 = ♣	백합 = ❄	데이지 = ♡

11	데이지 장미 프리지아 백일홍 나팔꽃	– ❀ ☼ ♣ ❄ ✪	① 맞음　② 틀림
12	해바라기 수선화 나팔꽃 데이지 금잔화	– ✈ ✦ ✪ ♡ ❖	① 맞음　② 틀림
13	장미 백합 백일홍 수선화 해바라기	– ☼ ❄ ♠ ❖ ♣	① 맞음　② 틀림
14	무궁화 금잔화 데이지 수선화 백합	– ❀ ❖ ♡ ✦ ❄	① 맞음　② 틀림
15	프리지아 무궁화 백일홍 백합 금잔화	– ♣ ❀ ♠ ❄ ❖	① 맞음　② 틀림

[16~20]

보기				
card = 땅콩	cup = 은행	cola = 헤이즐넛	coffee = 캐슈넛	camera = 호두
charge = 밤	corner = 잣	channel = 아몬드	cat = 도토리	cow = 건포도

16	corner card cup cola channel	– 도토리 땅콩 은행 건포도 아몬드	① 맞음　② 틀림
17	charge cow corner cat camera	– 밤 건포도 잣 도토리 호두	① 맞음　② 틀림
18	channel coffee cup charge cola	– 아몬드 캐슈넛 은행 밤 헤이즐넛	① 맞음　② 틀림
19	cola camera channel cow corner	– 은행 호두 캐슈넛 건포도 잣	① 맞음　② 틀림
20	cat charge cup coffee card	– 도토리 밤 은행 캐슈넛 땅콩	① 맞음　② 틀림

[21~30] 다음의 〈보기〉에서 각 문제의 왼쪽에 표시된 굵은 글씨체의 기호, 문자, 숫자의 개수를 모두 세어 오른쪽에서 찾으시오(단, 대문자와 소문자는 구분하지 않는다).

		〈보기〉	〈개수〉
21	하	하하하헤호히호흐히흐하헤하후흐히해헤호후호하후하히허 하하후	① 8개 ② 9개 ③ 10개 ④ 11개
22	◣	◪◨◧◧◩◪◨◩◪◩◨◧◩◧◪◩◨◩◪◨◩◧ ◨◪◨◧◪◨◩◪◩◧◨◨◪◧◩◧	① 7개 ② 8개 ③ 9개 ④ 10개
23	s	Sepsis happens when our body's response to an infection injures our own organs.	① 9개 ② 10개 ③ 11개 ④ 12개
24	2	6258942215132526248561239542172162635215 12457	① 12개 ② 13개 ③ 14개 ④ 15개
25	⊗	⊖⊘⊗⊗⊗⊘⊕⊘⊘⊘⊘⊗⊗⊘⊕⊘⊗⊗⊘⊕⊖⊘ ⊗⊗⊖⊕⊕⊘⊖⊗⊘⊘⊗⊖⊘⊗⊖⊖⊕⊗	① 4개 ② 5개 ③ 6개 ④ 7개
26	ㅎ	그대의 충성은 지극하나 지금 황상이 항복하려 하시고 또한 적진의 형세가 저러하니, 그대 청춘이 전쟁터의 백골이 될 것이다.	① 6개 ② 7개 ③ 8개 ④ 9개
27	r	Flying squirrels are much smaller than the tree squirrels you see during the day.	① 8개 ② 9개 ③ 10개 ④ 11개
28	6	219645654138656134726486135649462566211 241862	① 8개 ② 9개 ③ 10개 ④ 11개
29	⇓	⇨⇦⇨⇧⇩⇨⇦⇨⇨⇧⇦⇨⇦⇨⇩⇧⇦⇨⇦⇨⇦⇨⇩ ⇨⇧⇦⇨⇨⇦⇨⇨⇦⇩⇩⇨⇦⇨⇧	① 4개 ② 5개 ③ 6개 ④ 7개
30	a	After mixing many different chemicals with a wooden stick.	① 4개 ② 5개 ③ 6개 ④ 7개

[01~20] 다음 〈보기〉의 왼쪽과 오른쪽 기호의 대응을 참고하여 각 문제의 대응이 같으면 답안지에 '① 맞음'을, 틀리면 '② 틀림'을 선택하시오.

[01~05]

> **보기**
>
> | | | | | |
> |---|---|---|---|---|
> | GET = 우유 | PET = 두유 | SET = 우리 | JET = 두리 | HET = 모두 |
> | MET = 요가 | BET = 주리 | RET = 주기 | WET = 여가 | NET = 두부 |

01	SET JET PET NET WET	– 우리 두리 두유 두부 여가	① 맞음 ② 틀림
02	GET WET RET PET MET	– 우유 여가 주기 두유 요가	① 맞음 ② 틀림
03	SET RET GET HET NET	– 우리 주기 우유 여가 두부	① 맞음 ② 틀림
04	MET BET PET SET RET	– 요가 주리 두유 우리 주기	① 맞음 ② 틀림
05	BET JET NET GET MET	– 주리 두리 두부 우유 요가	① 맞음 ② 틀림

[06~10]

> **보기**
>
> | | | | | |
> |---|---|---|---|---|
> | 대령 = ♘ | 수령 = ♕ | 망령 = ♟ | 연령 = ♙ | 혼령 = ♗ |
> | 명령 = ♔ | 발령 = ♝ | 요령 = ♜ | 유령 = ♖ | 법령 = ♛ |

06	명령 법령 유령 연령 수령	– ♔ ♛ ♖ ♗ ♕	① 맞음 ② 틀림
07	요령 혼령 대령 망령 연령	– ♜ ♗ ♘ ♟ ♙	① 맞음 ② 틀림
08	법령 명령 혼령 수령 유령	– ♛ ♔ ♕ ♗ ♖	① 맞음 ② 틀림
09	요령 대령 연령 명령 혼령	– ♜ ♘ ♙ ♔ ♗	① 맞음 ② 틀림
10	유령 수령 발령 망령 대령	– ♖ ♕ ♝ ♟ ♘	① 맞음 ② 틀림

[11~15]

보기

50 = ∵	41 = ∬	39 = ※	21 = ♤	01 = §
11 = ★	28 = ♧	47 = ▲	32 = ♫	04 = □

11	50 41 32 39 21　—　∵ ∬ ♫ ※ ♤	① 맞음　② 틀림
12	01 11 28 47 04　—　★ ∬ ♧ ▲ □	① 맞음　② 틀림
13	41 21 11 28 47　—　∬ ♤ ★ ♧ ▲	① 맞음　② 틀림
14	32 39 21 01 11　—　♫ ※ ♤ § ★	① 맞음　② 틀림
15	04 50 41 21 47　—　□ ∵ ∬ ♤ ▲	① 맞음　② 틀림

[16~20]

보기

논병아리 = ☎	황로 = ⇔	원양 = ◑	바다꿩 = ☞	검은오리 = Σ
솔개 = ‖	댕기물떼새 = ☀	학도요 = ↖	양비둘기 = ♠	크낙새 = ◉

16	원양 바다꿩 크낙새 검은오리 솔개　—　◑ ☞ ◉ Σ ‖	① 맞음　② 틀림
17	댕기물떼새 학도요 논병아리 황로 원양　—　☀ ↖ ☎ ☞ ◑	① 맞음　② 틀림
18	양비둘기 바다꿩 크낙새 검은오리 황로　—　♠ ☞ ‖ Σ ⇔	① 맞음　② 틀림
19	솔개 댕기물떼새 학도요 양비둘기 논병아리　—　‖ ☀ ↖ ♠ ☎	① 맞음　② 틀림
20	바다꿩 원양 황로 논병아리 학도요　—　☞ ‖ ⇔ ☎ Σ	① 맞음　② 틀림

[21~30] 다음의 〈보기〉에서 각 문제의 왼쪽에 표시된 굵은 글씨체의 기호, 문자, 숫자의 개수를 모두 세어 오른쪽에서 찾으시오.

	〈보기〉	〈개수〉
21 o	진정한 청렴이란 아무도 알아주지 않을 것을 알면서도 옳은 일을 하는 것이다.	① 12개 ② 13개 ③ 14개 ④ 15개
22 8	8941326598984465561569898456165464899844 65665448	① 8개 ② 9개 ③ 10개 ④ 11개
23 e	Autumn is a second spring when every leaf is a flower.	① 5개 ② 6개 ③ 7개 ④ 8개
24 ◆	⊘◆⊞⏛◉⊞⊘▼▼⏛◉⊡⊘◆◉⊞⏛▼⊘◉⊞⏛⏛ ▼⏛▼◆⊘⏛◉▼⏛⊞◆▼⏛◉⊘▼⏛⊞▼◆⊘◉	① 3개 ② 4개 ③ 5개 ④ 6개
25 1	5161516849615213216849879841654987418541 565698549	① 8개 ② 9개 ③ 10개 ④ 11개
26 h	When I was younger, I could remember anything, whether it had happened or not.	① 6개 ② 7개 ③ 8개 ④ 9개
27 ㄱ	공간 구조의 기억과 회상에 관여하는 해마로 인해 우리는 눈을 감고 머릿속에 집으로 가는 길을 떠올릴 수 있다.	① 9개 ② 10개 ③ 11개 ④ 12개
28 ☷	☳ ☶ ☴ ☲ ☵ ☶ ☳ ☴ ☲ ☶ ☵ ☳ ☴ ☲ ☶ ☵ ☳ ☴ ☵ ☲ ☶ ☴ ☶ ☵ ☳ ☳ ☶ ☲	① 10개 ② 11개 ③ 12개 ④ 13개
29 6	9864964516362186691561536898651446463416 84696318	① 12개 ② 13개 ③ 14개 ④ 15개
30 ㄱ	무언가를 열렬히 원한다면 그것을 얻기 위해 전부를 걸 만큼의 배짱을 가져라.	① 4개 ② 5개 ③ 6개 ④ 7개

[01~20] 다음 〈보기〉의 왼쪽과 오른쪽 기호의 대응을 참고하여 각 문제의 대응이 같으면 답안지에 '① 맞음'을, 틀리면 '② 틀림'을 선택하시오.

[01~05]

> **보기**
>
> goqk = 독   rnfl = 현   woud = 애   rms = 하   dkwn = 검
>
> xodu = 준   tka = 욘   wjd = 순   dlwp = 필   dltk = 복

01	goqk wjd woud rms xodu – 독 순 애 하 준	① 맞음 ② 틀림
02	xodu tka rnfl dlwp dkwn – 준 욘 현 필 검	① 맞음 ② 틀림
03	dltk xodu tka rnfl dlwp – 복 준 욘 현 필	① 맞음 ② 틀림
04	rms xodu goqk dltk rnfl – 현 준 독 복 하	① 맞음 ② 틀림
05	xodu tka rnfl wjd dkwn – 준 복 현 순 검	① 맞음 ② 틀림

[06~10]

> **보기**
>
> 황색 = dive   풀색 = lake   분백색 = light   자금색 = cut   강청색 = word
>
> 취벽색 = bite   유색 = off   담묵색 = book   감색 = up   하늘색 = street

06	자금색 황색 취벽색 감색 하늘색 – book dive bite up street	① 맞음 ② 틀림
07	유색 담묵색 분백색 감색 풀색 – off book light up lake	① 맞음 ② 틀림
08	황색 풀색 강청색 자금색 담묵색 – dive lake word cut book	① 맞음 ② 틀림
09	강청색 유색 풀색 감색 자금색 – word up lake street cut	① 맞음 ② 틀림
10	분백색 황색 취벽색 담묵색 감색 – light dive bite book up	① 맞음 ② 틀림

보기

| 낙엽송 = ◀ | 송진 = ♨ | 솔향기 = ▨ | 솔잎 = 】 | 육송 = ■ |
| 솔방울 = ▷ | 소나무 = ♨ | 열매 = ▥ | 산철쭉 = ▽ | 해송 = ★ |

11	낙엽송 송진 소나무 열매 산철쭉 – ◀ ♨ ♨ ▥ ▽	① 맞음 ② 틀림
12	해송 육송 솔잎 솔방울 송진 – ★ ■ 】 ▷ ♨	① 맞음 ② 틀림
13	송진 낙엽송 솔향기 산철쭉 육송 – ♨ ◀ ▨ ▽ ■	① 맞음 ② 틀림
14	솔방울 소나무 열매 송진 솔잎 – ▷ ♨ ▥ ♨ ▽	① 맞음 ② 틀림
15	솔잎 산철쭉 낙엽송 솔방울 소나무 – 】 ▷ ◀ ▽ ♨	① 맞음 ② 틀림

보기

| 아메리카노 = △ | 녹차 = ▶ | 홍차 = ▰ | 페퍼민트 = ◥ | 카모마일 = ▼ |
| 핫초코 = ▽ | 카페라떼 = ▷ | 카페모카 = ▲ | 카푸치노 = ▲ | 카페오레 = ◁ |

16	아메리카노 카페모카 카푸치노 핫초코 녹차 – △ ▲ ▲ ▽ ▶	① 맞음 ② 틀림
17	카페오레 핫초코 홍차 카푸치노 페퍼민트 – ◁ ▽ ▰ △ ◥	① 맞음 ② 틀림
18	아메리카노 녹차 카페오레 카모마일 홍차 – △ ▶ ◁ ▼ ▰	① 맞음 ② 틀림
19	핫초코 카푸치노 아메리카노 페퍼민트 녹차 – ▽ ▲ △ ▰ ▶	① 맞음 ② 틀림
20	홍차 녹차 카페모카 핫초코 카모마일 – ▰ ◁ ▲ ▽ ▼	① 맞음 ② 틀림

[21~30] 다음의 〈보기〉에서 각 문제의 왼쪽에 표시된 굵은 글씨체의 기호, 문자, 숫자의 개수를 모두 세어 오른쪽에서 찾으시오.

		〈보기〉	〈개수〉
21	ㅣ	절망으로부터 도망칠 유일한 피난처는 자아를 세상에 내동댕이치는 일이다.	① 3개 ② 5개 ③ 7개 ④ 9개
22	5	8128452950248946825162138234580248946851 10249465870	① 6개 ② 7개 ③ 8개 ④ 9개
23	O	I believe I can soar. I see me running through that open door.	① 5개 ② 6개 ③ 7개 ④ 8개
24	⊃	≫ㄱㄹㅋㅋㄷㅌㄷㅋㄹㅌㄷㄷㅋㅌㄷㄹㄱㄱ≫ㄹ≫ ㄷㄹㅌㄷㅋㄷㅌ≫ㄹㅌㄷ≫ㅌㄱ	① 7개 ② 8개 ③ 9개 ④ 10개
25	찾	착착찾착찬찾찻추찾축춤찾차충축챙찾찬찻찾착책 찾채책챈찾차챙찾충찬찻체춤찾	① 10개 ② 11개 ③ 12개 ④ 13개
26	6	4896060278945268231657550262583062206116 23662450983664	① 9개 ② 10개 ③ 11개 ④ 12개
27	ㅇ	옷은 입으면 해지고 재물은 자손에게 전해 주어도 끝내 는 탕진되어 흩어지고 마는 것이다.	① 9개 ② 10개 ③ 11개 ④ 12개
28	▦	▤▦▨▤▥▦▨▤▥▨▤▥▧▦▧▨▥▣▤▥▣▨▤▥▤ ▦▣▧▨▥▤▦▤▨▥▦▨▥▤▦	① 8개 ② 9개 ③ 10개 ④ 11개
29	7	8965724580172713677458927312557321537512 0275548793127	① 10개 ② 11개 ③ 12개 ④ 13개
30	t	The Impeachment today podcast gets you up to date with the day's most important impeachment news.	① 11개 ② 12개 ③ 13개 ④ 14개

[01~20] 다음 〈보기〉의 왼쪽과 오른쪽 기호의 대응을 참고하여 각 문제의 대응이 같으면 답안지에 '① 맞음'을, 틀리면 '② 틀림'을 선택하시오.

[01~05]

보기

맑음 = ★	눈 = ☂	비 = ↖	황사 = ✿	바람 = ♡
흐림 = ☽	안개 = ☺	소나기 = ☆	태풍 = ☉	폭우 = ☎

01	안개 소나기 태풍 폭우 바람 – ☺ ✿ ☉ ☎ ★	① 맞음	② 틀림
02	맑음 비 황사 바람 폭우 – ★ ↖ ☉ ♡ ☎	① 맞음	② 틀림
03	흐림 눈 비 바람 태풍 – ☽ ☂ ↖ ♡ ☉	① 맞음	② 틀림
04	황사 소나기 태풍 눈 흐림 – ✿ ☆ ☉ ☂ ☽	① 맞음	② 틀림
05	폭우 눈 맑음 안개 황사 – ☎ ☂ ★ ☺ ✿	① 맞음	② 틀림

[06~10]

보기

딸기 = soup	귤 = desk	리치 = note	메론 = cup	포도 = east
바나나 = sour	키위 = coffee	수박 = paper	사과 = pizza	배 = door

06	딸기 귤 수박 사과 배 – soup desk paper pizza door	① 맞음	② 틀림
07	귤 리치 바나나 수박 사과 – desk note soup paper pizza	① 맞음	② 틀림
08	포도 바나나 귤 메론 딸기 – door sour desk note soup	① 맞음	② 틀림
09	배 사과 딸기 리치 바나나 – door pizza soup note sour	① 맞음	② 틀림
10	사과 포도 메론 키위 딸기 – door east cup coffee desk	① 맞음	② 틀림

[11~15]

보기

빨강 = ab	파랑 = ef	하늘 = ij	자주 = kl	주황 = qr
초록 = cd	노랑 = op	연두 = gh	분홍 = mn	보라 = st

11	빨강 연두 분홍 보라 초록 – ab ij mn st cd	① 맞음 ② 틀림
12	파랑 빨강 주황 자주 노랑 – ef mn qr kl ab	① 맞음 ② 틀림
13	하늘 주황 파랑 자주 분홍 – ij qr ef kl mn	① 맞음 ② 틀림
14	연두 노랑 빨강 주황 초록 – gh op ab qr cd	① 맞음 ② 틀림
15	보라 주황 노랑 자주 초록 – st qr ab kl cd	① 맞음 ② 틀림

[16~20]

보기

← = 해	↓ = 달	↗ = 강	↔ = 오름	↘ = 하천
↑ = 바다	→ = 산	↙ = 하늘	↕ = 구름	↓ = 별

16	↔ ← ↗ ↓ ↘ – 오름 해 강 달 하천	① 맞음 ② 틀림
17	↓ ↙ → ↔ ↑ – 달 하천 산 오름 바다	① 맞음 ② 틀림
18	↗ → ↓ ↓ ↘ – 강 산 별 달 하천	① 맞음 ② 틀림
19	↑ ← ↘ ↕ → – 바다 해 하천 구름 산	① 맞음 ② 틀림
20	↗ ↓ ↑ ↙ ↕ – 강 달 바다 하늘 오름	① 맞음 ② 틀림

[21~30] 다음의 〈보기〉에서 각 문제의 왼쪽에 표시된 굵은 글씨체의 기호, 문자, 숫자의 개수를 모두 세어 오른쪽에서 찾으시오.

		〈보기〉	〈개수〉
21	**5**	28378825341050928359434754638905234351239909876545354655	① 8개 ② 9개 ③ 10개 ④ 11개
22	**ㅁ**	내 경험으로 미루어 보건데, 단점이 없는 사람은 장점도 거의 없다.	① 5개 ② 6개 ③ 7개 ④ 8개
23	**7**	6857957049470027234751672897034573625390998123342345344	① 6개 ② 7개 ③ 8개 ④ 9개
24	**T**	A trouble shared is a trouble halved. Whenever you are in trouble, talks together	① 5개 ② 6개 ③ 7개 ④ 8개
25	**☉**	☀☂☀🏮☺☆☀☂🏮☂☉☎☉☆🏮☺☺☆☎☀☂🏮☉☎ ☺☎☂🏮	① 2개 ② 3개 ③ 4개 ④ 5개
26	**촉**	쵸채촉초최촉채챠촉촌쳐추채촷채촉춘쳐촉츄츠촉치쵸챠채체쵸촉초촉츄추축춘치초축촉	① 6개 ② 7개 ③ 8개 ④ 9개
27	**8**	581665479895623985623326984523698816582682161	① 6개 ② 7개 ③ 8개 ④ 9개
28	**a**	He surely was happy that he won the company award.	① 6개 ② 7개 ③ 8개 ④ 9개
29	**ㄹ**	나머지 인생을 설탕물이나 팔면서 보내고 싶습니까, 아니면 세상을 바꿔놓을 기회를 갖고 싶습니까?	① 6개 ② 7개 ③ 8개 ④ 9개
30	**e**	The memory chips were sold to companies like Dell and Apple.	① 7개 ② 8개 ③ 9개 ④ 10개

아이들이 답이 있는 질문을 하기 시작하면 그들이 성장하고 있음을 알 수 있다.

-존 J. 플롬프-

제 **3** 편

언어논리

언어논리란?

언어논리는 임무수행 시 원활한 의사소통과 작전명령 이해를 위해 '텍스트 자료를 이해하는 능력', '의미를 추론하고 해석하여 자신이 알고 있는 지식과 통합할 수 있는 논리적 추론 능력' 등을 측정하기 위한 검사입니다. 즉, 언어로 표현된 텍스트를 논리적으로 추론하고 분석하는 능력을 측정하는 검사입니다.

출제 유형은?

총 2개의 유형으로 출제되고, 25문항을 20분 안에 풀어야 합니다. 최근 시험의 난도가 올라가면서 점점 독해력을 측정하기 위한 문제 비중이 커지고 있습니다.

• **어휘력**: 문맥에 적합한 어휘, 한자성어 및 관용구, 기본적인 어법 등을 평가하는 유형
• **독해력**: 글의 전반적인 흐름, 논리적 구조 분석 능력, 비판적 사고 등을 평가하는 유형

출제 유형별 예상 비중은?

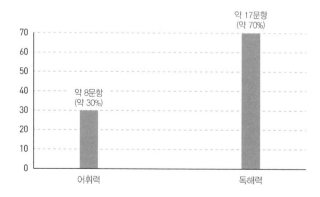

제1장 유형 익히기

유형 1 | 어휘력

다음의 내용과 연관이 없는 속담은?

> 평생 시계만을 만들며 살아온 남자가 자기 아들에게 시계를 만들어 주었습니다. 그는 이 시계의 초침을 황금으로, 분침은 은으로, 시침은 동으로 만들어서 아들에게 주었습니다. 아들은 "아버지, 시침을 황금으로 만들고, 분침은 은으로 만들고, 초침은 동으로 만들어야 하지 않을까요?" 하고 물었습니다. 그러자 아버지는 "순간순간을 소중히 여기는 것은 황금을 모으는 것과 같단다. 비록 짧은 시간이라도 허비하는 것은 황금을 잃는 것과 마찬가지지. 이것을 잊지 말았으면 좋겠구나." 하고 말하였습니다.

① 티끌 모아 태산
② 천 리 길도 한 걸음부터
③ 처마 끝 물방울이 주춧돌 뚫는다
④ 미꾸라지 구멍에 보 무너진다
⑤ 새 발의 피

정답해설
제시문은 짧은 시간이라도 소중히 여겨야 함을 이야기하고 있는데, ⑤는 아주 하찮은 일이나 극히 적은 분량을 비유적으로 이르는 말이므로 그 의미가 다르다.

오답해설
①·②·③·④ 모두 작은 것의 소중함에 대해 이야기하므로 제시문의 내용과 그 의미가 일맥상통한다.

정답 ⑤

전략 TIP 어휘력 유형에서는 문학 작품이나 역사적 사실 등이 제시된 지문을 읽고, 그와 의미가 통하는 한자어 또는 속담 등을 찾는 문제들이 출제됩니다. 따라서 지문에서 말하고자 하는 의도를 파악하는 것이 중요합니다.

다음 글의 요지로 가장 알맞은 것은?

옛날에 어진 인재는 보잘 것 없는 집안에서 많이 나왔었다. 그때에도 지금 우리나라와 같은 법을 썼다면, 범중엄이 재상 때에 이룬 공업이 없었을 것이요, 진관과 반양귀는 곧은 신하라는 이름을 얻지 못하였을 것이며, 사마양저, 위청과 같은 장수와 왕부의 문장도 끝내 세상에서 쓰이지 못했을 것이다. 하늘이 냈는데도 사람이 버리는 것은 하늘을 거스르는 것이다. 하늘을 거스르고도 하늘에 나라를 길이 유지하게 해달라고 비는 것은 있을 수 없는 일이다.

---

① 인재는 많을수록 좋다.
② 인재는 하늘에서 내린다.
③ 인재를 차별 없이 등용해야 한다.
④ 인재를 적재적소에 배치해야 한다.
⑤ 인재 선발에 투자하여야 한다.

🔍 **정답해설**

제시된 글은 허균의 「유재론」으로, 중국의 사례와 대비해서 우리나라에서 인재를 버리는 것은 하늘을 거스르는 것임을 밝히고, 인재를 차별 없이 등용할 것을 강한 어조로 촉구하고 있다.

정답 ③

전략 TIP 지문을 읽고 주제 또는 요지를 찾는 문제는 지문의 길이가 풀이 시간에 미치는 영향이 큽니다. 따라서 지문에서 필요한 부분을 찾아 정확하게 독해해 나가는 것이 매우 중요합니다.

제2장 고득점 문제

| 유형 1 | 어휘력

01 밑줄 친 단어의 문맥적 의미가 다른 것은?

① 그는 발이 커서 맞는 신발이 없다.
② 버스 안에서 누군가가 내 발을 밟았다.
③ 그녀는 발에 붕대를 감고 절뚝절뚝 걸었다.
④ 자식을 두고 가야 했기에 발이 떨어지지 않았다.
⑤ 넓은 벌판을 향하여 공을 발로 세게 찼다.

02 밑줄 친 단어의 문맥적 의미와 가장 유사한 것은?

> 나는 우리 회사의 장래를 너에게 걸었다.

① 이 작가는 이번 작품에 생애를 걸었다.
② 마지막 전투에 주저 없이 목숨을 걸었다.
③ 그는 조국의 광복에 생명을 걸었다.
④ 우리나라는 정보 산업에 승부를 걸었다.
⑤ 그녀는 부당 해고라고 회사에 소송을 걸었다.

03 밑줄 친 단어의 문맥적 의미와 가장 유사한 것은?

> 처음 본 그녀에게 호감이 갔다.

① 나는 그날 학교에 갔다.
② 그녀의 이마에 주름이 갔다.
③ 일을 많이 해서 몸에 무리가 갔다.
④ 그는 손해 가는 일은 하지 않는다.
⑤ 그날 이후로 작은 일에도 신경이 갔다.

04 밑줄 친 단어의 문맥적 의미와 가장 유사한 것은?

> 고향에서 아버지가 위독하다는 소식이 학교로 <u>왔다</u>.

① 갑자기 졸음이 <u>왔다</u>.
② 어머니에게서 회사로 전화가 <u>왔다</u>.
③ 군에 간 친구가 휴가를 받아 학교에 <u>왔다</u>.
④ 드디어 나에게도 기회가 <u>왔다</u>.
⑤ 오랜만에 운동을 했더니 다리에 충격이 <u>왔다</u>.

05 밑줄 친 단어의 문맥적 의미와 가장 유사한 것은?

> 설악산에 단풍이 <u>들다</u>.

① 언 고기가 익는 데에는 시간이 좀 <u>드는</u> 법이다.
② 그는 알찬 장교 생활을 위해 탁구 동호회에 <u>들기</u>로 했다.
③ 음식에 간이 제대로 <u>들다</u>.
④ 며느리가 아이가 <u>들어서</u> 거동이 불편하다.
⑤ 노래를 잘하는 축에 <u>들다</u>.

06 두 단어 간의 의미 관계가 나머지와 다른 것은?

① 익명(匿名) : 무명(無名)
② 객관(客觀) : 주관(主觀)
③ 미개(未開) : 문명(文明)
④ 분리(分離) : 연결(連結)
⑤ 비관(悲觀) : 낙관(樂觀)

07 두 단어 간의 의미 관계가 나머지와 다른 것은?

① 악기 : 피리   ② 조금 : 약간

③ 직업 : 군인   ④ 품사 : 부사

⑤ 예술 : 미술

08 밑줄 친 부분이 어법에 맞는 것은?

① 그 집의 <u>순대국</u>은 아주 맛있다.

② 화장실을 <u>깨끗이</u> 사용합시다.

③ 아마 내 말이 <u>맞을껄</u>?

④ 문을 잘 <u>잠궈야</u> 한다.

⑤ 시간 내에 역에 도착하려면 <u>가능한</u> 빨리 달려야 합니다.

09 밑줄 친 부분이 어법에 맞지 않는 것은?

① 이번 언어논리 영역은 어휘력 30%, 독해력 70%의 <u>비율</u>로 각각 출제되었다.

② <u>성공률</u>이 높은 수술이니 걱정할 필요 없다.

③ 그 일에 착수하기 전에 <u>실패율</u>을 따져 보아야 한다.

④ 결과를 <u>백분율</u>로 환산한 값이 종이에 적혀 있다.

⑤ 어떻게 번번이 <u>합격율</u>이 낮습니까?

10 밑줄 친 어휘의 사용이 옳은 것은?

① 요즘 앞산에는 진달래가 <u>한참</u>이다.

② 과장님, 신 주무관의 기획안을 <u>결제</u>해 주세요.

③ 이 샘은 웬만한 <u>가물</u>에도 물이 잘 마르지 않는다.

④ 그는 일찍이 부모를 <u>여위고</u> 고아로 자랐다.

⑤ 예산을 대충 <u>걷잡아서</u> 말하지 말고 잘 뽑아 보시오.

11 밑줄 친 어휘의 사용이 적절하지 않은 것은?

① 어머니께서 빈대떡을 <u>부치고</u> 계셨다.
② 손님이 주인과 흥정을 <u>부치고</u> 있었다.
③ 논밭으로 <u>부쳐</u> 먹을 내 땅 한 평 없다.
④ 편지를 <u>부치려고</u> 우체국에 갔다.
⑤ 하숙을 <u>부치니</u> 금전적 여유가 생겼다.

12 밑줄 친 부분의 표기가 옳은 것은?

① 이 자리를 <u>빌려서</u> 감사의 말씀을 드립니다.
② 앞으로는 일찍 와 주길 <u>바래</u>.
③ 식당에서 <u>깍두기</u>를 더 주문했다.
④ 나는 스물다섯 문제 중에서 겨우 열 개만 <u>맞췄다</u>.
⑤ 찬영이의 생일: <u>1994. 5. 24</u>

13 밑줄 친 부분의 표기가 옳은 것은?

① 선거가 <u>몇일</u> 후에 시작한다.
② 고향을 <u>오랜동안</u> 떠나 있었다.
③ 진로에 대해서 <u>곰곰히</u> 생각했다.
④ 그녀의 연설에 <u>우뢰</u> 같은 박수가 나왔다.
⑤ 그는 <u>은연중</u> 겁을 집어먹었다.

14 밑줄 친 부분의 표기가 옳지 않은 것은?

① 차가 막히는데 빨리 가도록 <u>할께</u>.
② 지금은 바쁘니까 <u>이따가</u> 처리하도록 하겠습니다.
③ 공공장소에서 휴대 전화 통화를 <u>삼가서</u> 타인에게 폐가 되지 않도록 하자.
④ 선배님, 다음에 <u>봬요</u>.
⑤ 그녀는 <u>설레는</u> 가슴을 가라앉히지 못하였다.

15 밑줄 친 부분의 띄어쓰기가 옳지 않은 것은?

① 예전에 <u>가 본 데가</u> 어디쯤인지 모르겠다.
② 사람들은 그를 <u>자기밖에</u> 모른다고 놀렸다.
③ <u>제 1장의</u> 내용을 요약해 주세요.
④ 그는 <u>아무것도</u> 모르면서 큰소리치기만 했다.
⑤ <u>한번</u> 엎지른 물은 다시 주워 담지 못한다.

16 밑줄 친 부분의 띄어쓰기가 옳은 것은?

① 현희야, 3년 만인데 <u>한잔 해야지</u>.
② 공사를 <u>진행한지</u> 꽤 오래되었다.
③ 민정이는 사실을 <u>아는대로</u> 설명했다.
④ 수정 <u>요청 시</u> 연관된 항목을 재조정하여야 할 것이다.
⑤ 두 사람은 <u>가까워지기는 커녕</u> 점점 더 멀어져만 갔다.

17 밑줄 친 부분의 띄어쓰기가 옳지 않은 것은?

① 저 집은 <u>부부간에</u> 금실이 좋아.
② <u>얼마간</u> 침묵이 흐른 뒤 상희는 다시 입을 열기 시작했다.
③ 유진이는 애인을 만나기 위해서 서울과 <u>부산간</u> 열차를 탔다.
④ <u>다년간의</u> 노력으로 시험에 합격했다.
⑤ <u>조만간</u> 찾아뵙겠습니다.

18 밑줄 친 부분의 띄어쓰기가 옳지 않은 것은?

① <u>도로상에</u> 차가 많이 나와 있다.
② 교전국의 군대가 적국의 영토에 들어가 그 지역을 군사적 <u>지배 하에</u> 두었다.
③ <u>우리나라의</u> 역사는 반만년에 이른다.
④ <u>너야말로</u> 조용히 해라.
⑤ 그렇게 독선적으로 일을 처리하면 <u>안 돼</u>.

19 다음 ㉠ ~ ㉤에 대한 설명으로 옳지 않은 것은?

> ㉠ 용감한 그의 아버지는 적군을 향해 돌진했다.
> ㉡ 아버지는 어머니의 초상화를 팔았다.
> ㉢ 선생님이 보고 싶은 학생이 많다.
> ㉣ 친구들이 생일잔치에 다 오지 않았다.
> ㉤ 그는 맛있는 음식을 싸 왔지만, 그것을 숨기었다.

① ㉠은 '용감한'이 '그'를 꾸미는지, '그의 아버지'를 꾸미는지 불분명하다.
② ㉡은 '어머니가 그린 초상화'인지, '어머니를 그린 초상화'인지, '어머니가 소유한 초상화'인지 불분명하다.
③ ㉢은 '선생님이 보고 싶어 하는 학생'인지, '선생님을 보고 싶어 하는 학생'인지 불분명하다.
④ ㉣은 친구들의 '일부'가 오지 않았다는 의미로 명확하다.
⑤ ㉤은 '그것'이 지시하는 대상이 '맛있는 음식'인지, '맛있는 음식을 싸 온 사실'인지 불분명하다.

20 다음 ㉠ ~ ㉤에 대한 설명으로 옳지 않은 것은?

> ㉠ 제 말씀 좀 들어 보세요.
> ㉡ 아저씨, 수고하세요.
> ㉢ 손님, 전부 합쳐서 2만 5천 원 되시겠습니다.
> ㉣ 내가 친구 한 명 소개시켜 줄게.
> ㉤ 돌아오는 길에 병원에 들러 아이를 입원시켰다.

① ㉠에서 '말씀'은 '말'을 높여 이르는 단어이므로 '말'로 바꾸는 것이 바람직하다.
② 어른에게는 '수고하다'라는 표현을 사용하지 않으므로 ㉡은 적절하지 않다.
③ ㉢은 '손님, 전부 합쳐서 2만 5천 원입니다.'로 바꾸는 것이 바람직하다.
④ ㉣은 '내가 친구 한 명 소개해 줄게.'로 바꾸는 것이 바람직하다.
⑤ ㉤은 사동법이 올바르게 쓰인 문장이다.

21 다음 단어를 국어사전에서 찾을 때 먼저 나오는 순서대로 나열한 것은?

> ㉠ 기술   ㉡ 괘씸   ㉢ 궤도   ㉣ 과메기   ㉤ 괴물

① ㉡ – ㉣ – ㉤ – ㉠ – ㉢
② ㉡ – ㉣ – ㉤ – ㉢ – ㉠
③ ㉢ – ㉣ – ㉡ – ㉤ – ㉠
④ ㉣ – ㉡ – ㉤ – ㉠ – ㉢
⑤ ㉣ – ㉡ – ㉤ – ㉢ – ㉠

22 다음 예문과 같은 유형의 논리적 오류가 나타난 것은?

> 이 식당은 요즘 SNS에서 굉장히 뜨고 있어. 그러니까 엄청 맛있을 거야.

① 여기는 유명한 연예인이 맛있다고 한 식당이니까 당연히 맛있겠지. 그러니까 꼭 여기서 먹어야 해.
② 누구도 이 식당이 맛없다고 말한 사람은 없어. 그러니까 엄청 맛있는 집이란 소리지.
③ 이 식당 음식을 꼭 먹어 보도록 해. 만나는 사람들마다 이 집 이야기를 하는 걸 보니 맛이 괜찮은가 봐.
④ 이번에는 이 식당에서 밥을 먹자. 내가 얼마나 여기서 먹어 보고 싶었는지 몰라. 꼭 한번 오게 되기를 간절히 바랐어.
⑤ 한식은 어느 식당을 가도 맛있어. 그러니까 이 한식당도 맛있을 거야.

23 다음 예문과 같은 유형의 논리적 오류가 나타난 것은?

> 네가 내게 한 약속을 지키지 않은 것은 곧 나를 사랑하지 않는다는 증거야.

① 국민의 65%가 사형 제도에 찬성했다. 그러므로 사형 제도는 정당하다.
② 이번 학생 회장 선거에서 나를 뽑지 않은 것으로 보아 너는 나를 아주 싫어하는구나.
③ 어머니, 저는 군인이 되기보다는 장교가 되고 싶습니다.
④ 미확인 비행 물체(UFO)가 없다는 주장이 입증되지 않았으므로 미확인 비행 물체는 존재한다.
⑤ 하나를 보면 열을 안다고, 언어논리와 공간능력 성적이 좋은 걸 보니 호국이는 공부를 잘하는 학생이구나.

24 외래어 표기가 모두 옳은 것은?

① 소세지(sausage), 재킷(jacket)
② 카페(cafe), 커리(curry)
③ 아웃렛(outlet), 옐로(yellow)
④ 밧데리(battery), 리더십(leadership)
⑤ 화이팅(fighting), 메세지(message)

25 외래어 표기가 모두 옳은 것은?

① 케잌(cake), 워크숍(workshop)

② 쥬스(juice), 콘셉트(concept)

③ 로보트(robot), 애드립(ad lib)

④ 재킷(jacket), 난센스(nonsense)

⑤ 초콜렛(chocolate), 타겟(target)

26 밑줄 친 표현의 쓰임이 자연스럽지 않은 것은?

① 그의 말은 언제나 <u>사개가 맞아</u> 고개가 끄덕여진다.

② 착실히 자기 할 일 하는 아이에게 <u>바람을 넣지</u> 마라.

③ 동료들이 모두 떠나간 후 나는 <u>낙동강 오리알</u> 신세가 되었다.

④ 그가 자꾸 <u>가마를 태우니</u> 나는 그를 신뢰할 수밖에 없다.

⑤ 힘겨운 상황에 처한 그에게 어떤 말을 해야 할지 <u>가닥을 잡을</u> 수가 없었다.

27 밑줄 친 관용 표현의 쓰임이 옳지 않은 것은?

① <u>손이 싸서</u> 일찍 끝냈구나.

② 그녀는 <u>절에 간 색시</u>같이 자발없이 나선다.

③ 그는 <u>반죽이 좋아</u> 웬만한 일에는 성을 내지 않는다.

④ 그렇게 <u>변죽을 치지</u> 말고 바른대로 말해.

⑤ 그는 살이 찌려는지 요즘은 <u>입이 달아</u> 무엇이든 잘 먹는다.

28 다음 상황에 어울리는 한자성어로 가장 적절한 것은?

> 김만중의 「사씨남정기」에서 사 씨는 교 씨의 모함을 받아 집에서 쫓겨난다. 사악한 교 씨는 문객인 동청과 작당하여 남편인 유한림마저 모함한다. 그러나 결국은 교 씨의 사악함이 만천하에 드러나고 유한림이 유배지에서 돌아오자 교 씨는 처형되고 사 씨는 누명을 벗고 다시 집으로 돌아오게 된다.

① 사필귀정(事必歸正) ② 금과옥조(金科玉條)

③ 궁여지책(窮餘之策) ④ 만시지탄(晩時之歎)

⑤ 우공이산(愚公移山)

29 다음 ⊙의 상황에 적절하지 않은 한자성어는?

> 허생은 묵적골에 살았다. 곧장 남산(南山) 밑에 닿으면, 우물 위에 오래된 은행나무가 서 있고, 은행나무를 향하여 사립문이 열렸는데, 두어 칸 초가는 비바람을 막지 못할 정도였다. 그러나 허생은 글 읽기만 좋아하고, 그의 처가 ⊙ 남의 바느질품을 팔아서 입에 풀칠을 했다.
>
> — 박지원, 「허생전」

① 상루하습(上漏下濕)　　　　② 삼인성호(三人成虎)
③ 삼순구식(三旬九食)　　　　④ 가도벽립(家徒壁立)
⑤ 조반석죽(朝飯夕粥)

30 다음 ⊙과 상반되는 뜻을 가진 한자성어는?

> 미스터 방은 선뜻 쾌한 대답이었다.
> "진정인가?"
> "머, 지끔 당장이래두, 내 입 한번만 떨어진다 치면, 기관총들멘 엠피가 백 명이구 천 명이구 들끓어 내려가서, 들이 쑥밭을 만들어 놉니다, 쑥밭을."
> "고마우이!"
> 백 주사는 복수하여지는 광경을 선히 연상하면서, 미스터 방의 손목을 덥석 잡는다.
> "⊙ 백골난망이겠네."
> "놈들을 깡그리 죽여 놀 테니, 보슈."
> "자네라면야 어련하겠나."
> "흰말이 아니라 참 이승만 박사두 내 말 한마디면, 고만 다 제바리유."
>
> — 채만식, 「미스터 방」

① 군계일학(群鷄一鶴)　　　　② 각골난망(刻骨難忘)
③ 백년하청(百年河淸)　　　　④ 각주구검(刻舟求劍)
⑤ 배은망덕(背恩忘德)

01 다음 ㉠, ㉡에 들어갈 접속어를 바르게 짝 지은 것은?

사람은 혼자 있을 때보다 다른 사람들과 함께 있을 때 30배쯤 더 웃는다. 특히 웃음에는 강한 전염성이 있어서 남이 웃으면 따라 웃고 다른 사람의 웃음에 내 마음이 덩달아 즐거워진다. 이처럼 인간의 웃음은 사회적인 것이다.

(㉠) 이 부분에서 인간의 웃음은 동물과는 큰 차이를 보인다. 과학자들의 연구에 따르면 침팬지나 쥐들도 웃는다. 쥐들은 간지럼과 같은 특수한 자극을 받을 때 웃음소리를 낸다. 과학자들은 특수 기계를 이용해 쥐들이 간지러울 때 내는 초음파 소리를 감지해 냈는데, 이 소리가 바로 쥐의 웃음소리이다.

(㉡) 인간의 웃음은 뇌 활동에 의한 것이다. 뇌에 웃을 수 있는 회로가 갖춰져 있기 때문이다. 뇌는 우스운 소리만 들어도 웃을 준비를 한다고 한다. 웃음의 실행 단계는 뇌의 '웃음보'에서 맡고 있다. 1988년 3월 미국 캘리포니아 대학의 이차크 프리트 박사는 고단위 단백질과 도파민으로 형성된 $4cm^2$ 크기의 웃음보를 발견했다. 그 웃음보를 자극하자 우습지 않은 상황인데도 웃음을 터뜨렸다. 또 웃음보가 뺨의 근육을 움직이며 즐거운 생각을 촉발해 웃음 동기를 부여했다.

---

① 그러나 – 따라서
② 그리고 – 그러므로
③ 왜냐하면 – 그런데
④ 그런데 – 한편
⑤ 물론 – 왜냐하면

02 다음 ㉠에 들어갈 접속어로 가장 적절한 것은?

언어 지도는 자료를 기입해 넣는 방식에 따라 몇 가지로 나누는데, 그중 한 분류법이 진열 지도와 해석 지도로 나누는 방식이다. 전자가 원자료를 해당 지점에 직접 기록하는 기초 지도라면, 후자는 원자료를 언어학적 관점에 따라 분석, 가공하여 지역적인 분포 상태를 제시하고 설명하는 지도를 말한다.

진열 지도는 각 지점에 해당하는 방언형을 지도에 직접 표시하거나 적절한 부호로 표시하는데, 언어학적으로 비슷한 어형은 비슷한 모양의 부호를 사용한다. (㉠) '누룽지'의 방언형으로 '누렁기, 누룽지, 소데끼, 소디끼' 등이 있다면, '누렁기, 누룽지'와 '소데끼, 소디끼'를 각각 비슷한 부호로 사용하는 것이다.

한편, 해석 지도는 방언형이 많지 않을 때 주로 이용하며, 연속된 지점에 동일한 방언형이 계속 나타나면 등어선(等語線)을 그어 표시한다. 등어선은 언어의 어떤 특징과 관련되느냐에 따라 그 굵기에 차이를 두어 표시하기도 한다. 이때 지역적으로 드물게 나타나는 이질적인 방언형은 종종 무시되기도 한다.

---

① 결국
② 한편
③ 가령
④ 그래서
⑤ 하지만

03 다음 ㉠, ㉡에 들어갈 접속어로 가장 적절한 것은?

학급에서 발생하는 괴롭힘 상황에 대한 전통적인 접근 방법은 '가해자 – 피해자 모델'이다. 이 모델에서는 가해자와 피해자의 개인적인 특성 때문에 괴롭힘 상황이 발생한다고 본다. 개인의 특성이 원인이기 때문에 문제의 해결에서도 개인적인 처방이 중시된다. 예를 들어, 가해자는 선도하고 피해자는 치유 프로그램에 참여하도록 한다. (㉠) 이 모델로는 괴롭힘 상황을 근본적으로 해결하지 못한다. 왜냐하면 이 모델은 괴롭힘 상황에서 방관자의 역할을 고려하지 못하기 때문이다. 학급에서 일어난 괴롭힘 상황에는 가해자와 피해자뿐만 아니라 방관자가 존재한다. 방관자는 침묵하거나 모르는 척하는데, 이런 행동은 가해자를 소극적으로 지지하게 되는 것이다. (㉡) 방관만 하던 친구들이 적극적으로 나선다면 괴롭힘을 멈출 수 있다. 피해자는 보호를 받게 되고 가해자는 자기의 행동을 되돌아볼 수 있게 된다. 반면 방관자가 무관심하게 대하거나 알면서도 모르는 척한다면 괴롭힘은 지속된다. 따라서 방관자의 역할이야말로 학급의 괴롭힘 상황을 해결할 때 가장 주목해야 할 부분이다. 이러한 방관자의 역할을 이해하고 학급 내 괴롭힘 상황을 근본적으로 해결하기 위한 새로운 모델이 '가해자 – 피해자 – 방관자 모델'이다. 이 모델에서는 방관하는 행동이 바로 괴롭힘 상황을 유지하게 만드는 근본적인 원인이라고 생각한다. 즉, 괴롭힘 상황에서 방관자는 단순한 제3자가 아니라 가해자와 마찬가지의 책임이 있다고 보는 것이다.

	㉠	㉡		㉠	㉡
①	결국	결국	②	그래서	만약
③	그래서	결국	④	하지만	만약
⑤	하지만	결국			

04 다음 ㉠, ㉡에 들어갈 접속어로 가장 적절한 것은?

선별 효과 이론에 따르면, 개인은 미디어 메시지에 선택적으로 노출되고, 그것을 선택적으로 인지하며, 선택적으로 기억한다. (㉠) '가' 후보를 싫어하는 사람은 가 후보의 메시지에 노출되는 것을 꺼릴 뿐만 아니라, 그것을 부정적으로 인지하고, 그것의 부정적인 면만을 기억하는 경향이 있다.

한편 보강 효과 이론에 따르면, 미디어 메시지는 개인의 태도나 의견의 변화로 이어지지 못하고, 기존의 태도와 의견을 보강하는 차원에 머무른다. (㉡) '가' 후보의 정치 메시지는 '가' 후보를 좋아하는 사람에게는 긍정적인 태도를 강화시키지만, 그를 싫어하는 사람에게는 부정적인 태도를 강화시킨다. 이 두 이론을 종합해 보면, 신문의 후보지지 선언이 유권자의 후보 선택에 크게 영향을 미치지 못한다는 것을 알 수 있다.

	㉠	㉡		㉠	㉡
①	예를 들어	가령	②	예를 들어	또한
③	그러나	또한	④	그리고	결국
⑤	그리고	한편으로			

05 다음 ㉠, ㉡에 들어갈 접속어로 가장 적절한 것은?

> 배양육의 장점은 온실가스를 대폭 줄일 수 있다는 점이다. 기존 연구에 의하면 배양육은 가축 사육방식보다 온실가스 배출량의 78 ~ 96%가량 줄일 수 있다.
> (㉠) 배양육은 식품 안전성이 매우 뛰어나다는 장점을 지닌다. 항생제나 합성 호르몬 등과 같은 육류에 포함된 나쁜 성분이 없을 뿐더러 유통구조가 단순하여 대장균과 같은 세균으로부터도 안전하다.
> (㉡) 최근 온실가스를 대폭 저감시켜준다는 배양육의 장점이 틀릴 수도 있다는 연구 결과가 발표돼 시선을 끌었다.

	㉠	㉡
①	먼저	하지만
②	그래도	그럼에도
③	그래서	결론적으로
④	그럼에도	그래도
⑤	그 밖에도	그런데

06 다음 중 (가)의 위치로 가장 자연스러운 것은?

> (①) 만물은 시간의 흐름에 따라 끊임없이 변화한다. 언어 또한 끊임없이 변화하는 실체이다. 언어의 변화는 음운, 형태, 통사, 의미 등 언어를 구성하는 모든 측면에서 변화한다. (②) 특정한 어느 한 시기의 언어 상태를 공시태라고 하고, 어떤 언어의 변화 상태를 통시태라고 할 때, 공시태는 같은 언어의 같은 시기에 속하는 언어 상태를 말하며, 통시태는 같은 언어의 다른 변화 시기에 속하는 다른 언어 상태를 말한다. (③) 그러나 모든 언어 현상은 항상 역사적인 요인과 결합되어 있다. 즉, 공시적 언어 현상은 항상 다음 단계로 변화하는 시발점이 되어 동요하고 있다. (④) 따라서 공시적 언어 상태는 새로이 생겨나는 요소와 없어져 가는 요소의 혼합체라고 할 수 있으며, 공시태는 과거를 반영하고 미래를 예측하게 하는 것이다. (⑤) 언어의 변화는 음운, 형태, 통사, 의미 등 언어를 구성하는 모든 측면에서 일어난다고 하였다. 통사 현상 역시 변화한다. 통사 변화에는 역시 문법 범주의 변화와 문장 구성의 변화를 포함한다.

> (가) 이러한 언어의 변화는 원칙적으로는 어느 한 공시태에서 다른 공시태로의 변화를 의미한다.

07 다음 중 (가)의 위치로 가장 자연스러운 것은?

(①) 정보화 시대를 맞이하여 한글이 두루 각광을 받고 있다. (②) 물론 로마자에 비해 아직 정보화 시대의 최적 문자라고 말하기는 어렵지만, 우리는 일본의 가나 문자나 중국의 한자에 비해 한글이 가지고 있는 경쟁력을 주목할 필요가 있다. (③) 중국의 한자는 5만 자 이상의 문자를 가지고 있으면서도 표기할 수 있는 음절은 제한되어 있다는 취약점이 있다. (④) 컴퓨터 자판에 표시된 문자를 입력하는 즉시 기록되는 한글은 한자나 가나에 비해 7배 이상의 경제적 효과가 있다고 한다. (⑤)

(가) 또한 중국 한자와 일본 가나의 경우 컴퓨터 입력을 할 때 알파벳으로 발음을 입력한 뒤 해당 문자로 변환시켜야 한다.

08 다음 중 (가)의 위치로 가장 자연스러운 것은?

(①) 많은 생명이 살고 있는 숲은 생물의 낙원이다. (②) 하지만 농지 개간과 목재 생산을 위해 열대 우림이 대규모로 파괴되고 있어 이를 우려하는 목소리가 커지고 있다. (③) 숲을 파괴하는 원인이 눈앞의 작은 이익과 자연 파괴를 방관하기 때문이라는 사실은 지구의 환경이 얼마나 위태로운가를 보여준다. (④) 결과적으로 인간은 지구를 파괴하는 유일한 존재이며, 탐욕과 이기심으로 스스로 몰락해가는 어리석은 동물이라 할 수 있다. (⑤)

(가) 특히 아마존강 유역의 열대 우림에는 놀라울 정도로 많은 생물 종이 살고 있으며, 이들은 많은 양의 산소를 지구에 공급하고 있다.

09 다음 중 (가)의 위치로 가장 자연스러운 것은?

자동차의 매연으로 인한 대기오염이 갈수록 심해지면서 각국에서는 앞다투어 환경오염을 줄일 수 있는 자동차를 생산하는 데 박차를 가하고 있다. 그중 상용화에 성공한 대표적인 사례로 친환경 차인 하이브리드(hybrid) 자동차를 들 수 있다. '하이브리드'란 두 가지의 기능을 하나로 합쳤다는 의미로, 내연기관 엔진만 장착한 기존의 자동차와 달리 하이브리드 자동차는 내연기관 엔진에 전기모터를 함께 장착한 것이 특징이다. (①) 하이브리드 자동차는 차량 속도나 주행 상태 등에 따라 내연기관 엔진과 전기모터의 힘을 적절히 조절하여 에너지 효율을 높인다. (②) 시동을 걸 때는 전기모터만 사용하지만, 가속하거나 등판할 때처럼 많은 힘이 필요하면 전기모터가 엔진을 보조하여 구동력을 높인다. (③) 정속 주행은 속도에 따라 두 유형이 있는데, 저속 정속 주행할 때는 전기모터만 작동하지만, 고속 정속 주행할 때는 엔진과 전기모터가 함께 작동한다. (④) 또한 잠깐 정차할 때는 엔진이 자동으로 정지하여 차량의 공회전에 따른 불필요한 연료 소비와 배기가스 발생을 차단한다. (⑤) 하이브리드 자동차는 기존의 내연기관 자동차와 비교했을 때, 전기모터 시스템이 추가로 내장되면서 차체가 무거워지고, 가격도 비싸진다는 단점이 있다. 또한 구조가 복잡해서 차량 정비에 어려움이 가중되고, 근본적으로 배기가스를 배출할 수밖에 없다는 한계가 있다.

(가) 반면에 감속할 때는 연료 공급이 중단되어 엔진이 정지되고 전기모터는 배터리를 충전한다.

10 다음 빈칸에 들어갈 문장으로 가장 적절한 것은?

힐링(healing)은 사회적 압박과 스트레스 등으로 손상된 몸과 마음을 치유하는 방법을 포괄적으로 일컫는 말이다. 우리보다 먼저 힐링이 정착된 서구에서는 질병 치유의 대체요법 또는 영적·심리적 치료 요법 등을 지칭하고 있다. 국내에서도 최근 힐링과 관련된 갖가지 상품으로 명상, 자연 요법, 운동 요법 등 다양한 형태의 힐링 상품이 존재한다. 심지어 고가의 힐링 여행이나 힐링 주택 등의 상품들도 나오고 있다. 그러나 (   ) 우선 명상이나 기도 등을 통해 내면에 눈뜨고, 필라테스나 요가를 통해 육체적 건강을 회복하여 자신감을 얻는 것부터 출발할 수 있다.

① 자신을 진정으로 사랑하는 법을 알아야 할 것이다.
② 힐링 상품에 대한 사기가 기승을 부리므로 조심해야 한다.
③ 힐링이 먼저 정착된 서구의 힐링 상품들을 참고해야 할 것이다.
④ 많은 돈을 들이지 않고서도 쉽게 할 수 있는 일부터 찾는 것이 좋을 것이다.
⑤ 이러한 상품들의 값이 터무니없이 비싸다고 느껴지지는 않을 것이다.

11 다음 빈칸에 들어갈 문장으로 가장 적절한 것은?

> 후발주자들이 (   ) 신기술 투자는 일종의 모험이다. 생소한 영역을 개척하는 일이다. 미래 가치를 창출하기 위해 생소한 영역에서 위험을 감수하고 모험을 감행하는 것이 기업가 정신이다. 이러한 기업가 정신을 발휘하려면 모험하는 대상을 충분히 이해해야 한다. 나는 게으름은 대부분 이해 부족에서 비롯된다고 생각한다. 미리 준비하지 않은 사람들은 대부분 "그렇게 중요한지 몰랐다"면서 자신의 이해 부족을 후회한다. 인공 지능에 대한 불충분한 이해가 더딘 도입의 근본적인 원인이다.

① 인공 지능을 도입하지 못하는 이유는 무엇일까?
② 인공 지능을 생소하게 여기는 이유는 무엇일까?
③ 인공 지능을 이해하지 못하는 이유는 무엇일까?
④ 인공 지능을 모험이라고 보지 않는 이유는 무엇일까?
⑤ 인공 지능에 대해 미리 준비하지 못하는 이유는 무엇일까?

12 다음 빈칸에 들어갈 말로 가장 적절한 것은?

> 네트워크 효과란 특정 상품에 대한 어떤 사람의 수요가 다른 사람들의 수요에 의해 영향을 받는 현상을 말한다. 이 용어는 미국의 경제학자 하비 라이벤스타인에 의해 처음 사용되었는데, 품질 자체보다는 얼마나 많은 사람이 그것을 이용하고 있느냐에 따라 상품의 가치가 달라지기 때문에 네트워크 외부성이라고도 한다.
> 네트워크 효과 중 대표적인 것은 '밴드왜건 효과'이다. 밴드왜건이란 원래 미국의 서부 개척 시대의 운송 수단이었던 포장마차 밴드왜건에서 비롯된 말이다. 당시 밴드왜건은 악대를 선두에 세우고 다니면서 요란한 음악을 연주하여 사람들을 모았는데, 금광이 발견되었다는 소문이 나면 많은 사람들이 밴드왜건을 따라 이리저리 몰려다녔다. 따라서 밴드왜건 효과는 어떤 재화의 소비가 증가하면 사람들이 덩달아 움직여 그 재화에 대한 수요가 증가하는 것을 의미하는데, 한마디로 유행에 따라 상품을 구입하는 소비 현상을 말한다.
> 밴드왜건 효과와 정반대의 개념으로 '스놉 효과'가 있다. 스놉 효과는 어떤 상품에 대한 소비가 증가하게 되면 오히려 그 상품에 대한 수요가 줄어드는 현상을 말한다. 스놉은 속물이란 뜻으로, 이 현상은 남들이 많이 사는 것은 구입하기 싫어하는 소비 심리에 의해 비롯된 것이다. 즉, 스놉 효과에 의하면 소비자는 자신이 남과 다르다는 생각으로 (   ) 상품에 집착한다.

① 실용적이고 편리한
② 값이 비싸고 희귀한
③ 심미적이고 경제적인
④ 신뢰감을 주고 검증된
⑤ 품질이 좋고 격조가 높은

13 다음 ㈀ ~ ㉢에 들어갈 말로 가장 적절한 것은?

> 소년은 희망을 먹고 살고, 노년은 추억을 먹고 산다고 했다. 나이 들면 지난 세월과 인연, 추억들을 되새김질하며 인생의 의미를 다시 돌아보게 된다. 필자 역시 (㉠)(이)라는 인생의 고갯길에 서니 지나온 세월들, 그 길에서 만난 인연들을 자꾸만 떠올리게 된다. 살아온 흔적을 뒤적거리며 무언가 남기고 마무리하고 싶은 마음이 (㉡)를 드는 것이다. 70 고갯길에 섰으니 (㉢)을/를 한번 돌아보고 남은 인생을 의미 있게 보내는 것도 필요한 일이다. 나무가 해가 바뀌면 나이테를 긋듯이 70 고개에서 인생의 (㉣)을 한번 지어 보는 것도 의미 있는 일일 것이다. 그것이 이 책을 집필한 (㉤)이다.

	㉠	㉡	㉢	㉣	㉤
①	불혹	어깨	앞	매듭	원인
②	희수	고개	뒤	질곡	이유
③	희수	어깨	앞	질곡	이유
④	고희	고개	뒤	매듭	동기
⑤	고희	고개	앞	매듭	원인

14 다음 글에서 쓰인 설명방식은?

> 뇌는 대뇌, 소뇌, 간뇌, 중간뇌, 연수로 구분하며, 각 부분은 고유한 역할을 맡고 있다. 대뇌는 운동기관에 명령을 내리며, 기억, 추리, 판단, 학습 등의 정신 활동을 담당한다. 소뇌는 몸의 자세와 균형을 유지하고, 간뇌는 몸속의 상태를 일정하게 유지하는 데 중요한 역할을 한다. 중간뇌는 눈의 움직임과 동공의 크기를 조절하며, 연수는 생명 유지와 관련이 깊은 심장 박동, 호흡 운동, 소화 운동 등을 조절한다.

① 분류   ② 분석
③ 정의   ④ 비교
⑤ 예시

15 다음 괄호 안에 공통적으로 들어갈 말로 가장 적절한 것은?

> 인간은 자연과 세계의 현상, 본질, 작용을 인식하고서 이에 유사성의 (　　)을/를 하거나 인접성의 (　　)을/를 한다. 초승달의 모습을 보고 '눈썹, 쪽배'를 떠올린다. 별의 본질이 어두운 하늘에서 밝게 빛나는 것이라 생각한 이들은 별에서 '이상, 희망' 등의 의미를 (　　)한다.

① 비교　　　　　　　　　　　　　② 유추
③ 분류　　　　　　　　　　　　　④ 묘사
⑤ 분석

16 다음 제시문에 활용된 설명방식과 가장 가까운 것은?

> 유학자들은 자신이 먼저 인격자가 될 것을 강조하지만 궁극적으로는 자신뿐 아니라 백성 또한 올바른 행동을 할 수 있도록 이끌어야 한다는 생각을 원칙으로 삼는다. 주희도 자신의 명덕(明德)을 밝힌 후에는 백성들도 그들이 지닌 명덕을 밝혀 새로운 사람이 될 수 있도록 가르쳐야 한다고 본다. 백성을 가르쳐 그들을 새롭게 만드는 것이 바로 신민(新民)이다. 주희는 『대학』을 새로 편찬하면서 고본(古本) 대학의 친민(親民)을 신민(新民)으로 고쳤다. '친(親)'보다는 '신(新)'이 백성을 새로운 사람으로 만든다는 취지를 더 잘 표현한다고 보았던 것이다. 반면 정약용은, 친민을 신민으로 고치는 것은 옳지 않다고 본다. 정약용은 친민을 백성들이 효(孝), 제(第), 자(慈)의 덕목을 실천하도록 이끄는 것이라 해석한다. 즉, 백성들로 하여금 자식이 어버이를 사랑하여 효도하고 어버이가 자식을 사랑하여 자애의 덕행을 실천하도록 이끄는 것이 친민이다. 백성들이 이전과 달리 효, 제, 자를 실처하게 되었다는 점에서 새롭다는 뜻은 있지만 본래 글자를 고쳐서는 안 된다고 보았다.

① 시는 서정시, 서사시, 극시로 나뉜다.
② 소는 식욕의 즐거움조차 냉대할 수 있는 지상 최대의 권태자다.
③ 언어는 사고를 반영한다는 말이 있는데, 그 예로 무지개 색깔을 가리키는 7가지 단어에 의지하여 무지개 색깔도 7가지라 판단한다는 것을 들 수 있다.
④ 곤충의 머리에는 겹눈과 홑눈, 더듬이 따위의 감각 기관과 입이 있고, 가슴에는 2쌍의 날개와 3쌍의 다리가 있으며, 배에는 끝에 생식기와 꼬리털이 있다.
⑤ 신사임당은 1504년에 아버지 신명화와 어머니 용인 이 씨 사이에서 태어났다. 1522년 19세에 이원수와 결혼하였는데 결혼 후 몇 달 뒤 아버지가 세상을 떠났다. 1536년에는 아들 이율곡을 낳았다.

17 다음 글의 전개 순서로 가장 자연스러운 것은?

> (가) 사물은 저것 아닌 것이 없고, 또 이것 아닌 것이 없다. 이쪽에서 보면 모두가 저것, 저쪽에서 보면 모두가 이것이다.
>
> (나) 그러므로 저것은 이것에서 생겨나고, 이것 또한 저것에서 비롯된다고 한다. 이것과 저것은 저 혜시(惠施)가 말하는 방생(方生)의 설이다.
>
> (다) 그래서 성인(聖人)은 이런 상대적인 방법에 의하지 않고, 그것을 절대적인 자연의 조명(照明)에 비추어 본다. 그리고 커다란 긍정에 의존한다. 거기서는 이것이 저것이고 저것 또한 이것이다. 또 저것도 하나의 시비(是非)이고 이것도 하나의 시비이다. 과연 저것과 이것이 있다는 말인가. 과연 저것과 이것이 없다는 말인가.
>
> (라) 그러나 그, 즉 혜시(惠施)도 말하듯이 삶이 있으면 반드시 죽음이 있고, 죽음이 있으면 반드시 삶이 있다. 역시 된다가 있으면 안 된다가 있고, 안 된다가 있으면 된다가 있다. 옳다에 의거하면 옳지 않다에 기대는 셈이 되고, 옳지 않다에 의거하면 옳다에 의지하는 셈이 된다.

① (가) – (나) – (라) – (다)
② (가) – (나) – (다) – (라)
③ (가) – (다) – (나) – (라)
④ (가) – (다) – (라) – (나)
⑤ (가) – (라) – (나) – (다)

18 다음 글의 전개 순서로 가장 자연스러운 것은?

> (가) 과학은 현재 있는 그대로의 실재에만 관심을 두고 그 실재가 앞으로 어떠해야 한다는 당위에는 관심을 가지지 않는다.
>
> (나) 그러나 각자 관심을 두지 않는 부분에 대해 상대방으로부터 도움을 받을 수 있기 때문에 상호 보완적이라고 보는 것이 더 합당하다.
>
> (다) 과학과 종교는 상호 배타적인 것이 아니며 상호 보완적이다.
>
> (라) 반면 종교는 현재 있는 그대로의 실재보다는 당위에 관심을 가진다.
>
> (마) 이처럼 과학과 종교는 서로 관심의 영역이 다르기 때문에 배타적이라고 볼 수 있다.

① (가) – (라) – (나) – (다) – (마)
② (가) – (라) – (마) – (다) – (나)
③ (다) – (가) – (마) – (라) – (나)
④ (다) – (가) – (라) – (마) – (나)
⑤ (다) – (나) – (가) – (라) – (마)

19 다음 글의 전개 순서로 가장 자연스러운 것은?

(가) 식민 지배를 공고히 하기 위해 일제는 "조선인들은 김정호와 대동여지도의 위대함을 알아보지 못하고 목판마저 불태워버린 미개한 민족"이라고 비난하며 진품의 존재를 숨겨왔던 것이다.

(나) 그러나 연구 결과 김정호의 옥사설은 사실이 아닌 것으로 확인되었으며, 흥선 대원군에 의해 불타 사라졌던 대동여지도의 원판이 11장이나 발견되었다.

(다) 최근까지도 이것은 사실로 받아들여지고 있었다.

(라) 김정호가 대동여지도를 제작하자 흥선 대원군은 김정호를 감옥에 가두고 지도의 판목은 압수해 불태웠다고 한다.

(마) 이는 일제 강점기 때 조선 총독부가 발행한 『조선어독본』에 나와 있는 내용이다.

① (라) – (마) – (다) – (나) – (가)
② (라) – (마) – (나) – (가) – (다)
③ (라) – (다) – (마) – (나) – (가)
④ (가) – (마) – (라) – (나) – (다)
⑤ (가) – (다) – (나) – (라) – (마)

20 다음 글의 전개 순서로 가장 자연스러운 것은?

(가) 그 덕분에 인류의 문명은 발달될 수 있었다.

(나) 그 대신 사람들은 잠을 빼앗겼고 생물들은 생체 리듬을 잃었다.

(다) 인간은 오랜 세월 태양의 움직임에 따라 신체 조건을 맞추어 왔다.

(라) 그러나 밤에도 빛을 이용해 보겠다는 욕구가 관솔불, 등잔불, 전등을 만들어 냈고, 이에 따라 밤에 이루어지는 인간의 활동이 점점 많아졌다.

① (가) – (나) – (다) – (라)
② (가) – (다) – (나) – (라)
③ (나) – (가) – (라) – (다)
④ (다) – (라) – (가) – (나)
⑤ (다) – (가) – (라) – (나)

21 다음 글 뒤에 이어질 내용으로 적절한 것은?

> 저울은 물체의 질량이나 무게를 재는 도구이다. 그렇다면 저울은 어떤 원리로 만들어졌을까? 대표적으로 지렛대의 원리를 이용하여 물체의 질량을 측정하는 방법이 있는데, 양팔 저울과 대저울이 이에 해당한다. 또한 탄성력의 원리를 이용하여 물체의 무게를 측정하는 방법도 있는데, 가정에서 쉽게 볼 수 있는 체중 저울이 이러한 원리를 사용한 것이다.
>
> 양팔 저울은 지렛대의 중앙을 받침점으로 하고, 양쪽의 똑같은 위치에 접시를 매달거나 올려놓은 것이다. 한쪽 접시에는 측정하고자 하는 물체를, 다른 한쪽에는 분동을 올려놓아 지렛대가 수평을 이루었을 때 분동의 질량이 바로 물체의 질량이 되는 것이다. 그런데 일반적으로 양팔 저울을 사용하여 무거운 물체의 질량을 측정하기에는 어려움이 있다. 이런 점을 보완한 것이 바로 대저울이다.
>
> 대저울의 경우 한쪽에는 측정하고자 하는 물체를, 반대쪽에는 작은 분동이나 추를 건 뒤 받침점을 움직여 지렛대가 평형을 이루는 지점을 찾아 물체의 질량을 측정한다. 이렇게 대저울을 이용하면 작은 질량의 분동이나 추로도 이보다 상대적으로 무거운 물체의 질량을 쉽게 측정할 수 있다.

① 지렛대의 원리
② 체중 저울의 원리
③ 대저울 사용 방법
④ 저울이 만들어진 기원
⑤ 물체의 질량을 재는 방법

22 다음 글 뒤에 이어질 내용으로 적절한 것은?

> 조선시대 임꺽정에 관한 모든 기록은 그를 의적이 아니라 도둑으로 기록하고 있다. 『명종실록』은 물론 박동량의 『기제잡기』, 이익의 『성호사설』, 안정복의 『열조통기』, 이덕무의 『청장관전서』 등 임꺽정에 대해 언급한 모든 기록들에서 그는 도둑이다. 물론 이런 기록들은 모두 양반 계급이 서술한 것으로서 백정 출신인 그의 행위를 지지할 리 만무하다는 점은 감안해야 할 것이다. 그렇다면 홍명희는 왜 소설 『임꺽정』에서 그를 의적으로 그렸을까? 그 근거는 앞서 인용한 『명종실록』 사관의 "도적이 성행하는 것은 수령의 가렴주구 탓이며, 수령의 가렴주구는 재상이 청렴하지 못한 탓"이라는 분석 및 "윤원형과 심통원은 외척의 명문거족으로 물욕을 한없이 부려 백성의 이익을 빼앗는 데에 못하는 짓이 없었으니, 대도(大盜)가 조정에 도사리고 있는 셈이라"는 기술에서 찾을 수 있다.

① 임꺽정이 의적인지 도적인지 더 철저한 문헌 조사가 필요하다.
② 홍명희가 임꺽정을 지나치게 미화했던 것이다.
③ 도둑이든 의적이든 임꺽정이 실존 인물이라는 것은 틀림없다.
④ 가렴주구에 시달리던 백성들은 임꺽정을 의적으로 상상했을 것이다.
⑤ 임꺽정은 아마도 백정 출신이 아니었을 것이다.

23 다음 문장들을 두괄식 문단으로 구성하고자 할 때, ㉠~㉤ 중 문맥상 가장 먼저 와야 할 문장은?

㉠ 신라의 진평왕 때 눌최는 백제국의 공격을 받았을 때 병졸들에게, "봄날 온화한 기운에는 초목이 모두 번성하지만 겨울의 추위가 닥쳐오면 소나무와 잣나무는 늦도록 잎이지지 않는다.

㉡ 이제 외로운 성은 원군도 없고 날로 더욱 위태로우니, 이것은 진실로 지사·의부가 절개를 다하고 이름을 드러낼 때이다."라고 훈시하였으며 분전하다가 죽었다.

㉢ 선비 정신은 의리 정신으로 표현되는 데서 그 강인성이 드러난다.

㉣ 죽죽(竹竹)도 대야성에서 백제 군사에 의하여 성이 함락될 때까지 항전하다가 항복을 권유받았다.

㉤ 죽죽(竹竹)은 "나의 아버지가 나에게 죽죽이라 이름 지어준 것은 내가 추운 겨울에도 잎이 지지 않으며 부러질지언정 굽힐 수 없도록 하려는 것이었다. 어찌 죽음을 두려워하여 살아서 항복할 수 있겠는가"라고 결의를 밝혔다.

① ㉠
② ㉡
③ ㉢
④ ㉣
⑤ ㉤

24 다음 글을 미괄식 문단으로 구성하고자 할 때, ㉠~㉤ 중 문맥상 가장 마지막으로 와야 할 문장은?

㉠ 숨 쉬고 마시는 공기와 물은 이미 심각한 수준으로 오염된 경우가 많고, 자원의 고갈, 생태계의 파괴는 더 이상 방치할 수 없는 지경에 이르고 있다.

㉡ 현대인들은 과학 기술이 제공하는 물질적 풍요와 생활의 편리함의 혜택 속에서 인류의 미래를 낙관적으로 전망하기도 한다.

㉢ 자연환경의 파괴뿐만 아니라 다양한 갈등으로 인한 전쟁의 발발 가능성은 도처에서 높아지고 있어서, 핵전쟁이라도 터진다면 인류의 생존은 불가능해질 수도 있다.

㉣ 이런 위기들이 현대 과학 기술과 밀접한 관계에 있다는 사실을 알게 되는 순간, 과학 기술에 대한 지나친 낙관적 전망이 얼마나 위험한 것인가를 깨닫게 된다.

㉤ 오늘날 주변을 돌아보면 낙관적인 미래 전망이 얼마나 가벼운 것인지를 깨닫게 해 주는 심각한 현상들을 쉽게 찾아볼 수 있다.

① ㉠
② ㉡
③ ㉢
④ ㉣
⑤ ㉤

25 다음 내용을 서론으로 하여 글을 쓸 때, 본론에 들어갈 내용으로 가장 적절하지 않은 것은?

> 그동안 우리의 음악계는 전통 음악의 고유성을 무시한 채 근대화된 서구 사회의 급속한 접목으로 인하여 유입된 '낯선 음악' 위주로 발전해 왔다. 그 결과 우리 전통 음악은 국민들로부터 유리되어 음악계의 한구석에서 겨우 명맥을 유지하고 있는 실정이다. 음악이 그것을 향수하는 민족의 정서와 정신을 대변한다고 할 때 이러한 음악적 환경하에서 우리의 국민적 정서는 어찌될 것인지 우려되는 바가 매우 크다. 이에 전통 음악의 대중화를 위한 방안이 시급히 요청된다.

① 전통 음악이 소외되게 된 배경
② 우리나라 음악 교육의 실태
③ 음악에 대한 청소년의 기호
④ 전통 음악 대중화 방안의 예시
⑤ 서양 음악에 대한 이해 증진

26 다음 글의 주제로 가장 적절한 것은?

> 경제학의 시조인 애덤 스미스를 비롯한 많은 경제학자가 제시하는 바람직한 조세 원칙 중 가장 대표적인 것이 공평과 효율의 원칙이라 할 수 있다. 공평의 원칙이란 특권 계급을 인정하지 않고 국민은 누구나 자신의 능력에 따라 세금을 부담해야 한다는 의미이고, 효율의 원칙이란 정부가 효율적인 제도로 세금을 매겨야 하며 납세자들로부터 불만을 최소화할 방안으로 징세해야 한다는 의미이다.
>
> 조세 원칙을 설명하려 할 때 프랑스 루이 14세 때의 재상 콜베르의 주장을 대표적으로 원용한다. 콜베르는 가장 바람직한 조세 원칙은 거위의 털을 뽑는 것과 같다고 하였다. 즉, 거위가 소리를 가장 적게 지르게 하면서 털을 가장 많이 뽑는 것이 가장 훌륭한 조세 원칙이라는 것이다.
>
> 거위의 깃털을 뽑는 과정에서 거위를 함부로 다루면 거위는 소리를 지르거나 달아나 버릴 것이다. 동일한 세금을 거두더라도 납세자들이 세금을 내는 것 자체가 불편하지 않게 해야 한다는 의미이다. 또 어떤 거위도 차별하지 말고 공평하게 깃털을 뽑아야 한다. 이것은 모든 납세자에게 공평한 과세를 해야 한다는 의미이다. 신용 카드 영수증 복권 제도나 현금 카드 제도 등도 공평한 과세를 위해서다.
>
> 더불어 거위 각각의 상태를 고려하여 깃털을 뽑아야 한다. 만일 약하고 병든 거위에게서 건강한 거위와 동일한 수의 깃털을 뽑게 되면 약하고 병든 거위들의 불평불만이 생길 것이다. 더 나아가 거위의 깃털을 무리하게 뽑을 경우 거위는 죽고 결국에는 깃털을 생산할 수 없게 될 것이다.

① 바람직한 조세의 원칙   ② 납세자의 올바른 자세
③ 효율적인 정부의 구조   ④ 세금의 정확한 의미
⑤ 납세 의무의 역사

27 다음 학생들의 토의 주제로 가장 적절한 것은?

> 호돌이: 도시 사람들이 가끔씩 들러 전원생활을 맛보고 휴식을 취할 수 있는 농촌 체험 마을로 키워 마을의 소득원을 늘린다면 젊은이들이 살기 좋은 마을이 될 것입니다.
>
> 이나비: 도시로 나갔던 젊은이들이 다시 찾을 수 있는 마을이 되기 위해서는 어린이들을 위한 교육 환경을 마련하는 일이 우선입니다. 요즘 젊은 부부들의 교육열이 얼마나 높습니까?
>
> 하늘이: 우리 마을은 젊은 귀촌자들이 원주민들과 쉽게 어울리지 못해 어려움을 겪는 일이 많습니다. 사람들이 우리 마을을 많이 찾는 방안을 마련하는 것도 중요하지만, 마을 사람들 모두가 서로 잘 교류하고 화목하게 지내는 것이 더 중요합니다.

① 마을의 소득 향상 방안
② 마을의 관광객 유치 방안
③ 어린이를 위한 교육 환경의 개선 방안
④ 학부모의 교육열에 대한 비판적 고찰
⑤ 젊은이들이 살기 좋은 마을 조성 방안

28 다음 글의 필자가 궁극적으로 강조하는 내용으로 가장 적절한 것은?

> 로마는 '마지막으로 보아야 하는 도시'라고 합니다. 장대한 로마 유적을 먼저 보고 나면 다른 관광지의 유적들이 상대적으로 왜소하게 느껴지기 때문일 것입니다. 로마의 자부심이 담긴 말입니다. 그러나 나는 당신에게 제일 먼저 로마를 보라고 권하고 싶습니다. 왜냐하면 로마는 문명이란 무엇인가라는 물음에 대해 가장 진지하게 반성할 수 있는 도시이기 때문입니다. 문명관(文明觀)이란 과거 문명에 대한 관점이 아니라 우리의 가치관과 직결되어 있는 것입니다. 그리고 과거 문명을 바라보는 시각은 그대로 새로운 문명에 대한 전망으로 이어지기 때문입니다.
>
> – 신영복, 「로마 유감」

① 여행할 때는 로마를 가장 먼저 보는 것이 좋다.
② 문명을 반성적으로 볼 수 있는 가치관이 필요하다.
③ 문화 유적에 대한 로마인의 자부심은 본받을 만하다.
④ 과거 문명에서 벗어나 새로운 문명을 창조해야 한다.
⑤ 문명이란 무엇인가라는 물음에 답은 로마 유적에서만 얻을 수 있다.

29 다음 글을 소재로 하여 이끌어 낼 수 있는 주제로 가장 적절한 것은?

> 정(鄭)나라의 대부(大夫) 자산(子産)은 어진 재상으로 이름이 나 있었다. 그가 진수와 유수를 지나다가 백성들이 물을 건너느라고 고생하는 것을 보고 측은히 여겨 자기의 수레에 함께 타고 건너게 해 주었다. 이는 백성을 사랑하는 어진 마음에서 비롯된 행동이었다. 그러나 맹자는 자산의 이야기를 듣고 다음과 같이 말하며 정치를 할 줄 모른다고 비판하였다. "자산은 은혜롭기는 하나 정치를 할 줄 모른다. 11월에 사람들이 건널 수 있는 작은 다리를 놓고, 12월에 수레가 지나다닐 수 있는 큰 다리를 놓으면 백성들이 물을 건너는 데 근심하지 않게 될 것이다. 군자가 정치를 바르게만 한다면 길을 가면서 오가는 사람들을 좌우로 물리치고 다녀도 괜찮을 것이다. 어떻게 한 사람 한 사람을 건네줄 수 있겠는가. 그러므로 정치를 하는 사람이 사람마다 다 기쁘게 해 주려고 한다면 날마다 그 일만 하여도 모자랄 것이다."
>
> – 「이루 편 下」, 『맹자』

① 정치인의 가장 중요한 자질은 국민을 사랑하는 마음이다.
② 정치인은 모든 사람을 다 만족시킬 수는 없다.
③ 정치인은 근본적인 해결책을 강구하여야 한다.
④ 정치인은 작은 일부터 실천하려고 노력해야 한다.
⑤ 정치인은 사사로운 인정에 이끌리면 아니 된다.

30 다음 글의 제목으로 가장 적절한 것은?

> 관계 내에 갈등이 발생할 때 무엇보다도 먼저 피해야 할 것이 성급한 판단이다. '저 사람 때문에 이런 문제가 발생했다', '저 사람은 사소한 문제도 그냥 못 넘긴다', '우리 관계는 엉망이다'라는 식으로 결론부터 내린다면 서로에게 좋은 결과를 찾는다는 것은 애당초 그른 일이다. 한쪽에서 판단부터 내린 채 문제에 접근하면 다른 쪽은 자신의 가치가 무시되었다고 느끼기 때문에 감정적으로 반응하게 되고 때로는 적대감까지 가진다. 따라서 성급한 판단을 피하고 문제를 되도록 객관적인 방향으로 표현해야 한다.
>
> 문제를 객관적으로 표현하기 위해서는 묘사적인 언어를 사용해야 한다. 묘사적인 언어란 상대방을 비난하거나 동기를 해석하지 않고 일어난 일을 그대로 기술하는 표현법을 말한다. 즉, 자신의 가치나 판단을 개입시키지 않는 표현법을 일컫는 것이다. 이를테면 노사 관계에서 사원 복지의 문제로 갈등이 있을 때 노조 측에서 '회사 측은 자기 이익밖에 모른다. 쥐꼬리만 한 월급만 던져 주면 그만이냐?'라고 한다면 이것은 극한 판단이 개입된 표현이다. 이런 말을 들으면 회사 측은 '너희들은 어떤가. 회사야 망하든 말든 제 이익만 챙기지 않느냐!' 하는 식으로 나오게 되어 갈등은 심화되기 마련이다. 이럴 때는 '우리 회사의 사원 복지는 다른 회사에 비해 부족한 점이 많다'라는 식으로 객관적으로 묘사하는 것이 통합적 해결책을 찾기 위한 출발점이 된다.

① 객관적 표현   ② 말의 중요성
③ 갈등 대응 전략   ④ 판단의 신중함
⑤ 노사 관계의 갈등

31 다음 글의 제목으로 가장 적절한 것은?

어느 대학의 심리학 교수가 그 학교에서 강의를 재미없게 하기로 정평이 나 있는, 한 인류학 교수의 수업을 대상으로 실험을 계획했다. 그 심리학 교수는 인류학 교수에게 이 사실을 철저히 비밀로 하고, 그 강의를 수강하는 학생들에게만 사전에 몇 가지 주의 사항을 전달했다. 첫째, 그 교수의 말 한 마디 한 마디에 주의를 집중하면서 열심히 들을 것. 둘째, 얼굴에는 약간 미소를 띠면서 눈을 반짝이며 고개를 끄덕이기도 하고 간혹 질문도 하면서 강의가 매우 재미있다는 반응을 겉으로 나타내며 들을 것.

한 학기 동안 계속된 이 실험의 결과는 흥미로웠다. 우선 재미없게 강의하던 그 인류학 교수는 줄줄 읽어 나가던 강의 노트에서 드디어 눈을 떼고 학생들과 시선을 마주치기 시작했고 가끔씩은 한두 마디 유머 섞인 농담을 던지기도 하더니, 그 학기가 끝날 즈음엔 가장 열의 있게 강의하는 교수로 면모를 일신하게 되었다. 더욱 더 놀라운 것은 학생들의 변화였다. 처음에는 실험 차원에서 열심히 듣는 척하던 학생들이 이 과정을 통해 정말로 강의에 흥미롭게 참여하게 되었고, 나중에는 소수이긴 하지만 아예 전공을 인류학으로 바꾸기로 결심한 학생들도 나오게 되었다.

① 학생 간 의사소통의 중요성
② 교수 간 의사소통의 중요성
③ 언어적 메시지의 중요성
④ 공감하는 듣기의 중요성
⑤ 수업 준비의 중요성

32 다음 글의 제목으로 가장 적절한 것은?

많은 경제학자는 제도의 발달이 경제 성장의 중요한 원인이라고 생각해 왔다. 예를 들어, 재산권 제도가 발달하면 투자나 혁신에 대한 보상이 잘 이루어져 경제 성장에 도움이 된다는 것이다. 그러나 이를 입증하기는 쉽지 않다. 제도의 발달 수준과 소득 수준 사이에 상관관계가 있다 하더라도, 제도는 경제 성장에 영향을 줄 수 있지만 경제 성장으로부터 영향을 받을 수도 있으므로 그 인과관계를 판단하기 어렵기 때문이다.

① 경제 발전과 소득 수준
② 경제 성장과 제도 발달
③ 소득 수준과 제도 발달
④ 소득 수준과 투자 수준
⑤ 제도 발달과 투자 수준

33 다음 글의 제목으로 가장 적절한 것은?

요한 제바스티안 바흐는 '경건한 종교음악가'로서 천직을 다하기 위한 이상적인 장소를 라이프 치히라고 생각하여 27년 동안 그곳에서 열심히 칸타타를 썼다고 알려졌다. 그러나 실은 7년째에 라이프치히의 칸토르(교회의 음악감독) 직으로는 가정을 꾸리기에 수입이 충분치 못해서 다른 일을 하기도 했고 다른 궁정에 자리를 알아보기도 했다. 그것이 계기가 되어 칸타타를 쓰지 않게 되었다는 사실이 최근의 연구에서 밝혀졌다.

또한 볼프강 아마데우스 모차르트의 경우에는 비극적으로 막을 내린 35년이라는 짧은 생애에 걸맞게 '하늘이 이 위대한 작곡가의 죽음을 비통해 하듯' 천둥 치고 진눈깨비 흩날리는 가운데 장례식이 행해졌고 그 때문에 그의 묘지는 행방을 알 수 없게 되었다고 하는데, 그 후 이러한 이야기는 빈 기상대에 남아 있는 기상자료와 일치하지 않는다는 사실도 밝혀졌다. 게다가 만년에 엄습해 온 빈곤에도 불구하고 다수의 걸작을 남기고 세상을 떠난 모차르트가 실제로는 그 정도로 수입이 적지는 않았다는 사실도 드러나 최근에는 도박벽으로 인한 빈곤설을 주장하는 학자까지 등장하게 되었다.

① 음악가들의 쓸쓸한 최후
② 미화된 음악가들의 이야기와 그 진실
③ 음악가들의 근거 없는 소문들
④ 음악가들의 명성에 가려진 빈곤한 생활
⑤ 음악가들의 헌신적인 열정

34 다음 글의 제목으로 가장 적절한 것은?

높은 휘발유세는 자동차를 사용함으로써 발생하는 다음과 같은 문제들을 줄이는 교정적 역할을 수행한다. 첫째, 휘발유세는 사람들의 대중교통수단 이용을 유도하고, 자가용 사용을 억제함으로써 교통 혼잡을 줄여준다. 둘째, 교통사고 발생 시 대형차나 승합차가 중소형 차량보다 치명적인 피해를 줄 가능성이 높은데, 휘발유세는 휘발유를 많이 소비하는 대형차를 운행하는 사람에게 보다 높은 비용을 치르게 함으로써 교통사고 위험에 대한 간접적인 비용을 징수하는 효과를 가진다. 셋째, 휘발유세는 휘발유 소비를 억제함으로써 대기 오염을 줄이는 데 기여한다.

① 휘발유세의 용도
② 휘발유세의 지속적 인상
③ 높은 휘발유세의 단점
④ 높은 휘발유세의 정당성
⑤ 에너지 소비 절약의 필요성

35 다음 글의 주장으로 가장 적절한 것은?

> 예술 작품의 복제 기술이 좋아지고 있음에도 불구하고 원본을 보러 가는 이유는 무엇인가? 예술 작품의 특성상 원본 고유의 예술적 속성을 복제본에서는 느낄 수 없다고 생각하는 경향이 강하기 때문이다. 사진은 원본인지 복제본인지 중요하지 않지만, 회화는 붓 자국 하나하나가 중요하기 때문에 복제본이 원본을 대체할 수 없다고 생각하는 사람들이 많다.
> 그러나 이러한 생각은 잘못이다. 회화와 달리 사진의 경우, 보통은 '그 작품'이라고 지칭되는 사례들이 여러 개 있을 수 있다. 20세기 위대한 사진작가 빌 브란트가 마음만 먹었다면, 런던에 전시한 인화본의 조도를 더 낮추는 방식으로 다른 곳에 전시한 것과 다른 예술적 속성을 갖게 할 수 있었을 것이다. 이것은 사진의 경우, 작가가 재현적 특질을 선택하고 변형할 수 있는 방법이 다양함을 의미한다.

① 복제본의 예술적 가치는 원본을 뛰어넘을 수 없다.
② 복제 기술 덕분에 예술의 매체적 특성이 비슷해졌다.
③ 복제본의 재현적 특질을 변형하는 방법은 제한적이다.
④ 미래에는 예술 작품의 원본이 가치를 잃을 수밖에 없다.
⑤ 복제본도 원본과는 다른 별개의 예술적 특성을 담보할 수 있다.

36 다음 글의 주장으로 가장 적절한 것은?

> 사람은 일곱 자의 몸뚱이를 지니고 있지만 마음과 이치를 제하고 나면 귀하다 할 만한 것은 없다. 온통 한 껍데기의 피고름이 큰 뼈 덩어리를 감싸고 있을 뿐이다. 배고프면 밥 먹고 목마르면 물 마신다. 옷을 입을 줄도 알고 음탕한 욕심을 채울 줄도 안다. 가난하고 천하게 살면서 부귀를 사모하고, 부귀하게 지내면서 권세를 탐한다. 성날 때는 싸우고 근심이 생기면 슬퍼한다. 궁하게 되면 못 하는 짓이 없고, 즐거우면 음란해진다. 무릇 백 가지 하는 바가 한결같이 본능에 따르니, 늙어 죽은 뒤에야 그만둘 따름이다. 그렇다면 이를 짐승으로 말하여도 괜찮을 것이다.
> — 이덕무, 「백사자」, 『청언소품』

① 근심과 슬픔은 늙기 전까지 끊이지 않는다.
② 빈부 격차는 인간 삶의 지향성에 영향을 준다.
③ 마음으로 본능을 다스리는 삶의 자세가 필요하다.
④ 자연의 이치를 알고자 하는 욕구는 사람에게 본능적이다.
⑤ 인간의 본능과 그 본능을 다스리는 것은 양립할 수 없다.

37 다음 글의 내용과 일치하는 것은?

> 호돌이는 저녁 10시면 잠이 들었다. 퇴근하고 집에 돌아오면 아주 오랫동안 샤워를 했다. 한 달에 수도 요금이 5만 원 이상 나왔고, 생활비를 줄이기 위해 핸드폰을 정지시켰다. 일주일에 한 번씩 고향에 있는 어머니에게 전화를 드렸고, 매달 말일에는 장교 시험공부를 하는 동생에게 40만 원을 송금했다. 의사로부터 신경성 위염이라는 진단을 받은 후로는 밥을 먹을 때 꼭 백 번씩 씹었다. 밥을 먹고 30분 후에는 약을 먹었다. 호돌이는 2년째 도서관에서 일했지만, 정작 자신은 책을 읽지 않았다.

① 호돌이는 2년째 도서관에서 장교 시험공부를 하고 있다.
② 호돌이는 핸드폰 요금이 한 달에 5만 원 이상 나오자 핸드폰을 정지시켰다.
③ 호돌이는 일주일에 한 번씩 어머니에게 40만 원의 용돈을 보내드렸다.
④ 호돌이는 신경성 위염 때문에 저녁 10시면 잠이 든다.
⑤ 호돌이는 신경성 위염 때문에 식사 후에는 약을 먹는다.

38 다음 글에서 파악할 수 없는 것은?

> 항생제는 세균에 대한 항균 효과가 있는 물질을 말한다. '프로폴리스'같이 자연적으로 존재하는 항생제를 자연 요법제라고 하고, '설파제'같이 화학적으로 합성된 항생제를 화학 요법제라고 한다. 현재 사용되고 있는 많은 항생제들은 곰팡이가 생성한 물질을 화학적으로 보다 효과가 좋게 합성한 것들이어서 넓은 의미에서는 이들도 화학 요법제라고 할 수 있을 것이다.
>
> '페니실린', '세파로스포린'같은 것은 우리 몸의 세포에는 없는 세균의 세포벽에 작용하여 세균을 죽이는 것이다. 그 밖의 항생제들은 '테트라사이크린', '클로로마이신' 등과 같이 세균 세포의 단백 합성에 장애를 만들어 항균 효과를 나타내거나, '퀴노론', '리팜핀' 등과 같이 세균 세포의 핵산 합성을 저해하거나, '포리믹신' 등과 같이 세균 세포막의 투과성에 장애를 일으켜 항균 효과를 나타낸다.

① 항생제의 정의
② 항생제의 분류 방법
③ 항생제의 내성 정도
④ 화학 요법제의 예시
⑤ 항균 작용의 기제

39 다음 글을 읽고 하늘이는 스트레칭을 하려고 한다. 하늘이의 스트레칭 방법으로 가장 적절하지 않은 것은?

> 스트레칭은 근육을 부드럽게 늘여서 펼치는 운동으로, 장소의 제약이 없으며 유연성을 길러주고 근육통을 예방해 준다. 또 가만히 앉아 있는 것에 비해 체지방을 줄여주는 효과가 있으며 몸매 가꾸기에도 도움이 된다.
>
> 스트레칭을 하기 전에는 가벼운 준비 운동을 하는 것이 좋다. 즉, 자전거, 걷기, 계단 오르기 등의 가벼운 유산소 운동을 통해 몸을 따뜻하게 한 후 스트레칭을 해야 갑작스러운 자극으로 근육에 무리를 주는 것을 막을 수 있다.
>
> 또 스트레칭을 할 때는 반동을 이용하지 말고 천천히 몸을 늘여주는 게 좋다. 반동을 이용해 스트레칭을 하면 근육이 심하게 경직되고, 관절의 인대가 손상될 수 있다. 그리고 호흡을 깊이 들이여 마시고 천천히 호흡을 내뱉으면서 동작을 해야 한다. 각 동작마다 스트레칭의 정점에서 20초 정도 정지 상태로 머무는 것이 좋은데, 근육에 통증을 느끼면서까지 무리한 동작을 시도하면 안 된다.
>
> 지구력이나 근력 운동은 이틀에 한 번만 해도 충분하지만 스트레칭은 매일 운동을 해야 최대의 효과를 얻을 수 있으며, 신체의 일부분만 유연하면 상대적으로 그렇지 않은 부위에 많은 부담을 줄 수 있으므로 몸 전체에 골고루 유연성을 발달시켜 줘야 한다. 처음부터 고난도의 동작을 하면 근육에 부담이 되므로 쉬운 동작에서부터 차근차근 스트레칭을 해 나가는 것이 좋다.

① 가볍게 걷기 운동을 한 후 스트레칭을 했다.
② 효과를 한층 높이기 위해 날마다 스트레칭을 했다.
③ 근육을 늘이기 전에 숨을 들이마신 후 내쉬면서 스트레칭을 했다.
④ 최대한의 효과를 얻기 위해 통증이 느껴지는 지점에서 20초 이상 정지 동작을 유지했다.
⑤ 근육에 부담을 주지 않기 위해 쉬운 동작에서부터 시작하여 온몸을 골고루 늘여주었다.

40 다음 글의 내용과 일치하지 않는 것은?

> 19세기 산업혁명이 진행되는 동안 유럽에서는 도시화에 따른 급격한 인구 증가로 심각한 전염병이 창궐하는 일이 많았다. 극도로 불결한 환경과 빈곤, 과밀한 인구, 노동 시간의 연장에 따른 영양실조 등이 겹쳐 결핵과 디프테리아, 천연두, 성홍열을 비롯한 갖가지 질병이 아주 빠른 속도로 퍼져나갔다. 치료비가 없어서 의사의 진료를 받을 수 없었던 노동자들은 시골 사람들이 장터에 가지고 나온 약초 처방에 의존할 수밖에 없었다. 19세기 말에 이르러 사망률이 떨어지게 된 이유는 아마도 백신이나 다른 의학이 발달했기 때문이 아니라, 위생과 식사 등 일반적인 생활수준이 향상되었기 때문이었을 것이다.
>
> 오늘날 산업화한 국가의 주된 사망 요인은 합성 화학물질, 방사선이나 납, 살충제 등의 오염 물질, 기름진 음식과 담배, 술, 운동 부족으로 빚어진 심장 질환과 암 등이다. 암을 일으키는 직접적인 원인은 종양을 만들어내는 유전자이지만, 보다 궁극적인 원인은 우리를 둘러싼 환경에 있는 것이다.

① 19세기 유럽의 노동자는 주로 약초 처방에 의존해서 질병을 다루었다.
② 19세기 말에 유럽의 사망률이 떨어지게 된 것은 생활환경의 향상에 그 원인이 있다.
③ 현대 선진국의 주된 사망 요인의 하나는 암이다.
④ 현대 산업화한 국가에서 오염 물질은 주된 사망 요인을 야기하고 있다.
⑤ 암을 일으키는 근원적 원인은 환경이라기보다 유전자에 있다.

41 다음 글에서 '골드먼환경상'에 대해 알 수 있는 내용이 아닌 것은?

> '골드먼환경상'은 환경 보호에 뛰어난 업적을 세운 사람에게 수여되는 상이다. 이 상은 1990년 미국의 리처드 골드먼이 아내인 로다 골드먼과 함께 창설한 상으로, 녹색 노벨상으로도 불린다.
>
> 수상자는 환경 단체와 환경 운동가들에 의해 비공개로 추천된 사람 중에서 국제 심사위원회가 선정한다. 북미, 중남미, 유럽, 아시아, 아프리카와 섬나라에서 매년 각각 1명씩 총 6명의 수상자가 선정되며, 이들에게는 상금이 지급된다. 멸종 위기종의 보전, 공해 추방, 손상된 생태계의 복원, 시민에 대한 환경 의식 고취 등에서 공적이 인정되는 사람이 수여 대상자가 된다.
>
> 골드먼환경상은 유명 정치인이나 과학자들보다 민간 환경 운동가에게 우선적으로 수여되며, 관료의 경우엔 고유 업무 이외의 활동만 심사 대상이 된다. 또한 죽은 사람에게는 시상하지 않으며, 해마다 4월 22일 지구의 날을 전후로 발표된다.

① 유래   ② 시상 시기
③ 수상 혜택   ④ 사회적 의의
⑤ 수상자 선정 기관

42 다음 글의 내용과 일치하는 것은?

> 한글 체계의 개선을 위한 지금까지의 노력들을 통틀어 볼 때, 희랍과 로마의 알파벳과 한글의 차이점을 곧 한글의 단점으로 여겨, 한글을 알파벳과 가깝게 고치려는 경향이 드러난다. 이것은 결국 한글을 희랍과 로마 알파벳의 아류로 만들려 한 것이나 다름없다. 이런 경향을 극단적으로 보인 것이 '가로풀어쓰기'의 주장이다. 종서보다 횡서가 좋다는 생각, 음절로 모아쓰는 것보다 풀어쓰는 것이 좋다는 생각은 다름 아니라 희랍과 로마 알파벳을 문자의 이상으로 삼은 데서 비롯된 것이다. 한편으로는 한글을 위대한 문자라고 하면서, 다른 한편으로는 그것을 알파벳에 가깝게 고쳐야 한다고 하는 이런 엄청난 모순을 지니고 있었던 것이다.
>
> 앞으로 우리가 할 일은 한글의 장점은 더욱 살리고 단점은 고쳐 나가는 것이다. 한글은 종서도 할 수 있고 횡서도 할 수 있다. 이것은 희랍과 로마의 알파벳이 따를 수 없는 한글의 가장 큰 장점이다. 이 장점은 앞으로 문자 생활이 다양해질수록 더욱 빛나게 될 것으로 믿어 의심치 않는다.

① 한글은 그 자체로 완벽해서 더 이상 개선의 여지가 없다.
② 한글은 가로풀어쓰기를 해야 문자로서의 가치를 더욱 높일 수 있다.
③ 한글은 필요에 따라 가로쓰기도 할 수 있고 세로쓰기도 할 수 있다.
④ 한글의 체계와 희랍과 로마 알파벳의 체계는 서로 동일하다.
⑤ 가로쓰기가 가능하다는 점은 미래의 다양한 문자 생활에 크게 기여할 것이다.

43 다음 주어진 문장이 참일 때, 문장 간의 논리를 고려하여 (가)에 들어갈 문장으로 적절한 것은?

> 보상을 받는다면 노력했다는 것이다.
> (가) _____
> 그러므로 호돌이는 보상을 받지 못했다.

① 보상을 받았다는 것은 곧 노력했다는 의미는 아니다.
② 호돌이는 노력하지 않았다.
③ 호돌이는 보상을 받았다.
④ 보상을 받았다는 것은 곧 노력했다는 의미이다.
⑤ 호돌이는 노력하고 있다.

44 다음 주어진 문장이 참일 때, 문장 간의 논리를 고려하여 (가)에 들어갈 문장으로 적절한 것은?

> (가) _____
>
> 호랑이는 포유류이다.
> 그러므로 호랑이는 심장을 가지고 있다.

① 모든 포유류는 심장을 가지고 있다.

② 심장을 가진 동물은 포유류이다.

③ 모든 포유류가 심장을 가지고 있지는 않다.

④ 심장을 가진 동물 중에서 포유류가 아닌 것도 있다.

⑤ 어떤 포유류는 심장을 가지고 있지 않다.

공간능력 지각속도 언어논리 자료해석

45 다음 글을 읽고 추론한 것으로 가장 적절하지 않은 것은?

> 공장 굴뚝에서 방출된 연기나 자동차의 배기가스 등 대기 오염 물질은 기상이나 지형 조건에 의해 다른 지역으로 이동, 확산되거나 한 지역에 농축된다. 대기권 중 가장 아래층인 대류권 안에서 기온의 일반적인 연직 분포는 위쪽이 차갑고 아래쪽이 따뜻한 불안정한 상태를 보인다. 이러한 상황에서 따뜻한 공기는 위로, 차가운 공기는 아래로 이동하는 대류 운동이 일어나게 되고, 이 대류 운동에 의해 대기 오염 물질이 대류권에 확산된다.
>
> 반면, 아래쪽이 차갑고 위쪽이 따뜻한 경우에는 공기층이 매우 안정되기 때문에 대류 운동이 일어나지 않는다. 이와 같이 대류권의 정상적인 기온 분포와 다른 현상을 '기온 역전 현상'이라 하며, 이로 인해 형성된 공기층을 역전층이라 한다. 기온 역전 현상은 일교차가 큰 계절이나, 지표가 눈으로 덮이는 겨울, 호수나 댐 주변 등에서 많이 발생한다. 또한 역전층 상황에서는 지표의 기온이 낮기 때문에 공기 중의 수증기가 응결하여 안개가 형성되는데, 여기에 오염 물질이 많이 포함되어 있으면 스모그가 된다. 안개는 해가 뜨면 태양의 복사열로 지표가 데워지면서 곧 사라지지만, 스모그는 오염 물질이 포함되어 있어 오래 지속되기도 한다.

① 다른 조건이 동일한 상태에서 같은 부피라면 따뜻한 공기가 차가운 공기에 비해 가벼울 것이다.

② 겨울철 방바닥에 난방을 하면 실내에서도 대류 현상이 일어날 것이다.

③ 대기 중 오염 물질의 농도가 같다면 스모그 현상은 공기층이 매우 안정된 상태에서 잘 발생할 것이다.

④ 해가 뜨면 안개가 사라지는 이유는 태양의 열로 인해 공기층이 불안정해지기 때문일 것이다.

⑤ 대류권에서 역전층 현상이 발생했다면 위로 상승할수록 기온이 낮아질 것이다.

46 다음 글을 읽고 추론한 것으로 가장 적절한 것은?

> 미국 사회에서 동양계 미국인 학생들은 '모범적 소수 인종(model minority)'으로, 미국의 교육 체계 속에서 뚜렷하게 성공한 소수 인종의 전형으로 간주되어 왔다. 그리고 그들은 성공적인 학교 생활을 통해 주류 사회에 동화되고 이것에 의해 사회적 삶에서 인종주의의 영향을 약화시킨다는 주장으로 이어졌다. 하지만 동양계 미국인 학생들이 이렇게 정형화된 이미지처럼 인종주의의 장벽을 넘어 미국 사회의 구성원으로 참여하고 있는가는 의문이다. 미국 사회에서 동양계 미국인 학생들의 인종적 정체성은 다수자인 '백인'의 특성이 장점이라고 생각하는 것과 소수자인 동양인의 특성이 단점이라고 생각하는 것의 사이에서 구성된다. 그리고 이것은 그들에게 두 가지 보이지 않는 결과를 제공한다. 하나는 대부분의 동양계 미국인 학생들이 인종적인 차이에 대한 그들의 불만을 해소하고 인종 차이에서 발생하는 차별을 피하고자 백인이 되기를 원하는 것이다. 다른 하나는 다른 사람들이 자신을 동양인으로 연상하지 않도록 자신 스스로 동양인들의 전형적인 모습에서 벗어나려고 하는 것이다. 그러므로 모범적 소수 인종으로서의 동양계 미국인 학생은 백인에 가까운 또는 동양인에서 먼 '미국인'으로 성장할 위험 속에 있다.

① '모범적 소수 인종'은 특유의 인종적 정체성을 내면화하고 있다.
② '동양계 미국인 학생들'의 성공은 일시적이고 허구적인 것이다.
③ 여러 소수 인종 집단은 인종 차이가 초래할 부정적인 효과에 대해 의식하고 있다.
④ 여러 집단의 인종은 사회에서 한정된 자원의 배분을 놓고 갈등하고 있다.
⑤ 다인종 사회에서 다수파 인종은 은폐된 형태로 인종 차별을 지속시키고 있다.

47 다음 글을 읽고 추론한 것으로 적절한 것을 〈보기〉에서 모두 고른 것은?

> 박람회의 목적은 여러 가지가 있다. 박람회를 개최하려는 사람들은 우선 경제적인 효과를 따진다. 박람회는 주최하는 도시뿐 아니라 인접 지역, 크게는 국가적인 차원에서 경제 활성화의 자극이 된다. 박람회에서 전시되는 다양한 최신 제품들은 이러한 기회를 이용하여 소비자들에게 훨씬 가깝게 다가가게 되고, 판매에서도 큰 성장을 이룰 수 있다. 그 밖에도 박람회장 자체가 최신 유형의 건축물과 다양한 오락 시설을 설치하여 거의 이상적이면서 완벽한 모델 도시를 보여줌으로써 국가적 우월성을 확보할 수 있다.
>
> 그러나 이러한 실질적이고 명목적인 이유 외에도 박람회가 가지고 있는 사회적인 효과가 있다. 박람회장이 보여주는 이미지는 바로 '다양성'에 있다. 수많은 다양한 볼거리에서 사람들은 마법에 빠져든다. 그러나 보다 자세하게 그 다양성을 살펴보면 그것에는 결코 다양하지 않은 박람회 주최 국가와 도시의 지도이념이 숨어 있음을 확인하게 된다. 박람회의 풍성한 진열품, 다양한 세계의 민족과 인종들은 주최국가의 의도를 표현하고 있다. 그런 의미에서 박람회는 그것이 가지고 있는 다양성에도 불구하고 결국은 주최국가와 도시의 인종관, 국가관, 세계관, 진보관이 하나로 뒤섞여서 나타나는 '이데올로기적 통일성'을 표현하는 또 다른 방식이라고 할 수 있다. 여기서 '이데올로기적 통일성'이라고 사용할 때 특히 의식적으로 나타내려는 바는, 한 국가가 국내외에서 자신의 의지를 표현하려고 할 때 구성하는 주요 성분들이다. 이는 '신념, 근심, 선입관, 반사작용'의 총합으로서 역사적인 시간에 따라 변동한다. 그러나 중요한 것은 당시의 '사회적 인식'을 기초로 해서 당시의 기득권 사회가 이를 그들의 합법적인 위치의 정당성과 권력을 위해 진행하고 있는 투쟁에서 의식적으로 조작된 정치적 무기로서 조직, 설립, 통제를 위한 수단으로 사용하고 있다는 점이다. 19 ~ 20세기의 박람회는 바로 그런 측면을 고스란히 가지고 있는 가장 대표적인 한 공간이었다.

보기

㉠ 필자는 박람회의 경제적 효과뿐만 아니라 사회적 효과에도 주목하고 있다.
㉡ 박람회는 한 집단의 사회적인 경험에 합법적인 정당성과 소명의식을 확보하기 위한 장치로서의 '상징적 우주(symbolic universe)'라고 할 수 있다.
㉢ 정부는 박람회의 유치 및 운영을 통하여 노동, 이민, 인종 등에서 일어나는 불협화음을 조정하는 '헤게모니의 유지'를 관철시키려 한다.

① ㉠
② ㉡
③ ㉢
④ ㉠, ㉡
⑤ ㉠, ㉡, ㉢

48 다음 글을 통해 추론할 수 없는 것을 〈보기〉에서 모두 고른 것은?

> 확증 편향(confirmation bias)이란 자신의 믿음이나 견해와 일치하는 정보는 수용하고 그에 반대되는 정보는 무시하거나 부정하는 심리 경향이다. 사회 심리학자인 로버트 치알디니는 자신이 가진 기존의 견해와 일치하는 정보는 두 가지 이점을 가지고 있다고 한다. 첫째, 그러한 정보는 어떤 문제에 대해 더 이상 고민하지 않고 마음의 휴식을 취할 수 있게 해 준다. 둘째, 그러한 정보는 우리를 추론의 결과에서 자유롭게 해 준다. 즉, 추론의 결과 때문에 행동을 바꿔야 할 필요가 없다. 첫째는 생각하지 않게 하고, 둘째는 행동하지 않게 함을 말한다.
>
> 일례로 특정 정치 성향을 가진 사람들을 대상으로 조사했을 때, 사람들은 반대당 후보의 주장에서는 모순을 거의 완벽하게 찾은 반면, 지지하는 당 후보의 주장에서는 모순을 절반 정도만 찾아냈다. 이 판단의 과정을 자기 공명 영상 장치로도 촬영했다. 그 결과, 자신이 동의하지 않는 정보를 접했을 때는 뇌 회로가 활성화되지 않았고, 자신이 동의하는 주장을 접했을 때는 긍정적인 반응을 보이면서 뇌 회로가 활성화되는 것을 확인할 수 있었다.

보기

ⓐ 사람에게는 자신의 신념이나 행동을 바꾸려 하지 않는 경향이 있다.
ⓑ 사람에게는 정보를 객관적으로 판단하지 못하는 심리적 특성이 있다.
ⓒ 사람에게는 지지자들의 말만을 듣고 자기 신념을 강화하는 경향이 있다.
ⓓ 사람에게는 새로운 정보를 접했을 때 심리적 불안을 느끼는 특성이 있다.

---

① ㉠, ㉡　　　　　　　　　　　② ㉠, ㉡, ㉢

③ ㉡, ㉢　　　　　　　　　　　④ ㉢, ㉣

⑤ ㉣

49 다음의 개요를 바탕으로 '청소년 비만'에 대한 글을 쓰려고 할 때, 가장 적절하지 않은 것은?

Ⅰ. 서론: 청소년 비만의 증가 실태
Ⅱ. 본론
　　1. 청소년 비만의 원인
　　　　가. 신체 활동량의 부족 ·· ㉠
　　　　나. 과식
　　　　다. 패스트푸드 섭취의 증가
　　2. 청소년 비만의 문제점
　　　　가. 신체적 건강 악화
　　　　나. 학업 능률의 저하 ·· ㉡
　　　　다. 자아 존중감 약화 ·· ㉢
　　3. 청소년 비만의 극복 방안
　　　　가. 충분한 신체 활동 시간 확보
　　　　나. 자신의 몸에 맞는 적정량의 음식 섭취
　　　　다. 고단백 저칼로리 음식 섭취 ·· ㉣
Ⅲ. 결론: 청소년 비만을 극복하기 위한 노력 촉구 ··································· ㉤

---

① ㉠에서는 학교에서 장시간 책상에 앉아 생활하는 청소년들이 주로 컴퓨터 게임이나 TV 시청을 하며 여가 시간을 보낸다는 사실을 언급한다.

② ㉡에서는 비만 청소년들이 흔히 겪는 수면 무호흡, 코골이 증세가 숙면을 방해하여 집중력을 떨어뜨릴 수 있다는 사실을 언급한다.

③ ㉢에서는 비만 청소년들이 놀림이나 따돌림을 당하는 경우가 많다는 사실을 언급한다.

④ ㉣에서는 고단백 저칼로리 음식의 예를 언급한다.

⑤ ㉤에서는 비만 청소년들에게 주눅 들지 말고 자신감 있게 당당히 살아갈 것을 촉구한다.

50 다음은 어떤 글에 관한 개요이다. ㉠, ㉡에 들어갈 내용으로 가장 적절한 것은?

주제: 바람직한 노사 관계
Ⅰ. 서론: (㉠)
Ⅱ. 본론
    1. 노사 분쟁의 원인
       가. 노사 간의 이해 부족
       나. 분배의 불공정성
    2. 노사 관계 정립을 위한 방안
       가. 노사 간의 상호 신뢰 구축
       나. 경영에 근로자의 참여 기회 부여
       다. (㉡)
Ⅲ. 결론: 상호 이해와 공정한 분배에 바탕을 둔 노사 관계의 정립

① ㉠: 노사 관계의 의미
   ㉡: 경영 성과에 따른 공정한 분배 보장
② ㉠: 바람직한 근로자상과 기업가상
   ㉡: 사용자와 근로자의 신뢰 구축
③ ㉠: 기업의 활성화 방안
   ㉡: 경영 결과에 따른 성과급 보장
④ ㉠: 기업의 활성화 방안
   ㉡: 근로자의 사기 진작
⑤ ㉠: 노사 관계와 기업의 윤리
   ㉡: 근로자와 사용자의 책임 분담

51 다음 원칙에 부합하지 않는 것은?

정보 보고서 작성 기본 10원칙

1. 결론을 먼저 서술
2. 정보의 조직화와 체계화
3. 보고서의 형태 이해
4. 적합한 언어 사용
5. 단어의 경제적 사용
6. 생각한 것을 분명하게 표현
7. 능동적 표현
8. 자기가 작성한 보고서를 스스로 편집
9. 정보 사용자의 수요를 분명히 알 것
10. 동료의 전문 지식과 경험을 활용

---

① 정보 사용자는 보고서가 무엇을 말하려고 하는지를 빨리 보고 싶어 하므로 결론을 먼저 제시하는 것이 좋다.

② 보고 내용에 적합한 언어를 사용해야 하고, 최대한 이해가 가도록 전문적이고 자세한 설명을 제공한다.

③ 직접적이고 확실하게 의미를 전달하는 방식을 선택하며, 자신이 생각한 것이 분명하게 드러나도록 정리한다.

④ 정보 사용자가 알고 싶어 하는 것이 정확히 무엇인지를 끊임없이 생각하면서 기술해 나가야 한다.

⑤ 동료들의 조언을 받되 작성자가 수정을 반복해서 최상의 상태라고 판단했을 때 제출한다.

52 다음 등장인물들의 정서를 고려할 때, ⊙에 들어갈 내용으로 가장 적절한 것은?

> 찬영이는 얼마 전에 살고 있던 전셋집을 옮겼다고 했다. '그래, 좀 늘려 갔느냐' 했더니 한동네에 있는 비슷한 집으로 갔단다. '요즘 같은 시절에 줄여 간 게 아니라면 그래도 잘된 게 아니냐' 했더니 반응이 신통치를 않았다. 집이 형편없이 낡았다는 것이다. '아무리 낡았다고 해도 설마 무너지기야 하랴' 하고 웃자 그도 따라 웃는다. 큰 아파트가 무너졌다는 얘기는 들었어도 그가 살고 있는 단독주택 같은 집이 무너진다는 건 상상하기 힘들었을 테고, 또 (⊙) 웃었을 것이다.

① 드디어 자기 처지를 진정으로 이해하기 시작한다고 생각하고
② 낡았다는 것을 무너질 위험이 있다는 뜻으로 엉뚱하게 해석한 데에 대해
③ 이 사람이 지금 그걸 위로라고 해 주고 있나 해서
④ 설마설마하다가 정말 무너질 수도 있겠구나 하는 생각에
⑤ 하늘이 무너져도 솟아날 구멍이 있다는 속담이 생각나서

53 다음 글에서 어린이의 언어 습득을 설명하는 이론 중 '합리주의 이론'의 입장으로 가장 적절하지 않은 것은?

> 어린이의 언어 습득을 설명하려는 이론으로는 두 가지가 있다. 하나는 경험주의 혹은 행동주의 이론이고, 다른 하나는 합리주의 이론이다. 경험주의 이론에 의하면, 어린이가 언어를 습득하는 것은 어떤 선천적인 능력에 의한 것이 아니라 경험적인 훈련에 의해서 오로지 후천적으로만 이루어지는 것이다. 한편 합리주의 이론에 의하면, 어린이가 언어를 습득하는 것은 '거의 전적으로 타고난 특수한 언어 학습 능력'과 '일반 언어 구조에 대한 추상적인 선험적 지식'에 의해서 이루어지는 것이다.

① 어린이는 완전히 백지상태에서 출발하여 반복 연습과 시행착오와 그 교정에 의해서 언어라는 습관을 형성한다.
② 일정한 나이가 되면 모든 어린이가 예외 없이 언어를 통달하게 된다.
③ 많은 현실적 악조건에도 불구하고 어린이가 완전히 언어 능력을 갖출 수 있게 된다.
④ 성인이 따로 언어교육을 하지 않더라도 어린이는 스스로 언어를 터득한다.
⑤ 언어가 극도로 추상적이고 고도로 복잡한데도 불구하고 어린이들은 짧은 시일 안에 언어를 습득한다.

54 다음 '철학의 여인'의 논지를 따를 때, (가)에 해당하는 내용으로 적절한 것을 〈보기〉에서 모두 고르면?

> 다음은 '철학의 여인'이 비탄에 잠긴 '보에티우스'에게 건네는 말이다.
> "나는 이제 네 병의 원인을 알겠구나. 이제 네 병의 원인을 알게 되었으니 (가) <u>너의 건강을 회복할 방법을 찾을 수 있게 되었다.</u> 그 방법은 병의 원인이 되는 잘못된 생각을 바로잡아 주는 것이다. 너는 너의 모든 소유물을 박탈당했다고, 사악한 자들이 행복을 누리게 되었다고, 네 운명의 결과가 불의하게도 제멋대로 바뀌었다는 생각으로 비탄에 빠져 있다. 그런데 그런 생각은 잘못된 전제에서 비롯된 것이다. 네가 눈물을 흘리며 너 자신이 추방당하고 너의 모든 소유물을 박탈당했다고 생각하는 것은 행운이 네게서 떠났다고 슬퍼하는 것과 다름없는데, 그것은 네가 운명의 본모습을 모르기 때문이다. 그리고 사악한 자들이 행복을 가졌다고 생각하는 것이나 사악한 자가 선한 자보다 더 행복을 누린다고 한탄하는 것은 네가 실로 만물의 목적이 무엇인지 모르고 있기 때문이다. 다시 말해 만물의 궁극적인 목적이 선을 지향하는 데 있다는 것을 모르고 있기 때문이다. 또한, 너는 세상이 어떤 통치 원리에 의해 다스려지는지 잊어버렸기 때문에 제멋대로 흘러가는 것이라고 믿고 있다. 그러나 만물의 목적에 따르면 악은 결코 선을 이길 수 없으며 사악한 자들이 행복할 수는 없다. 따라서 세상은 결국에 불의가 아닌 정의에 의해 다스려지게 된다. 그럼에도 불구하고 너는 세상의 통치 원리가 정의와는 거리가 멀다고 믿고 있다. 이는 그저 병의 원인뿐 아니라 죽음에 이르는 원인이 되기도 한다. 그러나 다행스럽게도 자연은 너를 완전히 버리지는 않았다.

보기

㉠ 만물의 궁극적인 목적이 선을 지향하는 데 있다는 것을 아는 것
㉡ 세상이 제멋대로 흘러가는 것이 아니라 정의에 의해 다스려진다는 것을 깨닫는 것
㉢ 자신이 박탈당했다고 여기는 모든 것, 즉, 재산·품위·권좌·명성 등을 되찾을 방도를 아는 것

---

① ㉠   ② ㉡

③ ㉠, ㉡   ④ ㉡, ㉢

⑤ ㉠, ㉡, ㉢

55 다음 ㉠에 해당하는 사례로 가장 적절한 것은?

직장인 A 씨는 셔츠 정기 배송 서비스를 신청하여 일주일간 입을 셔츠를 제공 받고, 입었던 셔츠는 반납한다. A 씨는 셔츠를 직접 사러 가거나 세탁할 필요가 없어져 시간을 절약할 수 있게 되었다. 이처럼 소비자가 회원가입 및 신청을 하면 정기적으로 원하는 상품을 배송받거나, 필요한 서비스를 언제든지 이용할 수 있는 경제 모델을 '구독경제'라 한다.

신문이나 잡지 등 정기 간행물에만 적용되던 구독 모델은 최근 들어 그 적용 범위가 점차 넓어지고 있다. 이로 인해 사람들은 소유와 관리에 대한 부담은 줄이면서 필요할 때 사용할 수 있는 방식으로 소비를 할 수 있게 되었다. 이러한 구독경제에는 크게 세 가지 유형이 있다. 첫 번째 유형은 정기 배송 모델인데, 월 사용료를 지불하면 칫솔, 식품 등의 생필품을 지정 주소로 정기 배송해 주는 것을 말한다. 두 번째 유형은 ㉠ <u>무제한 이용 모델</u>로, 정액 요금을 내고 영상이나 음원, 각종 서비스 등을 무제한 또는 정해진 횟수만큼 이용할 수 있는 모델이다. 세 번째 유형인 장기 렌털 모델은 구매에 목돈이 들어 경제적 부담이 될 수 있는 자동차, 가전제품 등의 상품을 월 사용료를 지불하고 이용하는 것을 말한다.

① 매일 요구르트 하나씩 오는 요구르트 배달
② 한 달에 8,900원 내면 모든 노래를 들을 수 있는 음원 서비스
③ 한 달에 39,000원을 내고 36개월간 빌리는 안마의자
④ 일 년에 12만 원 내고 월 1회 잡지를 받는 구독 서비스
⑤ 일 년에 3만 원 내고 이용하는 정수기

56 다음 글에서 '영주'와 '은진'의 주장을 도출할 수 있는 질문으로 가장 적절한 것은?

> 영주: 개인의 욕구를 충족시키고 자원을 배분하는 사회적 기능은 일차적으로 사적 영역인 가족이나 시장 등을 통해 이루어져야 한다. 다만 이것이 제대로 이루어지지 않을 때 사회 복지 제도가 잠정적이고 일시적으로 그 기능을 대신할 수 있지만, 자유주의 이념에 따라 사적 영역에 대한 국가의 관여는 최소 수준으로 제한해야 한다. 사회 복지의 대상도 노동시장에서 소득을 얻지 못하는 사람들과 같이 사적 영역에서 사회적 기능을 보장받지 못한 일부 사람들로 국한되어야 한다. 즉, 가족, 공동체, 민간 자원봉사, 시장 등의 민간 부문이 개인 복지의 중요한 역할을 담당하게 된다.
>
> 은진: 각 개인의 욕구 충족과 자기 성취를 돕기 위해서 국가가 사회 제도를 통해 보편적 복지 서비스를 제공하는 것이 필요하다. 이는 개인들이 자신의 힘만으로는 일상적 위험과 불안에 충분히 대처하기 어려우며, 가족이나 직장도 개인들의 기본적인 필요와 욕구를 충족해 줄 수는 없기 때문이다. 복지 국가의 이념에 따라 개인의 성별, 나이, 지위, 계층 등의 조건과 관계없이 국가가 모든 국민에게 복지 혜택을 제공함으로써, 국민들의 기본적인 욕구를 해결하고 생존의 불안과 위험을 최소화해야 한다. 국가는 사회 복지를 시장 논리에 내맡기지 않고 개인 또는 가족, 민간 부문에 그 책임을 전가하지 않아야 한다.

① 국가의 사회 복지 제도는 어느 수준으로 제공되어야 하는가?
② 국가의 사회 복지 제도는 모두에게 보편적 서비스를 제공하는가?
③ 모든 국민에게 복지 혜택을 제공하기 위한 방법은 무엇인가?
④ 개인의 욕구 충족을 위한 사회 복지 제도가 필요한가?
⑤ 민간기업의 복지 사업 참여는 정당한가?

57 다음 글의 주장에 대한 반박으로 가장 적절한 것은?

현재 우리나라는 드론의 개인정보 수집과 활용에 대해 '사전 규제' 방식을 적용하고 있다. 이는 개인정보 수집과 활용을 원칙적으로 금지하면서 예외적인 경우에만 허용하는 방식으로 정보 주체의 동의 없이 개인정보를 수집·활용하기 어려운 것이다. 이와 관련하여 개인정보를 대부분의 경우 개인 동의 없이 활용하는 것을 허용하고, 예외적인 경우에 제한적으로 금지하는 '사후 규제' 방식을 도입해야 한다는 의견이 대두하고 있다. 그러나 나는 사전 규제 방식의 유지에 찬성한다.

드론은 고성능 카메라나 통신장비 등이 장착되어 있는 경우가 많아 사전 동의 없이 개인의 초상, 성명, 주민등록번호 등의 정보뿐만 아니라 개인의 위치정보까지 저장할 수 있다. 또한 드론에서 수집한 정보를 검색하거나 전송하는 중에 사생활이 노출될 가능성이 높다. 더욱이 드론의 소형화, 경량화 기술이 발달하고 있어 사생활 침해의 우려가 커지고 있다. 드론은 인명구조, 시설물 점검 등의 공공분야뿐만 아니라 제조업, 물류 서비스 등의 민간분야까지 활용 범위가 확대되고 있는데, 동시에 개인정보를 수집하는 일이 많아지면서 사생활 침해 사례도 증가하고 있다. 헌법에서는 주거의 자유, 사생활의 비밀과 자유 등을 명시하여 개인의 사생활이 보호받도록 하고 있고, 개인정보를 자신이 통제할 수 있는 정보의 자기결정권을 부여하고 있다. 이와 같은 기본권이 안정적으로 보호될 때 드론 기술과 산업의 발전으로 얻게 되는 사회적 이익은 더욱 커질 것이다.

① 드론을 이용하여 개인정보를 자유롭게 수집하게 되면 사생활 침해는 더욱 심해지고, 개인정보의 복제, 유포, 훼손, 가공 등 의도적으로 악용하는 사례까지 증가할 것이다.

② 사전 규제를 통해 개인정보의 수집과 활용에 제약이 생기면 개인의 기본권이 보장되어 오히려 드론을 다양한 분야에 활용할 수 있고, 드론 기술과 산업은 더욱더 빠르게 발전할 수 있다.

③ 산업적 이익을 우선시하면 개인정보 보호에 관한 개인의 기본권을 등한시하는 결과를 초래할 수 있다.

④ 사전 규제 방식을 유지하면서도 개인정보 수집과 활용에 동의를 얻는 절차를 간소화하고 편의성을 높이면 정보의 활용이 용이해져 드론 기술과 산업의 발전을 도모할 수 있다.

⑤ 개인정보의 복제, 유포, 위조 등으로 정보 주체에게 중대한 손실을 입힐 경우 손해액을 배상하도록 하여 엄격하게 책임을 묻는다면 사전 규제 없이도 개인정보를 효과적으로 보호할 수 있다.

58 다음 중 '환자'가 행할 조치로 가장 적절한 것은?

> 환자 : 일주일 전부터 잠자리에 누우면 1시간이 지나도 잠들기가 어렵습니다. 어둡게 하면 잠이 올까 하는 마음에 불을 다 끄고 창문의 커튼까지 치고, 수면에 방해될 것 같아 커피는 전혀 마시지 않습니다. 혹시 피로를 느끼면 잠이 올까 해서 잠들기 전 운동을 하기도 합니다. 그런데도 차도가 없습니다. 주변 사람들의 권유로 잠들기 전 배가 고플 때 호두를 조금 먹기 시작했는데, 잘하고 있는 걸까요?
>
> 군의관: 일주일 동안 잠을 잘 못 이루셨다니, 일시적인 불면증으로 보입니다. 불면증은 3명 중 1명은 한 번 이상 겪을 정도로 흔한 증상이죠. 편안한 잠자리를 위해서는 취침 시간과 기상 시간을 일정하게 유지해야 합니다. 그리고 카페인이 든 음료를 마시지 않는 것이 좋습니다. 침실을 서늘하고 어둡게 유지하는 것도 도움이 되고, 저녁에 온수에 반신욕을 하는 것도 좋습니다. 매일 규칙적으로 적절한 양의 운동을 하는 것이 좋으나 취침 전 운동은 오히려 수면을 방해할 수 있습니다. 시장하면 잠이 잘 안 올 수 있기 때문에 배가 고플 땐 간단한 군것질을 하는 것이 낫습니다. 우유, 견과류, 바나나 등을 권장합니다. 술은 얕은 잠엔 빠지게 할 수 있으나 숙면을 방해하므로 편안한 수면을 위해선 피하는 게 좋습니다.

① 호두의 섭취를 중단한다.

② 운동하는 시간을 조정한다.

③ 잠자리에 눕는 시간을 일정하게 유지한다.

④ 알코올 음료를 섭취하여 숙면을 유도한다.

⑤ 침실의 온도를 약간 더운 정도로 유지한다.

[59~60] 다음 글을 읽고 물음에 답하시오.

최근 새 브랜드를 출시한 한 유명 의류 업체가 양말 디자인 표절 논란에 휩싸여, 소비자들에게 사과하고 해당 상품을 전량 수거했다. 그런데 일각에선 이 모든 게 새 브랜드의 광고 효과를 노린 '노이즈 마케팅'의 일환이 아니냐는 의혹을 제기했다.

노이즈 마케팅은 소음이나 잡음을 뜻하는 '노이즈'라는 말에서 짐작할 수 있듯이, 상품을 각종 구설수에 휘말리게 하여 소비자들의 호기심을 자극하고, 그 결과 상품 판매를 늘리려는 기법을 말한다. 대부분의 마케팅이 판매하려는 상품의 긍정적 이미지를 부각시키는 데 비해, 노이즈 마케팅은 부정적 이미지조차 마케팅에 이용하는 게 특징으로, 화제가 되는 내용이 긍정적인 경우보다 반대의 경우가 더 많다.

이러한 노이즈 마케팅은 주로 새로 출시되거나 인지도가 낮은 상품의 판매에 유용한데, 이 기법이 많이 쓰이는 대표적인 분야로는 연예계를 들 수 있다. 연예인의 열애설, 노출 사고, 사회적 논란을 의도한 예고편 등은 모두 흔히 쓰이는 노이즈 마케팅의 예다.

노이즈 마케팅은 적절하게 사용하면 상품 판매를 증가시키지만 잘못 사용하면 정반대의 효과를 가져온다. 마치 (㉠)와/과 같은 것이다. 많은 화제가 된 상품의 질이 떨어진다면 장기적으로 상품 판매에 악영향을 끼치고, 화제의 내용이 지나치게 부정적인 경우 상품에 대한 신뢰감 상실로 이어질 수 있다. 특히 호기심이 생명인 노이즈 마케팅이 빈번하게 이루어지면 소비자의 관심을 끌지 못하며, 의도적으로 노이즈 마케팅을 펼친다는 인상을 소비자가 받으면 그 상품에 대해 거부감을 느끼게 된다.

59 윗글을 읽고 난 후의 반응으로 가장 적절한 것은?

① 노이즈 마케팅에서는 상품의 긍정적 이미지의 부각이 중요하겠군.
② 노이즈 마케팅을 전개할 때는 소비자가 판매자의 의도를 잘 파악할 수 있도록 해야겠군.
③ 무명 연예인이 납치 자작극을 펼치는 것도 노이즈 마케팅의 예라고 할 수 있겠군.
④ 소비자가 상품의 존재를 늘 기억할 수 있도록 장기간에 걸쳐 노이즈 마케팅을 펼치는 게 좋겠군.
⑤ 노이즈 마케팅은 소비자의 뇌리에 강한 인상을 남겨야 하므로 화제의 내용이 부정적일수록 효과적이겠군.

60 문맥상 ㉠에 들어갈 말로 가장 적절한 것은?

① 입의 혀   ② 눈엣가시
③ 양날의 검   ④ 깨어진 그릇
⑤ 도마 위의 고기

대개 '북극곰'이라는 말을 들었을 때, 사람들이 가장 먼저 떠올리는 것은 북극곰의 하얀 털이다. 극한의 추위 속에서 사는 북극곰의 털은 흰색을 띤다. 털이 검은색이라면 햇빛을 더 많이 흡수할 수 있기 때문에 보온에 유리하련만, 북극곰의 털이 흰색인 이유는 무엇일까? 그것은 북극곰의 하얀 털이 먹이 사냥에 유리하기 때문이다. 얼음과 눈으로 뒤덮인 북극에서 위장의 효과를 지니는 것이다. 대신 하얀 털 아래의 검은색 피부는 두꺼운 지방층으로 이루어져 있어 북극곰의 추위를 이기는 데 도움을 준다.

한편, 북극곰의 앞발 끝에는 긴 갈고리 발톱이 달려 있으며, 발가락에는 막이 붙어 있어서 북극곰은 헤엄칠 때 이것을 물갈퀴로 이용한다. 또 북극곰 발의 대부분은 털로 빽빽이 덮여 있어 눈이나 얼음 위를 쉽게 이동하는 데 유리한데, 북극곰의 발에 나 있는 털은 북극곰의 체온을 유지해 주고, 북극곰이 사냥감에게 다가갈 때 발소리를 죽이게끔 하는 역할도 해준다.

북극곰은 적당한 크기의 얼음을 타고 다니면서 헤엄치는 물개, 바다표범 등을 사냥한다. 얼음에 구멍을 파서 먹이를 유인하기도 하고, 쉬고 있는 사냥감에게 접근하다가 들키면 가만히 멈춰 서서 마치 얼음인 것처럼 위장한다. 또 북극곰은 청력이 매우 뛰어나 얼음을 울리는 미세한 소리를 이용해 사냥감을 찾아낸다.

북극곰은 겨울에 동면을 취한다. 하지만 깊은 동면은 아니어서 중간에 깨어나 활동을 하기도 한다. 북극곰은 동면 중 눈이 녹아 물이 고이는 것을 막기 위해 아래쪽으로 약간 경사진 곳에 동면 굴을 만든다. 여름에 빛이 강해지거나 겨울에 기온이 많이 내려가면 북극곰은 이를 피해 굴 안에서 휴식을 취하기도 하고, 임신한 암컷이 겨울 동안 눈 아래 굴속에서 지내며 새끼를 낳기도 한다.

61 윗글을 통해 알 수 없는 것은?

① 북극곰의 사냥 방법은 어떠한가?
② 북극곰의 발바닥 털은 어떠한 역할을 하는가?
③ 북극곰이 겨울에 깊은 동면을 취하는 이유는 무엇인가?
④ 북극곰의 피부는 어떤 빛깔을 띠는가?
⑤ 북극곰이 추위를 이기는 데 도움을 주는 요소는 무엇인가?

62 윗글의 내용 전개 방식으로 가장 적절한 것은?

① 상반된 관점을 절충적으로 종합하고 있다.
② 대상의 특징을 병렬적으로 나열하고 있다.
③ 개념을 설명한 후 구체적인 사례를 제시하고 있다.
④ 다른 대상과의 비교를 통해 가설을 검증하고 있다.
⑤ 어떤 이론이 다양하게 분화하는 과정을 보여주고 있다.

서울시가 추진하려 했던 '지하철 여성 안전칸 도입'이 보류되었다. 서울시는 지하철 내 여성 대상 성범죄의 피해를 막고자, 승객이 많은 지하철 2호선 막차 중앙 두 칸을 여성들만이 탑승할 수 있는 '여성 안전칸'으로 지정할 계획이었다. 하지만 남성뿐 아니라 여성들조차 이 계획의 실효성에 대해 ㉠ 회의적인 반응을 보였다.

우선 여성 안전칸을 도입한다고 하여 과연 지하철 내 성범죄가 예방될 수 있을지 짚어보아야 한다. 여성 안전칸을 도입한다면 여성 안전칸만 노리는 범죄자들이 생길 수 있지 않을까? 또 여성 안전칸에 타지 않은 여성들은 성범죄를 용인하는 듯한 인상을 줄 가능성도 있다. 여성 안전칸 도입이 오히려 여성들이 성범죄에 노출될 가능성을 높이는 결과를 가져올 수 있는 것이다.

한편 여성 안전칸 도입은 또 다른 형태의 남녀 차별이라 할 수 있다. 즉, 동일한 요금을 낸 남성이 이용할 수 있는 지하철 칸이 여성에 비해 적다는 것은 명백한 역차별이다. 또 여성들만을 위한 칸을 만든다는 발상에는 모든 남성을 잠재적 범죄자로 보는 시각이 전제되어 있다고 할 수 있다. 이러한 시각은 남녀 간의 위화감을 조성할 우려가 있다.

지하철 내 여성 안전칸은 1992년 지하철 1호선 및 국철 간에 도입된 바 있으나 잘 지켜지지 않아 실패로 끝났다. 그런데도 지하철 내 성범죄가 사회적 문제로 떠오를 때마다 해결책의 하나로 거론되곤 한다. 하지만 여성 안전칸 도입이 지하철 내 성범죄를 예방하는 적절한 방안이라 할 수는 없다.

서울시는 여성 안전칸을 도입하는 대신 지하철 보안관 도입, 전동차 내 CCTV 설치, 여성 화장실 입구 비상벨 확대 등을 대책으로 내놓았다. 일단 이러한 대책은 여성 안전칸의 도입보다 현실성 있는 방안으로 여겨진다. 앞으로의 추이를 지켜볼 만하다.

63 필자의 주장으로 옳지 않은 것은?

① 여성 안전칸의 도입은 남녀 간의 분열을 조장할 수 있다.

② 여성 안전칸의 도입은 본래의 취지와 정반대의 결과를 낳을 가능성이 있다.

③ 여성 안전칸의 도입은 지하철 내 여성 대상 성범죄의 심각성을 알리는 홍보가 될 수 있다.

④ 여성 안전칸을 도입하기보다 지하철 내 순찰을 강화하는 것이 성범죄 예방에 더 효과적이다.

⑤ 성범죄를 막기 위해 남녀를 분리시킨다는 발상에는 남성들의 인권을 침해하는 요소가 내포되어 있다.

64 다음 중 ㉠과 바꾸어 쓸 수 있는 말은?

① 활개를 쳤다

② 고개를 꼬았다

③ 가슴을 저몄다

④ 머리를 모았다

⑤ 어깨를 겨누었다

[65~66] 다음 글을 읽고 물음에 답하시오.

> ⊙ 쉽게 할 수 있는 거짓말이 우리의 성격을 바꾸고, 우리를 범죄자로 만들며, 우리 사회까지 병들게 할 수 있다. ⓛ 당신은 거짓말을 잘하는 사람이 성공하는 사회가 되기를 바라는가? ⓒ 거짓말이 관습과 문화가 되는 사회에서 살기를 바라는가? 만약 그렇지 않다면 지금 사소하다고 생각하는 자신의 거짓된 생각과 행동을 되새겨 보자. 잘못을 느끼지 못하고 무심코 해 버린 거짓말은 없었는지, 타인의 거짓말에 관대했던 것은 아니었는지, 그리하여 ② 우리 사회가 작고 큰 거짓말에 익숙해져 가고 있는 것은 아닌지 다시 한번 반성해 보자. ⑩ 우리는 자신의 거짓말과 타인의 거짓말에 좀 더 단호해질 필요가 있다.

65 윗글의 주제문으로 가장 적절한 것은?

① ⊙

② ⓛ

③ ⓒ

④ ②

⑤ ⑩

66 윗글에 대한 반론의 근거로 사용하기에 가장 적절한 관용 표현은?

① 거짓말은 도둑놈 될 장본이다.

② 거짓말하고 뺨 맞는 것보다 낫다.

③ 거짓말이 외삼촌보다 낫다.

④ 말 타면 경마 잡히고 싶다.

⑤ 노루 본 놈이 그물 짊어진다.

[67~68] 다음 글을 읽고 물음에 답하시오.

(①) 계해년(癸亥年) 겨울(1443년 12월)에 우리 전하께서 정음 28자를 처음으로 만들어, 예의(例義)를 간략하게 들어 보이고 이름을 훈민정음(訓民正音)이라 하였다. (②) 천지인(天地人) 삼극(三極)의 뜻과 음양(陰陽)의 이기(二氣)의 정묘함을 포괄(包括)하지 않은 것이 없다. 28자로써 전환이 무궁하고 간요(簡要)하며 모든 음에 정통하였다. (㉠) 슬기로운 사람은 하루아침을 마치기도 전에 깨우치고, 어리석은 이라도 열흘이면 배울 수 있다. (③) 이 글자로써 글을 풀면 그 뜻을 알 수 있고, 이 글자로써 송사를 심리하더라도 그 실정을 알 수 있게 되었다. (④) 한자음은 청탁을 능히 구별할 수 있고 악기는 율려에 잘 맞는다. 쓰는 데 갖추어지지 않은 바가 없고, 가서 통달되지 않는 바가 없다. 바람 소리, 학의 울음, 닭의 홰치며 우는 소리, 개 짖는 소리일지라도 모두 이 글자를 가지고 적을 수가 있다. (⑤)

– 정인지(鄭麟趾), 「서문(序文)」, 『훈민정음 해례(解例)』

67 (가)의 위치로 가장 적절한 것은?

(가) 상형을 기본으로 하고 글자는 고전(古篆)을 본떴고 사성을 기초로 하고 음(音)이 칠조(七調)를 갖추었다.

①   ②   ③   ④   ⑤

68 ㉠에 들어갈 접속어로 가장 적절한 것은?

① 그리고   ② 그런데
③ 그러므로   ④ 왜냐하면
⑤ 그러나

[69~70] 다음 글을 읽고 물음에 답하시오.

> 빅 데이터는 그 규모가 매우 큰 데이터를 말하는데, 이는 단순히 데이터의 양이 매우 많다는 것뿐 아니라 데이터의 복잡성이 매우 높다는 의미도 내포되어 있다. 데이터의 복잡성이 높다는 말은 데이터의 구성 항목이 많고 그 항목들의 연결 고리가 함께 수록되어 있다는 것을 의미한다. 데이터의 복잡성이 높으면 다양한 파생 정보를 끌어낼 수 있다. 데이터로부터 정보를 추출할 때에는, 구성 항목을 독립적으로 이용하기도 하고, 두 개 이상의 항목들의 연관성을 이용하기도 한다. 일반적으로 구성 항목이 많은 데이터는 한 번에 얻기 어렵다. 이런 경우에는, 따로 수집되었지만 연결 고리가 있는 여러 종류의 데이터들을 연결하여 사용한다.
>
> 가령 한 집단 구성원의 몸무게와 키의 데이터가 있다면, 각 항목에 대한 구성원의 평균 몸무게, 평균 키 등의 정보뿐만 아니라 몸무게와 키의 관계를 이용해 평균 비만도 같은 파생 정보도 얻을 수 있다. 이때는 반드시 몸무게와 키의 값이 동일인의 것이어야 하는 연결 고리가 있어야 한다. 여기에다 구성원들의 교통 카드 이용 데이터를 따로 얻을 수 있다면, 이것을 교통 카드의 사용자 정보를 이용해 사용자의 몸무게와 키의 데이터를 연결할 수 있다. 이렇게 연결된 데이터 세트를 통해 비만도와 대중교통의 이용 빈도 간의 파생 정보를 추출할 수 있다. 연결할 수 있는 데이터가 많을수록 얻을 수 있는 파생 정보도 늘어난다.

69 윗글에 대한 설명으로 가장 적절한 것은?

① 빅 데이터에 대한 다양한 견해를 나열하고 있다.
② 빅 데이터의 동작 원리를 이론적으로 증명하고 있다.
③ 빅 데이터의 장단점을 유형별로 구분하여 평가하고 있다.
④ 빅 데이터의 특성을 사례를 들어 설명하고 있다.
⑤ 빅 데이터의 유형을 체계적으로 분류하고 있다.

70 다음은 윗글을 읽고 보인 학생들의 반응이다. '빅 데이터'에 대한 내용을 이해하지 못한 학생을 모두 고른 것은?

> • 민경: 빅 데이터를 구성하는 데이터의 양은 매우 많겠군.
> • 지은: 빅 데이터를 구성하는 데이터의 복잡성은 매우 높겠어.
> • 소정: 빅 데이터에는 구성 항목들 간의 연결 고리가 함께 포함되어 있겠네.
> • 유민: 빅 데이터에서는 파생 정보를 얻을 수 없겠군.

① 민경   ② 지은
③ 소정   ④ 유민
⑤ 소정, 유민

71 〈보기〉의 명제가 모두 참일 때, 항상 옳은 것은?

> **보기**
> • 속도에 관심이 없는 사람은 디자인에도 관심이 없다.
> • 연비를 중시하는 사람은 내구성도 따진다.
> • 내구성을 따지지 않는 사람은 속도에도 관심이 없다.

① 연비를 중시하지 않는 사람도 내구성은 따진다.
② 디자인에 관심 없는 사람도 내구성은 따진다.
③ 연비를 중시하는 사람은 디자인에는 관심이 없다.
④ 속도에 관심이 있는 사람은 연비를 중시하지 않는다.
⑤ 내구성을 따지지 않는 사람은 디자인에도 관심이 없다.

72 마지막 명제가 참일 때, 다음 빈칸에 들어갈 명제로 가장 적절한 것은?

> • 아는 것이 적으면 인생에 나쁜 영향이 생긴다.
> • _____
> • 지식을 함양하지 않으면 아는 것이 적다.
> • 공부를 열심히 하지 않으면 인생에 나쁜 영향이 생긴다.

① 공부를 열심히 한다고 해서 지식이 생기지는 않는다.
② 지식이 함양되었다는 것은 공부를 열심히 했다는 것이다.
③ 아는 것이 많으면 인생에 나쁜 영향이 생긴다.
④ 아는 것이 많으면 지식이 많다는 뜻이다.
⑤ 공부를 열심히 안 해도 아는 것은 많을 수 있다.

73 다음 문장을 논리적 순서에 따라 적절하게 배열한 것은?

> (가) 점차 우리의 생활에서 집단이 차지하는 비중이 커지고, 사회가 조직화되어 가는 현대 사회에서는 개인의 윤리 못지않게 집단의 윤리, 즉 사회 윤리의 중요성도 커지고 있다.
> (나) 따라서 우리는 현대 사회의 특성에 맞는 사회 윤리의 정립을 통해 올바른 사회를 지향하는 노력을 계속해야 할 것이다.
> (다) 그러나 이러한 사회 윤리가 단순히 개개인의 도덕성이나 윤리 의식의 강화에 의해서만 이루어지는 것은 아니다.
> (라) 물론 그것은 인격을 지니고 있는 개인과는 달리 전체의 이익을 합리적으로 추구하는 사회의 본질적 특성에서 연유하는 것이기도 하다.
> (마) 그것은 개개인이 도덕적이라는 것과 그들로 이루어진 사회가 도덕적이라는 것은 별개의 문제이기 때문이다.

① (가) – (다) – (마) – (라) – (나)
② (가) – (다) – (나) – (라) – (마)
③ (가) – (나) – (마) – (라) – (다)
④ (가) – (나) – (다) – (라) – (마)
⑤ (가) – (나) – (라) – (다) – (마)

74 다음 개요의 흐름을 고려할 때, ㉠에 들어갈 내용으로 가장 적절한 것은?

> 서론: 재활용이 어려운 포장재 쓰레기가 늘고 있다.
> 본론: 1. 포장재 쓰레기가 늘고 있는 원인
>   (1) 기업들이 과도한 포장 경쟁을 벌이고 있다.
>   (2) 소비자들이 호화로운 포장을 선호하는 경향이 있다.
>   2. 포장재 쓰레기의 양을 줄이기 위한 방안
>   (1) 기업은 과도한 포장 경쟁을 자제해야 한다.
>   (2) ㉠
> 결론: 상품의 생산과 소비 과정에서 환경을 먼저 생각하는 자세를 지녀야 한다.

① 정부의 지속적인 감시와 계몽 활동이 필요하다.
② 실속을 중시하는 합리적인 소비 생활을 해야 한다.
③ 상품 판매를 위한 지나친 경쟁은 자제되어야 한다.
④ 재정 상태를 고려하여 분수에 맞는 소비를 해야 한다.
⑤ 환경 친화적인 상품 개발을 위한 투자가 있어야 한다.

75 다음 글을 통해 추론할 수 있는 내용으로 적절하지 않은 것은?

> 멜서스는 『인구론』에서 인구는 기하급수적으로 증가하지만 식량은 산술급수적으로 증가한다고 주장했다. 먹지 않고 살 수 있는 인간은 없는 만큼, 이것이 사실이라면 어떤 방법으로든 인구 증가는 억제될 수밖에 없다. 그 어떤 방법에 포함되는 가장 유력한 항목이 바로 기근, 전쟁, 전염병이다. 식량이 부족해지면 사람들이 굶어 죽거나, 병들어 죽게 된다는 것이다. 이런 불행을 막으려면 인구 증가를 미리 억제해야 한다. 따라서 멜서스의 이론은 사회적 불평등을 해소하려는 모든 형태의 이상주의 사상과 사회운동에 대한 유죄 선고 판결문이었다. 멜서스가 보기에 인간의 평등과 생존권을 옹호하는 모든 사상과 이론은 '자연법칙에 위배되는 유해한' 것이었다. 사회적 불평등과 불공정을 비판하는 이론은 존재하지 않는 자연법적 권리를 존재한다고 착각하는 데에서 비롯된 망상의 산물일 뿐이었다. 그러나 멜서스의 주장은 빗나간 화살이었다. 멜서스의 주장 이후 유럽 산업국 노동자의 임금은 자꾸 올라가 최저 생존 수준을 현저히 넘어섰지만 인구가 기하급수적으로 증가하지는 않았다. 그리고 '하루 벌어 하루 먹고사는 하류계급'은 성욕을 억제하지 못해서 임신과 출산을 조절할 수 없다고 했지만, 그가 그 이론을 전개한 시점에서 유럽 산업국의 출산율은 이미 감소하고 있었다.

① 멜서스에게 인구 증가는 국가 부흥의 증거이다.

② 멜서스는 인구 증가를 막기 위해 적극적인 억제 방식을 주장한다.

③ 멜서스는 사회구조를 가치 있는 상류계급과 가치 없는 하류계급으로 나누었을 것이다.

④ 대중을 빈곤에서 구해내는 방법을 찾는 데 열중했던 당대 진보 지식인과 사회주의자들 사이에서 멜서스는 몬스터로 통했을 것이다.

⑤ 멜서스의 주장은 비록 빗나가긴 했지만, 인구구조의 변화에 동반되는 사회현상을 관찰하고 그 원리를 논증했다는 점은 학문적으로 평가받을 부분이 있다.

76 다음 글에서 추론할 수 있는 것은?

> 인문지리학자들에 따르면 '중심지'는 배후지에 재화와 서비스를 제공하는 곳을 말하며, '배후지'는 중심지로부터 재화와 서비스를 제공받는 곳을 말한다. 중심지의 예는 식당, 슈퍼마켓 혹은 백화점, 동네 병원 혹은 대학 병원이다. 그리고 '최소 요구치'는 중심지 기능이 유지되기 위한 최소한의 수요를 말한다. 가령 어떤 중국집이 하루에 자장면 50그릇을 팔아야 본전이 유지된다면 최소 요구치는 50그릇이다. 그리고 이 50그릇에 대한 수요 인구가 분포하는 범위를 '최소 요구치 범위'라고 부른다. 또 '재화 도달 범위'는 중심지 기능이 미치는 최대의 공간 범위를 말한다. 위의 중국집의 경우 재화 도달 범위는 배달권으로 해석 가능하다.

① 인구가 줄면 중심지 수가 배후지 수를 능가할 것이다.
② 인구 밀도가 증가하면 최소 요구치 범위는 확대될 것이다.
③ 수요자들의 소득 향상은 최소 요구치 범위를 확대시킬 것이다.
④ 중심지가 성립하기 위해서는 최소 요구치 범위가 재화 도달 범위 안에 있어야 한다.
⑤ 중심지 기능이 유지되기 위한 최소 요구치의 범위 기준은 업종별로 고정적이다.

77 다음 글의 구조를 바르게 분석한 것은?

> ㉠ 역사 속에서 사건들이 진행해 나가는 거대한 도식 또는 규칙성을 인간이 발견할 수 있다는 생각은 분류, 연관, 예측의 측면에서 자연과학이 이룩한 성공에 깊은 인상을 받은 사람들을 자연스럽게 매혹시켰다.
>
> ㉡ 따라서 그들은 과학적 방법, 즉 형이상학적 또는 경험적 체계를 적용하여, 자기들이 보유하고 있는 확실한 사실 또는 사실상 확실한 지식의 섬을 기반으로 발전하였다. 이를 통해 과거 안에 있는 빈틈들을 메울 수 있도록 역사적 지식을 확장할 길을 구하였다.
>
> ㉢ 그들은 알려진 바에서 출발하여 알지 못했던 것을 주장하거나, 조금 아는 것을 기반으로 그보다 더 조금밖에 몰랐던 것에 관하여 주장하였다. 이 과정에서 여타 분야에서나 역사의 분야에서 많은 성취가 있었고 앞으로도 있으리라는 점에는 의문의 여지가 없다.
>
> ㉣ 그런데 어떤 전체적인 도식이나 규칙성의 발견이, 과거나 미래에 관한 특정 가설들의 탄생이나 증명에 얼마나 도움을 주는지 상관없이, 그 발상은 우리 시대의 관점을 결정하는 데에도 일정한 역할을 해왔고, 그 역할을 점점 더 강화해 나가고 있다.
>
> ㉤ 그 발상은 인간 존재들의 활동과 성격을 관찰하고 서술하는 방법에만 영향을 미친 것이 아니라, 그들을 대하는 도덕적·정치적·종교적 자세에도 영향을 미쳐왔다.
>
> ㉥ 왜냐하면 사람들이 '왜' 그리고 '어떻게' 그처럼 행동하고 사는 것인지를 고려하다 보면 떠오를 수밖에 없는 질문에는 '인간의 동기와 책임'에 관한 질문들이 있기 때문이다.

① ┌ ㉠ ― ㉡ ― ㉢
　└ ㉣ ― ㉤ ― ㉥

② ┌ ㉡ ― ㉢
㉠├ ㉣ ― ㉤
　└ ㉥

③ ┌ ㉠ ― ㉣ ― ㉤
　├ ㉡
　└ ㉢ ― ㉥

④ ┌ ㉠ ┌ ㉢
　│　└ ㉣
　└ ㉡ ┌ ㉤
　　　└ ㉥

⑤ ┌ ㉡ ― ㉢
㉠├ ㉣
　└ ㉤ ― ㉥

78 다음 글에서 (가)와 (나) 두 문단의 관계를 가장 바르게 설명한 것은?

> (가) 종교와 과학이 양립 불가능하다는 견해를 견지하고 있는 사람들에 따르면, 종교와 과학은 자연을 움직이는 '힘'에 대해 서로 화해할 수 없는 상반된 체계 및 가정으로 설명하고 있다고 한다. 과학의 기본적 가정은 자연의 모든 사건이 일정한 법칙에 따라서 발생한다는 것이며, 만일 설명할 수 없는 사건이 있다면 과학자는 그 원인을 인간 지식의 불완전함으로 돌리고 새로운 자연적 요인을 찾는다. 그러나 많은 종교는 단순히 신 또는 초자연적 세력이 존재한다는 주장을 넘어서 그들이 자연적 사건과 인간 사건에 개입할 수 있다는 믿음을 가지고 있다고 한다. 이러한 종교적 입장, 즉 신 또는 초자연적 세력이 자연적 사건의 원인으로서 개입할 수 있다는 입장은 순전히 믿음에 기반을 두는 것이며, 과학적으로는 도저히 입증할 수 없다고 한다.
>
> (나) 아인슈타인은 종교와 과학의 충돌이 필연적인 것이 아니라고 보았다. 오히려 양자는 깊은 상호 관계를 맺고 있으며 나아가 상호 의존적이기까지 하다고 보았다. 그는 역사적으로 일어났던 종교와 과학의 충돌은, 그들이 상호 모순적이라기보다는 과거의 종교가와 과학자들이 자기 영역의 한계를 정확히 파악하지 못하고, 그 한계를 이탈하였기 때문에 발생한 것이라고 보았다. 아인슈타인에 의하면, 과학은 현재 있는 그대로의 실재(reality)를 '파악'하는 일에만 관심을 두고 그 실재가 앞으로 어떠어떠해야 한다는 당위에 관해서는 전혀 관심을 갖지 않으며, 반면에 종교는 인간이 어떻게 살고 행동해야 한다는 가치 판단에만 관계하는 것으로서 과학과는 그 영역이 다르기 때문에 그 둘은 서로 충돌해서는 안 된다고 한다.

① (가)는 (나)의 주장에 대한 전제에 해당한다.
② (가)와 (나)는 인과적 관계로 구성되어 있다.
③ (나)는 (가)의 내용을 구체적으로 진술하고 있다.
④ (나)는 (가)를 다른 각도에서 부연 설명하고 있다.
⑤ (가)와 (나)는 내용은 대조적이나 구성상 병렬적이다.

(가) 문화란 말은 그 의미가 매우 다양해서 정확하게 개념을 규정한다는 것이 거의 불가능하다. 즉, 우리가 이 개념을 정확하게 규정하려는 노력을 하면 할수록 우리는 더 큰 어려움에 봉착한다. 무엇보다도 한편에서는 인간의 정신적 활동에 의해 창조된 최고의 가치를 ㉠ 문화라고 정의하고 있는 데 반하여, 다른 한편에서는 자연에 대한 인간의 기술적·물질적 적응까지를 ㉡ 문화라는 개념에 포함시키고 있다. 즉, 후자는 문명이라는 개념으로 이해하는 부분까지도 문화라는 개념 속에 수용함으로써 문화와 문명을 구분하지 않고 있다. 전자는 독일적인 문화 개념의 전통에 따른 것이고, 후자는 영미 계통의 문화 개념에 따른 문화에 대한 이해이다. 여기에서 우리는 문화라는 개념이 주관적으로 채색되기가 쉽다는 것을 인식하게 된다. 19세기 중엽까지만 해도 우리 조상들은 서양인들을 양이(洋夷)라고 해서 야만시했다. 마찬가지로, 우리는 한 민족이 다른 민족의 문화적 업적을 열등시하며, 이것을 야만인의 우스꽝스러운 관습으로 무시해 버리는 것을 역사를 통해 잘 알고 있다.

(나) 문화란 말은 일반적으로 두 가지로 사용된다. 한편으로 우리는 '교양 있는' 사람을 문화인이라고 한다. 즉, 창조적 정신의 소산인 문학 작품, 예술 작품, 철학과 종교를 이해하고 사회의 관습을 품위 있게 지켜 나가는 사람을 교양인 또는 문화인이라고 한다. 그런가 하면 다른 한편으로 '문화'라는 말은 한 국민의 '보다 훌륭한' 업적과 그 유산을 지칭한다. 특히 철학, 과학, 예술에 있어서의 업적이 높이 평가된다. 그러나 우리는 여기에서 이미 문화에 대한 우리의 관점이 달라질 수 있는 소지를 발견한다. 즉, '어떤 민족이 이룩한 업적을 훌륭한 것'으로서 또는 '창조적인 것'으로서 평가할 때, 그 시점은 어느 때이며, 기준은 무엇인가? 왜냐하면, 우리는 오늘날 선진국들에 의해 문화적으로 열등하다고 평가받는 많은 나라들이 한때는 이들 선진국보다 월등한 문화 수준을 향유했다는 것을 역사적 사실을 통해 잘 알고 있기 때문이다. 또한 비록 창조적인 업적이라고 할지라도 만약 그것이 부정적인 내용을 가졌다면, 그래도 우리는 그것을 '창조적'인 의미에서의 문화라고 할 수 있을까? 조직적 재능은 문화적 재능보다 덜 창조적인가? 기지가 풍부한 정치가는 독창력이 없는 과학자보다 덜 창조적이란 말인가? 볼테르 같은 사람의 문화적 업적을 그의 저서가 끼친 실천적 영향으로부터 분리할 수 있단 말인가? 인간이 이룩한 상이한 업적 영역, 즉 철학, 음악, 시, 과학, 정치 이론, 조형 미술 등에 대해서 문화적 서열이 적용된다는 것인가?

79 윗글 (가)에서 밑줄 친 ㉠과 ㉡의 관계를 바르게 도식화한 것은?

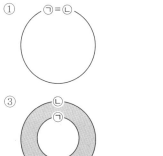

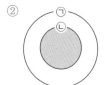

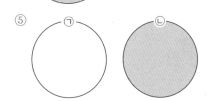

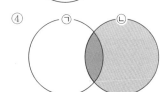

80 윗글의 (나)를 통해 글쓴이가 비판하고 있는 주제의식으로 적절한 것은?

① 전통 문화의 보존은 가능한가?

② 문화의 개념 정의는 가능한가?

③ 민족과 문화는 불가분의 관계에 있는가?

④ 물질문명도 문화에 포함시킬 수 있는가?

⑤ 문화의 우열(優劣)을 나누는 것이 가능한가?

제 **4** 편

자료해석

자료해석이란?

자료해석은 임무수행 시 필수적인 기초적 산술 지식, 데이터 분석 등을 위해 '주어진 통계표, 도표, 그래프 등을 이용하여 문제를 해결하는 데 필요한 정보를 파악하고 분석하는 능력'을 측정하기 위한 검사입니다.

출제 유형은?

총 2개의 유형이 출제되고, 20문항을 25분 안에 풀어야 합니다. 소금물·시계·나이 등 간단한 공식을 이용하여 푸는 '응용수리' 영역은, 최근 들어 표·그래프 해석 유형에 통합되어 출제되는 경향이 있습니다. 이에 본서는 응용수리 고유의 영역을 최소화하고 표·그래프 유형과 접목하여, 다양한 문제를 학습할 수 있도록 하였습니다.

- **표 해석**: 주어진 표의 데이터 값을 분석하여 문제를 해결하는 유형
- **그래프 해석**: 주어진 그래프의 데이터 값을 분석하여 문제를 해결하는 유형으로, 선 그래프·막대 그래프·원 그래프 등 다양한 그래프가 제시됨

출제 유형별 예상 비중은?

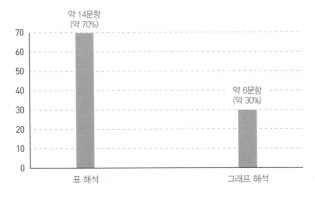

제 1 장 유형 익히기

| 유형 1 | 표 해석

다음은 어느 부대에서 2022년에 실시한 유격장별 유격훈련 건수에 대한 자료이다. 〈보기〉를 참고할 때, 2022년 하반기 B유격장에서 실시한 유격훈련 건수는?

〈2022년 유격장별 유격훈련 건수〉

(단위 : 건)

유격장	유격훈련 건수
A유격장	120
B유격장	60

※ 2022년 실시된 유격훈련은 A유격장 또는 B유격장에서만 실시됨

보기

• 2022년 유격훈련의 30%는 상반기에, 70%는 하반기에 실시되었다.
• 2022년 A유격장에서 실시된 유격훈련의 40%는 상반기에, 60%는 하반기에 실시되었다.

① 38건　　　　　　　　　　　　② 40건
③ 48건　　　　　　　　　　　　④ 54건

🔍 정답해설

주어진 정보를 토대로 자료를 정리하면 다음과 같다.

구 분	상반기	하반기	합 계
A유격장	48	72	120
B유격장	6	54	60
합 계	54	126	180

따라서 2022년 하반기 B유격장에서 실시된 유격훈련 건수는 54건이다.

정답 ④

전략 TIP 　자료해석 영역은 평소에 기본적인 사칙연산을 빠르게 할 수 있도록 연습하는 것이 필요하고, 다양한 문제를 풀어보며 주어진 자료를 새로운 방법으로 정리하는 등 본인만의 풀이 전략을 터득하는 것이 매우 중요합니다.

다음은 2개의 음식점에 대한 만족도를 5개 부문으로 나누어 평가한 자료이다. 이에 대한 내용으로 옳지 않은 것은?

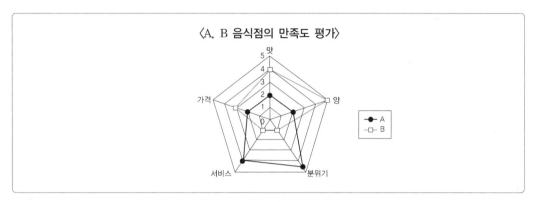

〈A, B 음식점의 만족도 평가〉

① A 음식점은 2개 부문에서 B 음식점을 능가한다.
② 맛 부문에서 만족도가 더 높은 음식점은 B 음식점이다.
③ A와 B 음식점 간 가장 큰 차이를 보이는 부문은 서비스이다.
④ B 음식점은 가격보다 양 부문에서 상대적 만족도가 더 높다.

🔍 정답해설
A와 B 음식점 간 가장 큰 차이를 보이는 부문은 '분위기'이다(A: 약 4.5, B: 1).

🔍 오답해설
① A 음식점은 '서비스', '분위기'의 2개 부문에서 B 음식점보다 만족도가 높다.
④ B 음식점은 '가격'과 '양' 부문 모두에서 A 음식점보다 만족도가 더 높으며, '양' 부문에서의 상대적 만족도가 더 높다.

정답 ③

전략 TIP   그래프 해석 유형은 '점・선 그래프', '도형 그래프', '막대 그래프' 등 다양한 그래프가 출제되고 있는데, 그래프 상 범례의 의미가 무엇인지 정확히 파악한 후 선지를 하나씩 지워나가는 방법으로 풀어가는 것이 좋습니다.

제2장 고득점 문제

| 유형 1 | 표 해석

01 다음은 병역자원 현황에 대한 표이다. 총 지원자 수에 대한 2013·2014년 평균과 2019·2020년 평균과의 차를 구하면?

〈병역자원 현황〉

(단위 : 만 명)

구 분	2013년	2014년	2015년	2016년	2017년	2018년	2019년	2020년
계	826.9	806.9	783.9	819.2	830.8	826.2	796.3	813
징·소집 대상	135.3	128.6	126.2	122.7	127.2	130.2	133.2	127.7
보충역 복무자 등	16	14.3	11.6	9.5	8.9	8.6	8.6	8.9
병력동원 대상	675.6	664	646.1	687	694.7	687.4	654.5	676.4

① 12.75만 명   ② 12.25만 명

③ 11.75만 명   ④ 11.25만 명

02 S 대위는 5명으로 구성된 A 부대 지원과에서 비품을 담당하고 있다. 비품을 신청할 때가 되어 다음과 같이 주문하려고 하는데, 정해진 예산은 25,000원이다. 다음을 모두 사고 남은 돈으로 1자루에 250원짜리 볼펜을 주문한다고 할 때, 볼펜 몇 타를 살 수 있겠는가?(단, 1타 = 12자루)

〈주문 비품 목록〉

물 품	가 격	개 수
지우개	500원	지원과 인원수
계산기	5,700원	1개
형광펜	600원	3개

① 3타   ② 4타

③ 5타   ④ 6타

03 다음은 국가별 오렌지 수입량 현황에 관한 자료이다. ㉠, ㉡에 들어갈 수를 옳게 나열한 것은?

〈국가별 오렌지 수입량〉

(단위 : 천 톤)

구 분	2016년		2017년		2018년		2019년		2020년	
	상반기	하반기	상반기	하반기	상반기	하반기	상반기	하반기	상반기	하반기
미 국	2.7	2.8	2.6	2.4	2.5	2.6	2.7	2.7	2.4	2.7
필리핀	2.9	3	㉠	2.7	2.8	3.1	2.9	3.5	2.8	2.9
뉴질랜드	2.2	2.1	2.4	2.3	1.9	2.4	2.4	2.4	㉡	2.4
태 국	1.5	1.9	2	2.1	1.7	2.1	2	2	1.9	2

※ 제시된 자료에서 매년 상·하반기 오렌지 수입량이 많은 국가의 순서는 '필리핀-미국-뉴질랜드-태국'이다.

	㉠	㉡			㉠	㉡
①	2.5	2.2		②	2.8	2.5
③	2.8	2.3		④	2.5	2.2

04 다음은 국군교도소 수용자 현황에 관한 가상의 자료이다. (가) ~ (라)에 해당하는 수를 모두 더한 값은?

〈국군교도소 수용자 현황〉

(단위 : 명)

구 분	약 물	성폭력	심신장애자	합 계
2017년	89	77	520	686
2018년	(가)	76	551	723
2019년	145	(나)	579	824
2020년	137	131	(다)	887
2021년	114	146	688	(라)
2022년	88	174	688	950

① 1,524

② 1,639

③ 1,751

④ 1,763

05 A 회사의 2021년 상반기 신입사원 지원자 수는 7,750명이다. 채용절차는 '서류전형 → 면접전형 → 최종합격' 순이며 합격자 조건이 다음과 같을 때, 서류 합격자의 비율은 얼마인가?

서류 합격자 비율	면접 합격자 비율	최종합격
$x\%$	30%	93명

① 70%
② 40%
③ 7%
④ 4%

06 다음은 A 부대 160명 대상 화장실 만족도 조사 결과에 관한 자료이다. 100점 만점으로 환산한 만족도 점수의 값으로 적절한 것은?

〈A 부대 화장실 만족도 조사 결과〉

구 분	매우 불만족	불만족	보 통	만 족	매우 만족
A 부대 화장실에 만족하는가?	10명	36명	30명	72명	12명

※ 매우 불만족=1점, 불만족=2점, 보통=3점, 만족=4점, 매우 만족=5점
※ '만족도 점수'는 A 부대 구성원 160명을 대상으로 하고, 각 항목의 평균으로 계산한다.

① 65점
② 70점
③ 75점
④ 80점

07 군인 A가 13살 동생, 62세 어머니, 84세 할머니와 함께 박물관에 가려고 한다. 주말에 입장할 때와 주중에 입장할 때의 요금 차는 얼마인가?

〈박물관 입장료〉

(단위 : 원)

구 분	주 말	주 중
어 른	20,000	18,000
중·고등학생	15,000	13,000
어린이	11,000	10,000

※ 어린이는 3살 이상 13살 이하이다.
※ 경로 대상인 65세 이상과 군인은 어른 입장료의 50%를 할인받는다.

① 5,000원
② 7,000원
③ 9,000원
④ 11,000원

08 다음은 2022년 5월 7일부터 5월 13일까지의 A 제품의 도매가와 일주일간 평균 도매가를 정리한 자료이다. 5월 10일의 도매가는 얼마인가?

구 분	5. 7.	5. 8.	5. 9.	5. 10.	5. 11.	5. 11.	5. 13.	평 균
가격(원)	400	500	300	x	400	550	300	400

① 300원

② 350원

③ 400원

④ 450원

09 군인 A는 올해 총 6번의 토익시험에 응시하였다. 2회차 시험점수가 620점 이상 700점 이하였고 올해 A의 토익 평균점수가 750점이었을 때, ㉡에 들어갈 수 있는 최소점수는?

1회	2회	3회	4회	5회	6회
620점	㉠	720점	840점	㉡	880점

① 720점

② 740점

③ 760점

④ 780점

10 다음은 2014년부터 2020년까지 개방형 공무원 임용 현황에 대한 자료이다. ㉠과 ㉡에 들어갈 수를 순서대로 짝 지은 것은?(단, ㉡은 소수점 이하 둘째 자리에서 반올림함)

〈개방형 공무원 임용 현황〉

(단위 : 천 명)

구 분	2014년	2015년	2016년	2017년	2018년	2019년	2020년
충원 수	136	146	166	196	136	149	157
내부임용 수	75	79	㉠	86	64	82	86
외부임용 수	61	67	72	110	72	67	71
외부임용률(%)	44.9	45.9	43.4	56.1	52.9	㉡	45.2

※ (외부임용률)$=\dfrac{(외부임용\ 수)}{(충원\ 수)}\times100$

① ㉠: 94, ㉡: 45

② ㉠: 94, ㉡: 55

③ ㉠: 84, ㉡: 45

④ ㉠: 84, ㉡: 55

11 다음은 X 부대 A ~ F 초급간부들의 교육과정 결과의 최종 평가 점수를 나타낸 표이다. 최종 평가 점수의 중앙값과 최빈값은 얼마인가?

〈최종 평가 점수〉

(단위 : 점)

구 분	A	B	C	D	E	F
점 수	12	17	15	13	20	17

	중앙값	최빈값
①	14점	13점
②	15점	15점
③	16점	17점
④	16점	20점

12 A 통신회사는 이동전화의 통화시간에 따라 월 2시간까지는 기본요금, 2시간 초과 3시간까지는 분당 a원을, 그리고 3시간 초과부터 분당 $2a$원을 부과한다. 아래의 표와 같이 요금이 청구되었을 때, a의 값은?

〈휴대전화 이용요금〉

구 분	통화시간	요 금
1월	3시간 30분	21,600원
2월	2시간 20분	13,600원

① 50 　　　　　　　　　　　　　② 80

③ 100 　　　　　　　　　　　　④ 120

13 K 회사는 휴대폰 부품 a, b를 생산하고 있다. 각 부품에 대한 불량률이 다음과 같을 때, 한 달간 생산되는 a, b 부품의 불량품 개수의 차는?

〈부품별 한 달 생산 개수 및 불량률〉

구 분	a 부품	b 부품
생산 개수	3,000개	4,100개
불량률	25%	15%

① 120개 　　　　　　　　　　　② 125개

③ 130개 　　　　　　　　　　　④ 135개

14 커피숍 주인인 S 씨는 매장 내부의 가로 600cm, 세로 500cm 크기의 직사각형 벽을 하늘색 또는 크림색 정사각형 타일로 채우려고 한다. 타일의 크기와 비용이 다음과 같을 때, 어떤 타일을 선택하는 것이 얼마 더 경제적인가?(단, 타일은 세트로만 판매 가능함)

구 분	크 기	1세트당 개수	1세트당 가격
하늘색 타일	1m×1m	2개	5만 원
크림색 타일	1m×1m	3개	7만 원

      타일   구매비용의 차
① 하늘색 타일   3만 원
② 하늘색 타일   5만 원
③ 크림색 타일   3만 원
④ 크림색 타일   5만 원

15 다음은 A 자동차 회사의 고객만족도 조사결과이다. 출고 시기와 관계없이 전체 조사대상자 중에서 260명이 연비를 장점으로 선택했다면, 이 설문에 응한 총 고객 수는?

〈고객만족도 조사결과〉

(단위 : %)

구 분	1 ~ 12개월 (출고시기별)	13 ~ 24개월 (출고시기별)	전체 조사대상자
안전성	41	48	45
A/S의 신속성	19	17	18
정숙성	2	1	1
연 비	15	11	13
색 상	11	10	10
주행 편의성	11	9	10
차량 옵션	1	4	3
합 계	100	100	100

① 1,500명
② 2,000명
③ 2,500명
④ 3,000명

16 다음은 A, B, C, D 부서의 남녀 직원 비율을 나타낸 것이다. 이에 대한 설명으로 옳지 않은 것은?

〈A, B, C, D 부서의 남녀 직원 비율〉

구 분	A	B	C	D
남(%)	54	48	42	40
여(%)	46	52	58	60

① 여직원 대비 남직원 비율이 가장 높은 부서는 A 부서이며, 가장 낮은 부서는 D 부서이다.

② A 부서의 남직원이 B 부서의 여직원보다 많다.

③ B, C, D 부서의 여직원 수의 합은 남직원 수의 합보다 크다.

④ A 부서의 전체 직원 수가 B 부서 전체 직원 수의 2배이면 A, B 부서의 전체 직원 중 남직원이 차지하는 비율은 52%이다.

17 다음은 주요 곡물별 수급 전망에 관련된 자료이다. 이를 바탕으로 발표문을 작성할 때, 그 내용으로 옳지 않은 것은?

〈주요 곡물별 수급 전망〉

(단위 : 백만 톤)

곡 물	구 분	2018년	2019년	2020년
소 맥	생산량	697	656	711
	소비량	697	679	703
옥수수	생산량	886	863	964
	소비량	883	860	937
대 두	생산량	239	268	285
	소비량	257	258	271

① 2018년부터 2020년까지 대두의 생산량과 소비량이 지속적으로 증가했다.

② 전체적으로 2020년에 생산과 소비가 가장 활발했다.

③ 전년 대비 곡물 소비량의 변화가 가장 적은 곡물은 2019년의 옥수수이다.

④ 2020년에 생산량 대비 소비량의 비중이 가장 낮은 곡물은 대두이다.

18 다음은 아파트 단지별 남녀 학생의 비율을 나타낸 표이다. 자료를 해석한 것으로 옳은 것은?

〈아파트 단지별 남녀 학생 수 분포 비율〉

(단위 : %)

단지별 성 별	A	B	C	D	계
남학생	5	15	50	30	100
여학생	20	10	40	30	100

① A 단지의 여학생 수는 남학생의 4배이다.
② B 단지의 남학생 수는 여학생보다 5%만큼 많다.
③ C 단지의 남녀 학생 수가 가장 많다.
④ D 단지의 남녀 학생 수는 같다.

19 다음은 2020년 9월 A 국제공항 원인별 지연 및 결항 통계이다. 자료를 해석한 것으로 옳은 것은?
(단, 소수점 이하 첫째 자리에서 반올림함)

〈2020년 9월 A 국제공항 원인별 지연 및 결항 통계〉

(단위 : 편)

구 분	기 상	A/C 접속	A/C 정비	여객처리 및 승무원관련	복합원인	기 타	합 계
지 연	118	1,676	117	33	2	1,040	2,986
결 항	17	4	10	0	0	39	70

① 기상으로 지연된 경우는 기상으로 결항된 경우의 약 5배이다.
② 기타를 제외하고 항공편 지연과 결항에서 가장 높은 비중을 차지하고 있는 원인은 동일하다.
③ 2020년 9월에 A 국제공항을 이용하는 비행기가 지연되었을 확률은 95%이다.
④ 항공기 지연 중 A/C 정비가 차지하는 비율은 결항 중 기상이 차지하는 비율의 $\frac{1}{6}$ 수준이다.

20 다음은 ○○신도시 쓰레기 처리 관련 통계를 나타낸 것이다. 이에 대한 설명으로 옳지 않은 것은?

〈○○신도시 쓰레기 처리 관련 통계〉

구 분	2019년	2020년	2021년	2022년
1kg 쓰레기 종량제 봉투 가격	100원	200원	300원	400원
쓰레기 1kg당 처리비용	400원	400원	400원	400원
○○신도시 쓰레기 발생량	5,013톤	4,521톤	4,209톤	4,007톤
○○신도시 쓰레기 관련 예산 적자	15.04억 원	9.04억 원	4.21억 원	0원

① 쓰레기 종량제 봉투의 가격이 100원이었던 2019년에 비해 400원이 된 2022년에는 쓰레기 발생량이 약 20%나 감소하였고 쓰레기 관련 예산 적자는 15억 원이 넘는 금액에서 0원이 되었다.

② 연간 쓰레기 발생량 감소곡선보다 쓰레기 종량제 봉투 가격의 인상곡선이 더 가파르다.

③ 쓰레기 1kg당 처리비용이 인상될수록 신도시의 쓰레기 발생량과 쓰레기 관련 예산 적자가 감소하는 것을 볼 수 있다.

④ 봉투 가격이 인상됨으로써 주민들의 쓰레기 처리비용이 증가하자 신도시 주민들은 부담을 느끼고 쓰레기 배출을 줄였다.

21 다음은 어른 2인, 아동 2인으로 구성된 4인 가족을 기준으로 귀성길 교통수단별 비용을 비교한 것이다. 이에 대한 설명으로 옳지 않은 것은?

〈4인 가족 귀성길 교통수단별 비용 비교〉

(단위 : 원)

교통수단 통행료	승용차		고속버스	KTX
	경 차	경차 외		
어른 요금(2명)	74,606	74,606	68,400	114,600
아동 요금(2명)	12,550	25,100	34,200	57,200

※ 단, 경차는 아동(2인 기준)에 한해 통행료 할인 50%를 받는다.

① 경차가 아닌 승용차로 가는 비용은 총 99,706원이다. 만약 경차를 이용할 경우 아동 통행료에서 50% 할인이 적용돼 총 80,881원이 소요된다.

② 고속버스는 경차를 이용하는 것보다 비용이 저렴하다.

③ 어른 2인이 고속버스로 귀성길에 오를 경우 KTX보다 저렴해진다.

④ KTX는 귀성길 비용이 가장 많이 드는 교통수단이다.

22 다음은 최근 몇 년 동안의 군수품 조달 집행과 관련된 통계 자료이다. 다음 중 아래 자료를 통해 추론할 수 있는 것은?

<군수품 조달 집행 추이>

(단위 : 억 원)

구 분	2015년	2016년	2017년	2018년	2019년	2020년
* 총 계	36,546	37,712	40,572	41,031	44,484	44,611
* 중앙조달	31,718	32,954	35,683	34,758	34,954	33,833
– 내 자	21,573	21,925	26,833	25,555	25,679	23,108
– 외 자	10,145	11,029	8,850	9,203	9,275	10,725
상 업	5,026	4,825	4,750	5,896	6,052	6,728
FMS	5,119	6,204	4,100	3,307	3,223	3,997
* 부대조달	2,240	1,801	1,983	2,656	2,116	2,547
* 조달청조달	2,588	2,957	2,906	3,617	7,414	8,231

* 총계: 국방비 중 경상비로 구매한 군수품 계약 집행액
* 중앙조달: 방위 사업청에서 각군 수요물량을 통합 구매한 계약 집행액
* 부대조달: 각군/기관에서 중앙조달 이외의 품목을 자체 구매한 계약 집행액
* 조달청조달: 조달청에 의뢰하여 위탁 구매한 계약 집행액

① 방위 사업청에서 집행한 금액이 증가한 해에는 부대조달 금액이 감소하였다.
② 매년 조달청 위탁 구매 금액이 가장 적다.
③ 각군이나 기관에서 자체적으로 구매한 계약 집행액은 2020년에 가장 많았다.
④ 국방비 중 경상비로 구매한 군수품 계약 집행액이 꾸준히 증가하고 있다.

23 다음은 최근 몇 년 사이의 개인정보 침해신고 상담 건수와 한 사람이 1일에 몇 통의 스팸을 수신하는지 나타낸 통계자료이다. 이 자료들을 통해 추론할 수 있는 것으로 적절한 것은?

〈1인 1일 스팸 수신량〉

(단위 : 통/1인 1일 스팸 수신량)

구 분	2014년	2015년	2016년	2017년	2018년
이메일 스팸	4.31	4.58	3.04	1.16	1.48
휴대전화 스팸	0.89	0.76	0.54	0.53	0.4

〈개인정보 침해신고 상담 건수〉

(단위 : 건)

구 분	2014년	2015년	2016년	2017년	2018년
합 계	54,832	122,215	166,801	177,736	158,900
개인정보 무단수집	1,267	1,623	3,507	2,634	3,923
개인정보 무단이용제공	1,202	1,499	2,196	1,988	2,242
주민번호 등 타인 정보 도용	10,137	67,094	139,724	129,103	83,126
회원탈퇴 또는 정정 요구 불응	826	662	717	674	792
법적용 불가 침해 사례	38,414	38,172	12,915	35,284	57,705
기 타	2,986	13,165	7,742	8,053	11,112

① 개인정보 무단수집과 이메일 스팸의 연도별 증감 추이는 동일하다.

② 스팸은 법적용 불가 침해 사례에 해당한다.

③ 휴대전화를 통한 스팸이 감소하는 이유는 개인정보 무단이용제공과 관련이 있다.

④ 2014년과 비교하여 2018년에 가장 많이 증가한 개인정보 침해신고는 타인의 정보 도용에 관련된 건이다.

24 다음은 국내 철강 수급구조 변화에 대한 자료이다. 자료에 대한 설명으로 옳은 것은?

〈국내 철강 수급구조 변화〉

(단위 : 천 톤)

구 분	2005년	2010년	2015년	연평균 성장률
내 수	47,123	52,390	55,800	1.7%
수 출	16,262	24,881	31,551	6.9%
생 산	55,066	65,942	74,119	3.0%
수 입	8,319	11,329	13,232	4.8%
(수출)÷(생산)	29.5%	37.7%	42.6%	–
(내수)÷(생산)	85.6%	79.4%	75.3%	–
순수출	7,943	13,552	18,319	8.7%

※ (순수출)=(수출)-(수입)

① 자료에 제시된 기간 동안 국내 생산은 국내외 총 수요를 지속적으로 충족시키지 못했다.
② 한국의 철강 순수출은 연간 꾸준히 성장하였다.
③ 2005년에서 2015년 사이 철강 수출은 꾸준히 늘어나 2015년 생산 대비 수출 비중이 40% 이상에 이른다.
④ 조사 기간 동안 생산 대비 내수 비중은 지속적으로 감소한 반면, 생산 대비 수출 비중은 지속적으로 증가하였다.

25 다음은 2024년도 경기전망을 나타낸 것이다. 경제성장률이 표에서 나타나는 것보다 2%p씩 상승하는 경우 경제성장률의 기댓값을 구하면?(단, 경제성장률이 변화해도 확률은 변하지 않음)

〈2024년도 경기전망〉

경제성장률(확률변수)	확 률
5%	0.2
15%	0.4
20%	0.4

※ (기댓값)={(확률변수)×(확률의 합)}

① 16% ② 17%
③ 18% ④ 19%

26 다음은 스마트 자동차 기술경쟁력 수준에 대한 자료이다. 자료에 대한 설명으로 옳지 않은 것은?

〈스마트 자동차 기술경쟁력 수준 비교〉

구 분			독 일	미 국	일 본	한 국	중 국
스마트 자동차 완성차			100 (탁월)	97 (탁월)	95 (탁월)	85 (우수)	75 (보통)
핵심 기술	기술명	가중치(%)	기술별 점수(점)				
	차량용 센서 및 알고리즘	25	100	90	95	65	60
	위치 측정 및 정밀 지도 구축	25	97	100	95	80	70
	V2X 통신	15	99	100	95	85	75
	차량 제어	20	100	99	98	90	75
	활용 서비스	15	95	100	95	90	80
	계		98.35 (탁월)	97.3 (탁월)	95.6 (탁월)	80.5 (보통)	70.75 (열위)

① 스마트 자동차의 완성차 부분과 5가지 핵심 기술의 모든 분야에서는 독일이 가장 우수한 기술경쟁력 수준을 보인다.

② 한국의 차량용 센서 및 알고리즘의 경우는 기술 선도국인 독일, 미국, 일본 대비 현저한 기술 격차를 드러내고 있다.

③ 중국은 5개 핵심 기술 분야에서 아직까지 기술 선도국 대비 열위한 기술경쟁력 수준을 보이고 있다.

④ 스마트 자동차 관련 핵심 기술 중 특히 차량용 센서 및 알고리즘, 위치 측정 및 정밀 지도 구축 기술은 우수한 기술경쟁력 수준 판단에 큰 영향을 미친다.

27 다음은 연도별로 예비군에 해당하는 인원을 항목별로 참석과 불참석으로 분류한 자료이다. 다음 중 적절한 설명은?

〈훈련 유형별 대상〉

(단위 : 천 명)

구 분		2011	2012	2013	2014	2015	2016	2017	2018
예비군 해당 대상	동원훈련	617	597	553	595	580	577	(나)	530
	동미참훈련	505	496	482	346	311	254	(다)	289
	향방기본훈련	1,212	1,239	1,185	1,172	1,134	1,109	1,110	1,084
	향방작계훈련	2,048	(가)	1,920	1,865	1,680	1,618	1,585	1,555
참석자		3,459	4,139	3,699	3,644	3,510	3,290	3,348	3,328
불참자		923	244	441	335	195	268	227	131

① (가)에 들어갈 숫자는 2,261이다.

② 2015년의 예비군 참석자는 불참자의 17.2배에 해당한다.

③ 2014년의 향방기본훈련 대상자의 참석률은 약 91.6%에 달한다.

④ 2013년의 동원훈련과 동미참훈련 대상자는 그 해 전체 예비군 해당자의 25%에 해당한다.

28 다음 자료는 1,000명으로 구성된 어느 집단의 투표 행위에 대한 예측과 실제 투표결과를 나타낸 것이다. 이에 대한 설명 중 옳은 것을 〈보기〉에서 모두 고른 것은?

〈투표 행위에 대한 예측과 실제 투표결과〉

(단위 : 명)

구 분		실제 투표결과		
		기 권	투 표	계
예 측	기 권	150	50	200
	투 표	100	700	800
	계	250	750	1,000

※ 기권(투표)에 대한 예측 적중률은 기권(투표)할 것으로 예측된 사람들 중 실제 기권(투표)한 사람의 비율이다.

보기

㉠ 기권에 대한 예측 적중률보다 투표에 대한 예측 적중률이 더 높다.

㉡ 실제 기권자 250명 중 기권할 것으로 예측된 사람은 200명이다.

㉢ 예측된 투표율보다 실제 투표율이 더 낮다.

㉣ 예측된 대로 행동하지 않은 사람은 150명이다.

① ㉠, ㉢

② ㉡, ㉣

③ ㉠, ㉡, ㉢

④ ㉠, ㉢, ㉣

29 다음은 시도별 자전거도로 현황에 대한 자료이다. 다음 자료에 대한 해석으로 옳은 것은?

〈시도별 자전거도로 현황〉

(단위 : km)

구 분	합 계	자전거전용도로	자전거보행자 겸용도로	자전거전용차로	자전거우선도로
전 국	21,176	2,843	16,331	825	1,177
서울특별시	869	104	597	55	113
부산광역시	425	49	374	1	1
대구광역시	885	111	758	12	4
인천광역시	742	197	539	6	–
광주광역시	638	109	484	18	27
대전광역시	754	73	636	45	–
울산광역시	503	32	408	21	42
세종특별자치시	207	50	129	6	22
경기도	4,675	409	4,027	194	45
강원도	1,498	105	1,233	62	98
충청북도	1,259	202	824	76	157
충청남도	928	204	661	13	50
전라북도	1,371	163	1,042	112	54
전라남도	1,262	208	899	29	126
경상북도	1,992	414	1,235	99	244
경상남도	1,844	406	1,186	76	176
제주특별자치도	1,324	7	1,299	0	18

① 제주특별자치도는 전국에서 다섯 번째로 자전거도로가 길다.

② 광주광역시를 볼 때, 전국 대비 자전거전용도로의 비율이 자전거보행자겸용도로의 비율보다 낮다.

③ 경상남도의 모든 자전거도로는 전국에서 9% 이상의 비율을 가진다.

④ 전국에서 자전거전용도로는 약 13.4%의 비율을 차지한다.

30 다음은 대형마트 이용자를 대상으로 소비자 만족도를 조사한 결과이다. 다음 중 각 표를 분석한 내용으로 옳은 것은?

〈대형마트 업체별 소비자 만족도〉

(단위 : 점 / 5점 만점)

업체명	종합 만족도	서비스 품질					서비스 쇼핑 체험
		쇼핑 체험 편리성	상품 경쟁력	매장환경 / 시설	고객접점 직원	고객관리	
A마트	3.72	3.97	3.83	3.94	3.70	3.64	3.48
B마트	3.53	3.84	3.54	3.72	3.57	3.58	3.37
C마트	3.64	3.96	3.73	3.87	3.63	3.66	3.45
D마트	3.56	3.77	3.75	3.44	3.61	3.42	3.33

〈대형마트 인터넷 / 모바일 쇼핑 소비자 만족도〉

(단위 : 점 / 5점 만점)

분야별 이용 만족도	이용률	A마트	B마트	C마트	D마트
인터넷쇼핑	65.4%	3.88	3.80	3.88	3.64
모바일쇼핑	34.6%	3.95	3.83	3.91	3.69

① 종합만족도는 5점 만점에 평균 3.61점이며, 업체별로는 A마트가 가장 높고, D마트, C마트, B마트 순서로 나타났다.

② 인터넷 쇼핑과 모바일 쇼핑의 소비자 만족도가 가장 큰 차이를 보이는 곳은 D마트이다.

③ 서비스 품질 부문에 있어 대형마트는 평균적으로 쇼핑 체험 편리성에 대한 만족도가 상대적으로 가장 높게 평가되었으며, 반대로 고객접점직원 서비스가 가장 낮게 평가되었다.

④ 대형마트를 이용하면서 느낀 감정이나 기분을 반영한 서비스 쇼핑 체험 부문의 만족도는 평균 3.41점 정도로 서비스 품질 부문들보다 낮았다.

[31~32] 다음은 시계 생산공장 A, B, C의 '종업원 1인당 일일 생산량'과 '총생산량'을 나타낸 것이다. 이어지는 물음에 답하시오.

구 분	종업원 1인당 일일 생산량(개)	총생산량(개)
A 공장	19	2,090
B 공장	㉠	1,650
C 공장	15	2,025

31 A 공장, C 공장의 종업원 수는 몇 명인가?

① A: 115명, C: 125명

② A: 115명, C: 135명

③ A: 110명, C: 135명

④ A: 110명, C: 125명

32 A 공장 종업원 수와 B 공장 종업원 수가 5 : 3일 때, ㉠을 구하면?

① 23　　　　　　　　　　　② 24

③ 25　　　　　　　　　　　④ 26

[33~34] 다음은 제품 A의 모델별 가격변화를 나타낸 표이다. 이어지는 물음에 답하시오.

〈제품 A의 모델별 가격〉

(단위 : 원)

연도별 모델별	2017년	2018년	2019년	2020년
모델 1	120,000	114,000	125,400	137,940
모델 2	100,000	105,000	115,500	127,050
모델 3	150,000	135,000	121,500	109,350
모델 4	130,000	143,000	128,700	115,830
모델 5	90,000	108,000	129,600	155,520

33 2018년 대비 2019년 '모델 1'의 상승 비율은?

① 5%

② 8%

③ 10%

④ 12%

34 2018년 '모델 4'는 '모델 2'보다 몇 % 비싼가?(단, 소수점 이하 둘째 자리에서 반올림함)

① 36.2%

② 36.5%

③ 37.3%

④ 38.8%

[35~36] 다음은 현역 입영병 중 귀향자 현황에 관한 자료이다. 이어지는 물음에 답하시오.

〈현역 입영병 중 귀향자 현황〉

(단위 : 명)

구 분	내 과	신경과	정신과	외 과	안 과	이비인후과	피부과	비뇨기과	치 과	합 계
전 군	1,460	92	5,570	1,826	231	85	164	83	40	9,551
해 군	338	19	589	187	16	12	55	13	14	1,243

35 위 표에 대한 설명으로 옳지 않은 것은?

① 전군, 해군의 귀향자 수는 정신과가 가장 많다.

② 귀향자 중 해군이 차지하는 비중은 약 13%이다.

③ 해군의 귀향자 수는 이비인후과가 가장 적다.

④ 전군 및 해군 모두 귀향자 수의 상위 3개 분야가 전체의 90% 이상을 차지한다.

36 전군 대비 해군의 비율이 상대적으로 높은 진료과는?

① 치과

② 피부과

③ 내과

④ 신경과

[37~38] 다음은 재료비 상승에 따른 분기별 국내 철강사 수익 변동을 조사하기 위해 수집한 자료이다. 이어지는 물음에 답하시오.

〈제품가격과 재료비에 따른 분기별 수익〉

(단위 : 천 원)

구 분	2021년	2022년			
	4분기	1분기	2분기	3분기	4분기
제품가격	627	597	687	578	559
재료비	178	177	191	190	268
수 익	449	420	496	388	291

〈제품 1톤당 소요되는 재료〉

(단위 : 톤)

철광석	원료탄	철 스크랩
1.6	0.5	0.15

37 위 자료에 대한 해석으로 옳은 것은?

① 수익은 지속적으로 증가하고 있다.

② 모든 금액에서 2022년 4분기가 2021년 4분기보다 높다.

③ 재료비의 변화량과 수익의 변화량은 밀접한 관계가 있다.

④ 이전 분기 대비 수익 변화량은 2022년 3분기에 가장 큰 것으로 나타나고 있다.

38 2023년 1분기에 재료당 단위가격이 철광석 70천 원, 원료탄 250천 원, 철 스크랩 200천 원으로 예상된다는 보고를 받았다. 2023년 1분기의 수익을 2022년 4분기와 동일하게 유지하기 위해 책정해야 할 제품가격은 얼마인가?

① 558천 원

② 559천 원

③ 560천 원

④ 578천 원

[39~41] 다음 자료는 성별과 연령대별로 일자리 비율 현황을 나타낸 표이다. 이어지는 물음에 답하시오.

<연령대별 일자리 비율 현황>

구 분	지속일자리(%)		신규채용일자리(%)		총 일자리 수 (만 개)
	남 성	여 성	남 성	여 성	
19세 이하	6.0	6.0	44.0	44.0	25.0
20 ~ 29세	23.3	25.4	26.9	24.4	330.5
30 ~ 39세	44.6	27.3	16.9	11.2	529.6
40 ~ 49세	45.6	28.6	14.1	11.7	617.8
50 ~ 59세	44.9	28.0	15.5	11.6	531.6
60세 이상	44.6	23.4	19.1	12.9	288.2

※ (총 일자리 수)=(지속일자리 수)+(신규채용일자리 수)
※ 총 일자리 수는 남성과 여성 모두 포함된 개수이다.

39 연령대 20 ~ 29세 여성의 신규채용일자리 수와 연령대 50 ~ 59세 남성의 지속일자리 수의 차는? (단, 결과값은 백의 자리에서 반올림함)

① 157.6만 개　　　　　　　　　　② 158만 개
③ 158.4만 개　　　　　　　　　　④ 158.8만 개

40 40대 남성 총 일자리 수 대비 같은 연령대의 남성 지속일자리 수의 비율은?(단, 비율은 소수점 둘째 자리에서 반올림함)

① 76.4%　　　　　　　　　　　　② 76%
③ 75.6%　　　　　　　　　　　　④ 75.2%

41 다음 〈보기〉는 연령대별 일자리 비율 현황에 대해 이해한 내용이다. 옳은 것을 모두 고르면?

> **보기**
> ㉠ 50세 미만까지 남성 지속일자리 비율과 신규채용일자리 비율의 증감추세는 반대이다.
> ㉡ 30 ~ 59세까지 여성 지속일자리 비율과 신규채용일자리 비율의 증감추세는 같다.
> ㉢ 20대 총 일자리 수는 40대 총 일자리 수의 55% 이상이다.
> ㉣ 40대 연령대에서 남성 신규채용일자리 대비 여성 신규채용일자리 비율은 80% 이상이다.

① ㉠, ㉢　　　　　　　　　　　　② ㉡, ㉣
③ ㉠, ㉡, ㉣　　　　　　　　　　④ ㉡, ㉢, ㉣

[42~43] 다음은 의료보장별 심사실적에 관한 자료이다. 이어지는 물음에 답하시오.

〈의료보장별 심사실적〉

(단위 : 천 건, 억 원)

구 분		2019년 상반기		2020년 상반기	
		청구 건수	진료비	청구 건수	진료비
건강보험	입 원	7,056	101,662	7,571	111,809
	외 래	690,999	181 574	704,721	20,066
의료급여	입 원	1,212	15,914	1,271	17,055
	외 래	35,634	13,319	38,988	15,366
보 훈	입 원	35	728	17	418
	외 래	1,865	1,250	1,370	940
자동차 보험	입 원	466	4,984	479	5,159
	외 래	6,508	5,858	7,280	336

42 전년 동기 대비 2020년 상반기 보훈분야의 전체 청구 건수의 감소율은?

① 21% ② 23%

③ 25% ④ 27%

43 2020년 상반기 입원 진료비 중 세 번째로 비싼 분야의 전년 동기 대비 증가액을 올바르게 구한 것은?

① 175억 원 ② 165억 원

③ 155억 원 ④ 145억 원

[44~45] 다음은 초·중·고등학교 전체 학생 수와 다문화가정 학생 수에 관한 자료이다. 이어지는 물음에 답하시오.

〈초·중·고 전체 학생 수〉

(단위 : 천 명)

구 분	2013년	2014년	2015년	2016년	2017년	2018년	2019년	2020년	2021년	2022년
학생 수	7,776	7,735	7,618	7,447	7,236	6,987	6,732	6,529	6,334	6,097

〈다문화가정 학생 수〉

(단위 : 명)

구 분	초등학교	중학교	고등학교	전체 다문화 학생 수
2013년	7,910	1,139	340	9,389
2014년	12,199	1,979	476	14,654
2015년	16,785	2,527	868	20,180
2016년	21,466	3,294	1,255	26,015
2017년	24,701	5,260	1,827	31,788
2018년	28,667	7,634	2,377	38,678
2019년	33,792	9,647	3,515	46,954
2020년	39,430	11,294	5,056	55,780
2021년	48,297	12,525	6,984	67,806
2022년	60,283	13,865	8,388	82,536

44 다문화 학생 중 초등학생과 고등학생의 2013년 대비 2022년 증가 수를 올바르게 나열한 것은?

① 40,387명, 4,716명

② 40,387명, 6,644명

③ 52,373명, 6,644명

④ 52,373명, 8,048명

45 다음 중 옳지 않은 것은?

① 초·중·고등학교 전체 학생 수가 6백만 명대로 감소한 해는 2018년이다.

② 2022년의 전체 다문화 학생 수는 2013년에 비해 73,147명 증가했다.

③ 초·중·고등학교 전체 학생 수 대비 전체 다문화 학생 수의 비율은 점점 증가했다가 2021년에 감소했다.

④ 2022년의 고등학교 다문화 학생 수는 2013년의 고등학교 다문화 학생 수의 약 24.7배이다.

46 다음은 병영생활관 개선 사업 실적에 관한 자료이다. 이에 대한 설명으로 옳지 않은 것은?

〈병영생활관 개선 사업 실적〉

(단위 : 억 원, 개)

구 분		2014년	2015년	2016년	2017년	2018년	2019년	2020년	2021년	2022년
육군생활관 (대대)	사업예산	2,525	3,791	4,882	3,703	2,572	3,670	3,990	4,435	4,438
	개선실적	43	56	59	17	24	46	55	51	27
GOP/해강안 소초(동)	사업예산	800	719	682	501	660	1,650	–	–	–
	개선실적	98	100	81	75	90	275	–	–	–
해·공군 생활관(동)	사업예산	497	962	1,417	1,017	922	1,537	1,945	2,395	1,936
	개선실적	38	46	69	52	49	108	70	159	85

① 육군생활관(대대)의 사업예산은 2016년까지 증가했다가 2017년과 2018년에 감소하였고 그 이후 계속 증가하는 추세를 보였다.

② 해·공군 생활관(동)의 개선실적이 가장 많았던 해의 사업예산은 육군생활관(대대) 사업예산의 50% 이상이다.

③ 2016 ~ 2019년 중에서 전체 사업예산이 가장 많았던 해는 2016년이다.

④ 2019년 GOP/해강안 소초(동) 사업예산은 2014년에 비해 120% 이상 증가하였다.

[47~48] 다음은 주부들을 대상으로 주4일제 시행에 따른 가정의 소득 및 소비의 변화 예측과 실제 주4일제 시행 후 가계의 소득 변화에 대한 설문결과이다. 이어지는 물음에 답하시오.

〈주4일 근무제에 따른 가정의 소득과 소비 변화 예측〉

(단위 : 명)

항 목	전혀 그렇지 않음	대체로 그렇지 않음	보 통	대체로 그렇다	매우 그렇다
주4일 근무제가 시행되어서 가정소득이 줄어들 것 같다.	8	21	72	56	12
주4일 근무제가 시행된 후 부족한 소득 보충을 위해 다른 일을 찾아야 할 것이다.	40	65	33	23	8
소득이 줄더라도 주4일 근무제의 실시를 찬성한다.	8	7	22	56	76
주4일 근무제가 시행되어서 가정의 소비가 늘어날 것이다.	2	9	27	114	17

〈주4일제 시행 후 가계의 소득 변화〉

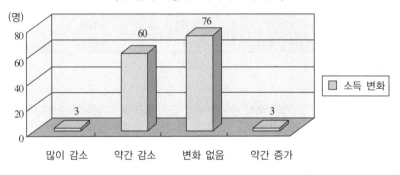

47 소득이 줄더라도 주4일제를 찬성하는 주부는 몇 명인가?

① 114명
② 126명
③ 132명
④ 142명

48 주4일제 시행 이후 소득의 변화가 없다고 대답한 주부의 비중은?(단, 소수점 이하 둘째 자리에서 반올림함)

① 약 45.8%
② 약 48.6%
③ 약 53.5%
④ 약 58.1%

49 다음은 A 회사의 연도별 임직원 현황에 관한 자료이다. 이에 대한 〈보기〉의 설명 중 옳은 것을 모두 고른 것은?

〈A 회사의 연도별 임직원 현황〉

(단위 : 명)

구 분		2018년	2019년	2020년
국 적	한 국	9,566	10,197	9,070
	중 국	2,636	3,748	4,853
	일 본	1,615	2,353	2,749
	대 만	1,333	1,585	2,032
	기 타	97	115	153
고용형태	정규직	14,173	16,007	17,341
	비정규직	1,074	1,991	1,516
연 령	20대 이하	8,914	8,933	10,947
	30대	5,181	7,113	6,210
	40대 이상	1,152	1,952	1,700
직 급	사 원	12,365	14,800	15,504
	간 부	2,801	3,109	3,255
	임 원	81	89	98

보기

㉠ 매년 일본, 대만 및 기타 국적 임직원 수의 합은 중국 국적 임직원 수보다 많다.
㉡ 매년 전체 임직원 중 20대 이하 임직원이 차지하는 비중은 50% 이상이다.
㉢ 2019년과 2020년에 전년 대비 임직원 수가 가장 많이 증가한 국적은 중국이다.
㉣ 2019년 대비 2020년의 임직원 수의 감소율이 가장 큰 연령대는 30대이다.

① ㉠, ㉡　　　　　　　　　　　② ㉠, ㉢
③ ㉡, ㉣　　　　　　　　　　　④ ㉠, ㉢, ㉣

50 다음은 서울 및 수도권 지역의 가구를 대상으로 난방연료 사용 현황에 대해 조사한 자료이다. 이에 대한 설명으로 옳지 않은 것은?

<난방연료 사용 현황>

(단위 : %)

구 분	서 울	인 천	경기남부	경기북부	전국 평균
도시가스	84.5	91.8	32.5	64.0	69.5
열병합	12.6	7.4	65.0	28.1	26.6
등 유	2.4	0.4	0.8	4.1	2.2
LPG	0.1	0.1	0.7	3.2	1.4
기 타	0.4	0.3	1.0	0.6	0.3

① 서울과 인천 지역에서는 도시가스를 주로 사용하고 있다.

② 경기남부 지역의 경우, 열병합을 사용하는 비율은 도시가스를 사용하는 비율의 2배이다.

③ 경기북부 지역에서 등유를 사용하는 비율은 인천 지역에서 등유를 사용하는 비율의 10배 이상이다.

④ 경기북부 지역의 경우, 도시가스를 사용하는 비율은 LPG를 사용하는 비율의 23배이다.

51 다음은 흡연 여부에 따른 폐암 발생 현황을 나타낸 자료이다. <보기> 중 옳지 않은 것을 모두 고른 것은?

<흡연 여부에 따른 폐암 발생 현황>

(단위 : 명)

구 분		폐암 발생 여부		계
		발 생	비발생	
흡연 여부	흡 연	300	700	1,000
	비흡연	300	9,700	10,000
계		600	10,400	11,000

보기

㉠ 흡연 시 폐암 발생률은 30%이다.

㉡ 비흡연 시 폐암 발생률은 0.3%이다.

㉢ 흡연 여부와 상관없이 전체 폐암 발생률은 10%이다.

① ㉠

② ㉡

③ ㉡, ㉢

④ ㉠, ㉡, ㉢

52 다음은 2022년 소양강댐의 수질정보에 관한 자료이다. 이에 대한 내용으로 옳지 않은 것은?

〈2022년 소양강댐의 수질정보〉

(단위 : ℃, mg/L)

구 분	수 온	DO	BOD	COD
1월	5	12.0	1.4	4.1
2월	5	11.5	1.1	4.5
3월	8	11.3	1.3	5.0
4월	13	12.1	1.5	4.6
5월	21	9.4	1.5	6.1
6월	23	7.9	1.3	4.1
7월	27	7.3	2.2	8.9
8월	29	7.1	1.9	6.3
9월	23	6.4	1.7	6.6
10월	20	9.4	1.7	6.9
11월	14	11.0	1.5	5.2
12월	9	11.6	1.4	6.9

※ DO: 용존산소량

※ BOD: 생화학적 산소요구량

※ COD: 화학적 산소요구량

① 조사 기간 중 8월의 수온이 가장 높았다.

② DO가 가장 많았을 때와 가장 적었을 때의 차는 5.7mg/L이다.

③ 소양강댐의 COD는 항상 DO보다 낮았다.

④ 7월 대비 12월의 소양강댐의 BOD 감소율은 30% 이상이다.

53 다음은 명절 맞이 부대 내 체육대회에서 군사경찰대와 보급대가 각각 받은 점수이다. 군사경찰대의 달리기 점수와 보급대의 턱걸이 점수의 차는 몇 점인가?

〈명절 맞이 부대 내 체육대회〉

| 연도별\
모델별	달리기	팔굽혀펴기	줄다리기	줄넘기	턱걸이	평 균
군사경찰대	( )	90.5점	45.5점	22점	79점	60점
보급대	80점	63.5점	68.5점	65점	( )	65점

① 12점

② 15점

③ 18점

④ 20점

54 다음은 지난 달 A 의사에게 진단을 받은 환자에 관련된 통계이다. 올바르게 해석한 것은?

<A 의사 진단 환자 통계>

(단위 : 명)

구 분	위 염		장 염	
40세 이상	남 자	여 자	남 자	여 자
	12	8	25	15
40세 미만	남 자	여 자	남 자	여 자
	4	6	18	22

① 전체 환자 중 한 명을 뽑았을 때 그 사람이 40세 이상의 장염 질환을 가진 남성일 확률은 $\frac{1}{4}$ 이다.

② 남성 환자들은 위염 환자가, 여성 환자들은 장염 환자가 더 많다.

③ 40세 미만 남성 환자의 수는 40세 이상 여성 환자의 수보다 많다.

④ 장염 환자는 40세 이상인 환자와 40세 미만의 환자의 수와 같다.

55 다음은 8명의 학생들의 11월 독서 현황을 나타낸 자료이다. 이에 대한 설명으로 옳은 것은?

<11월 독서 현황>

구 분 \ 학 생	A	B	C	D	E	F	G	H
성 별	여	여	남	여	남	여	여	남
독서량(권)	7	4	0	2	5	4	8	10

① 여학생이면서 독서량이 6권 이상인 학생 수는 전체 여학생 수의 40%이다.

② 학생들의 평균 독서량은 7권이다.

③ 남학생이거나 독서량이 5권 이상인 학생 수는 전체 학생 수의 70% 이상이다.

④ 독서량이 3권 이상인 학생 중 여학생 비율은 전체 학생 중 남학생 비율의 2배 이상이다.

56 다음은 검찰의 국가소송 사건 수에 관한 자료이다. ㉠, ㉡에 들어갈 알맞은 수를 순서대로 짝 지은 것은?

<국가소송 사건 수>

(단위 : 건)

구 분	2016년	2017년	2018년	2019년	2020년
접수 건수	9,929	10,086	10,887	11,891	13,412
처리 건수	4,140	3,637	3,120	3,373	3,560
승소 건수	㉠	1,440	1,170	1,477	1,623
승소율(%)	35.0	39.6	㉡	43.8	45.6
패소 건수	635	565	514	522	586
패소율(%)	15.3	15.5	16.5	15.5	16.5

① 1,449, 37.5
② 3,476, 10.7
③ 1,439, 34.8
④ 3,375, 11.8

57 일정한 규칙으로 수를 나열할 때, 빈칸에 들어갈 알맞은 수는?

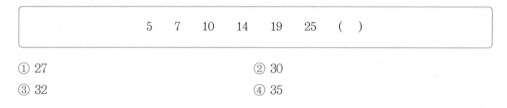

5   7   10   14   19   25   ( )

① 27
② 30
③ 32
④ 35

58 일정한 규칙으로 수를 나열할 때, 빈칸에 들어갈 알맞은 수는?

1   4   8   11   22   25   ( )

① 36
② 42
③ 46
④ 50

59 다음은 세계 주요 터널 화재 사고 A ~ F에 관한 자료이다. 이에 대한 설명으로 옳은 것은?

〈세계 주요 터널 화재 사고 통계〉

사 고	터널 길이(km)	화재 규모(MW)	복구 비용(억 원)	복구 기간(개월)	사망자(명)
A	50.5	350	4,200	6	1
B	11.6	40	3,276	36	39
C	6.4	120	72	3	12
D	16.9	150	312	2	11
E	0.2	100	570	10	192
F	1.0	20	18	8	0

※ (사고 비용)＝(복구 비용)＋(사망자)×5(억 원/명)

① 터널 길이가 길수록 사망자가 많다.
② 화재 규모가 클수록 복구 기간이 길다.
③ 사고 A를 제외하면 복구 기간이 길수록 복구비용이 크다.
④ 사망자가 30명 이상인 사고를 제외하면 화재 규모가 클수록 복구 비용이 크다.

60 다음은 A 회사 신입사원 35명에 대한 근무태도 및 보고서를 점수화한 표이다. 보고서 점수가 2점 이하인 신입사원은 15명이고, 근무태도가 4점 이상인 신입사원은 17명일 때, ㉠, ㉡, ㉢의 합은?

〈A 회사 신입사원 근무태도 및 보고서 점수〉

(단위 : 명)

보고서 \ 근무태도	1	2	3	4	5
1	–	2	1	2	3
2	–	–	4	㉡	2
3	2	㉠	–	㉢	–
4	1	1	3	1	–
5	–	3	–	–	–

① 9명
② 10명
③ 11명
④ 12명

61 다음은 2020년 G시 5개 구 주민의 돼지고기 소비량에 관한 자료이다. 〈조건〉을 이용하여 변동계수(%)가 3번째로 큰 구를 올바르게 구한 것은?

〈5개 구 주민의 돼지고기 소비량 통계〉

(단위 : kg)

구 분	평균(1인당 소비량)	표준편차
A	( )	5.0
B	( )	4.0
C	30.0	6.0
D	12.0	4.0
E	( )	8.0

※ (변동계수)$=\dfrac{(표준편차)}{(평균)}\times100$

조건
- A구의 1인당 소비량과 B구의 1인당 소비량을 합하면 C구의 1인당 소비량과 같다.
- A구의 1인당 소비량과 D구의 1인당 소비량을 합하면 E구 1인당 소비량의 2배와 같다.
- E구의 1인당 소비량은 B구의 1인당 소비량보다 6.0kg 더 많다.

① A구 ② B구
③ C구 ④ D구

62 하늘이는 전역 후 푸드 트럭을 운영하기로 계획 중이다. 하늘이가 다음 표를 통해 푸드 트럭 메뉴를 한 가지로 선정한다면, 어떤 메뉴로 선택할 것인가?(단, 하늘이는 이윤을 추구함)

메 뉴	월간 판매량(개)	생산 단가(원)	판매 가격(원)
핫 바	500	3,500	4,000
샌드위치	300	5,500	6,000
컵 밥	400	4,000	5,000
햄버거	200	6,000	7,000

① 핫바 ② 샌드위치
③ 햄버거 ④ 컵밥

63 A 부대 2대대 3소대에서 올해 상반기 사격을 진행했다. 3소대는 총 15명이고, 3소대의 사격점수 전체 평균이 72점이다. 평균 50점과 평균 60점을 기록한 용사(병사) 수가 같다고 할 때, 60점을 기록한 용사의 수는?

〈3소대 상반기 사격 평균점수 현황〉

(단위 : 명)

구 분	50점	60점	70점	80점	90점	100점
인 원	( )	( )	5	4	( )	1

① 1명
② 2명
③ 3명
④ 4명

64 다음은 도시와 다른 도시 간의 인구이동량과 거리를 나타낸 것이다. 인구가 많은 도시부터 적은 도시 순으로 바르게 나열한 것은?

〈도시 간 인구이동량과 거리〉

(단위 : 천 명, km)

도시 간	인구이동량	거 리
A ↔ B	60	2
A ↔ C	30	4.5
A ↔ D	25	7.5
A ↔ E	55	4

※ (두 도시의 인구이동량) = $\dfrac{k \times (\text{두 도시 인구의 곱})}{(\text{두 도시 간의 거리})}$ (단, k는 양의 상수)

① B － C － D － E
② D － C － E － B
③ D － E － C － B
④ E － D － C － B

65 K 부대 수송대대는 체육대회에서 4개의 팀으로 나누어 철봉에 오래 매달리기 시합을 하였다. 각 팀별 기록에 대한 정보가 다음과 같을 때, A팀 4번 선수와 B팀 2번 선수 기록의 평균은?

〈팀별 철봉 오래 매달리기 기록〉

(단위 : 초)

구 분	1번 선수	2번 선수	3번 선수	4번 선수	5번 선수
A팀	32	46	42	( )	42
B팀	48	( )	36	53	55
C팀	51	30	46	45	53
D팀	36	50	40	52	42

〈정 보〉

• C팀의 평균은 A팀보다 3초 길다.
• D팀의 평균은 B팀보다 2초 짧다.

① 40초
② 41초
③ 42초
④ 43초

66 출장을 가는 K 대위는 14시에 출발하는 KTX를 타기 위해 12시 30분에 역에 도착하였다. K 대위은 남은 시간을 이용하여 음식을 포장해오려고 한다. 역에서 음식점까지의 거리는 아래와 같으며, 음식을 포장하는 데 15분이 걸린다고 한다. K 대위가 시속 3km로 걸어서 갔다 올 때, 구입할 수 있는 음식의 종류는?(단, 시간은 24시 기준으로 함)

음식점	G 김밥	P 빵집	N 버거	M 만두	B 도시락
거 리	2km	1.9km	1.8km	1.95km	1.7km

① 김밥, 빵
② 김밥, 햄버거
③ 빵, 만두
④ 햄버거, 도시락

67 다음은 K 자동차 회사의 고객만족도 조사결과이다. 출고 시기와 관계없이 전체 조사대상자 중에서 260명이 연비를 장점으로 선택했다면, 이 설문에 응한 총 고객 수는?

(단위 : %)

구 분	1～12개월 (출고 시기별)	13～24개월 (출고 시기별)	고객 평균
안전성	41	48	45
A/S의 신속성	19	17	18
정숙성	2	1	1
연 비	15	11	13
색 상	11	10	10
주행 편의성	11	9	10
차량 옵션	1	4	3
합 계	100	100	100

① 2,000명
② 2,500명
③ 3,000명
④ 3,500명

68 민정이는 가족들과 레스토랑에서 외식을 계획 중이며, 레스토랑에서 보다 할인된 가격 혜택을 받기 위해서 통신사별 멤버십 혜택을 정리하였다. A～D 레스토랑에 대한 (가)～(다) 통신사의 혜택이 아래와 같을 때, 다음의 각 상황에서 가장 비용이 저렴한 경우는?

〈통신사별 멤버십 혜택〉

구 분	(가) 통신사	(나) 통신사	(다) 통신사
A 레스토랑	1,000원당 100원 할인	15% 할인	15% 할인
B 레스토랑	15% 할인	20% 할인	－
C 레스토랑	20% 할인 (VIP의 경우 30% 할인)	1,000원당 200원 할인	30% 할인
D 레스토랑	－	10% 할인 (VIP의 경우 20% 할인)	1,000원당 100원 할인

① A 레스토랑에서 14만 3천 원의 금액을 사용하고, (다) 통신사의 할인을 받는다.
② B 레스토랑에서 16만 5천 원의 금액을 사용하고, (나) 통신사의 할인을 받는다.
③ C 레스토랑에서 16만 4천 원의 금액을 사용하고, (가) 통신사의 VIP 할인을 받는다.
④ D 레스토랑에서 15만 4천 원의 금액을 사용하고, (나) 통신사의 VIP 할인을 받는다.

69 어느 지역의 배추 유통과정은 다음과 같다. 소비자가 소매상으로부터 배추를 구입하였을 때의 가격이, 협동조합이 산지에서 구입하였을 때의 가격 대비 상승률로 옳은 것은?

판매처	구매처	판매가격
산 지	협동조합	재배 원가에 10% 이윤을 붙임
협동조합	도매상	산지에서 구매한 가격에 20% 이윤을 붙임
도매상	소매상	협동조합으로부터 구매 가격이 판매가의 80%
소매상	소비자	도매상으로부터 구매 가격에 20% 이윤을 붙임

① 20%
② 40%
③ 60%
④ 80%

70 다음은 어느 도시의 버스노선 변동사항에 관한 자료이다. 〈보기〉를 참고하여 A, B, C, D에 들어갈 노선을 바르게 짝 지은 것은?

〈버스노선 변동사항〉

구 분	기존 요금	변동 요금	노선 변동사항
A	1,800원	2,100원	–
B	2,400원	2,400원	–
C	1,600원	1,800원	연장운행
D	2,100원	2,600원	–

> **보기**
> • 노선 A, B, C, D는 6, 42, 2000, 3100번 중 하나이다.
> • 변동 후 요금이 가장 비싼 노선은 2000번이다.
> • 요금 변동이 없는 노선은 42번이다.
> • 연장운행을 하기로 결정한 노선은 6번이다.

	A	B	C	D
①	6	42	2000	3100
②	6	42	3100	200
③	3100	6	42	2000
④	3100	42	6	2000

71 다음은 2014년부터 2021년까지 문화재의 국외 전시 반출을 허가한 현황을 정리한 자료이다. 자료를 통해 추론할 수 있는 내용으로 적절한 것은?

〈문화재 국외 전시 반출 허가 현황〉

(단위 : 점, 회)

구 분		2014년	2015년	2016년	2017년	2018년	2019년	2020년	2021년
국외 전시 반출 허가	합 계	924	330	1,414	1,325	749	1,442	1,324	1,124
	지정문화재	22	15	15	14	16	12	46	9
	- 국 보	18	5	2	3	4	3	12	3
	- 보 물	3	10	13	11	12	9	34	6
	- 시·도	1	–	–	–	–	–	–	0
	일반 동산 문화재	902	315	1,399	1,311	733	1,430	1,278	1,115
전시 횟수		18	10	28	24	9	21	20	23

① 2015년부터 2019년까지 문화재의 국외 전시 반출 허가 횟수는 지속해서 증가하였다.

② 일반 동산 문화재의 반출 허가 횟수는 2016년에 가장 많았다.

③ 평균적으로 한 번의 전시당 문화재 반출 허가 횟수가 가장 많은 해는 2018년이다.

④ 국보의 반출 허가 횟수가 가장 많은 해의 지정 문화재는 46점에 대해 반출 허가가 승인되었다.

72 다음은 게임산업의 국가별 수출·수입액 현황에 대한 자료이다. 2020년 전체 수출액 중 가장 높은 비중을 차지하는 지역의 수출액 비중과, 2020년 전체 수입액 중 가장 높은 비중을 차지하는 지역의 수입액 비중의 차는 몇 %인가?(단, 각 비중은 소수점 이하 둘째 자리에서 반올림함)

〈게임산업 국가별 수출·수입액 현황〉

(단위 : 천 달러)

구 분		A국	B국	C국	D국	E국	기 타	합 계
수출액	2018년	986	6,766	3,694	2,826	6,434	276	20,982
	2019년	1,241	7,015	4,871	3,947	8,054	434	25,562
	2020년	1,492	8,165	5,205	4,208	9,742	542	29,354
수입액	2018년	118	6,388	–	348	105	119	7,078
	2019년	112	6,014	–	350	151	198	6,825
	2020년	111	6,002	–	334	141	127	6,715

① 52.2%

② 53.4%

③ 54.6%

④ 56.2%

73 다음은 A 프랜차이즈의 지역별 가맹점 수와 결제 실적에 대한 자료이다. 자료에 대한 설명으로 옳지 않은 것은?

〈A 프랜차이즈의 지역별 가맹점 수, 결제 건수 및 결제 금액〉

(단위 : 개, 건, 만 원)

지역 \ 구분		가맹점 수	결제 건수	결제 금액
서울		1,269	142,248	241,442
6대 광역시	부산	34	3,082	7,639
	대구	8	291	2,431
	인천	20	1,317	2,548
	광주	8	306	793
	대전	13	874	1,811
	울산	11	205	635
전체		1,363	148,323	257,299

〈A 프랜차이즈의 가맹점 규모별 결제 건수 및 결제 금액〉

(단위 : 건, 만 원)

가맹점 규모 \ 구분	결제 건수	결제 금액
소규모	143,565	250,390
중규모	3,476	4,426
대규모	1,282	2,483
전체	148,323	257,299

① 서울 지역 소규모 가맹점의 결제 건수는 137,000건 이하이다.

② 6대 광역시 가맹점의 결제 건수 합은 6,000건 이상이다.

③ 결제 건수 대비 결제 금액을 가맹점 규모별로 비교할 때 가장 작은 가맹점 규모는 중규모이다.

④ 전체 가맹점 수에서 서울 지역 가맹점 수 비중은 90% 이상이다.

74 다음은 주요 국가의 연도별 이산화탄소 배출량을 조사하여 나타낸 자료이다. 이에 대한 설명으로 옳지 않은 것은?

〈주요 국가의 연도별 이산화탄소 배출량〉

(단위 : 백만 톤)

구 분	2015년	2016년	2017년	2018년	2019년	2020년
한 국	469.1	476.6	490.3	501.7	515.5	562.92
중 국	5,062.4	5,602.9	6,028.4	6,506.8	6,800.7	7,126.0
인 도	1,164.8	1,256.3	1,361.9	1,438.5	1,564.0	1,625.8
이 란	421.6	455.0	488.4	497.7	513.9	509.0
일 본	1,220.7	1,205.0	1,242.3	1,154.3	1,095.7	1,143.1
캐나다	559.4	544.1	568.5	550.5	525.5	536.6
미 국	5,771.7	5,684.9	5,762.7	5,586.8	5,184.8	5,368.6
프랑스	388.4	379.6	373.1	370.2	351.4	357.8
독 일	809.0	820.9	796.3	800.1	747.1	761.6
러시아	1,516.2	1,579.8	1,578.5	1,593.4	1,520.4	1,581.4
영 국	533.0	534.7	522.9	512.8	465.5	483.5

① 2020년 이산화탄소 배출량이 가장 많은 국가는 중국이며, 2020년 중국의 이산화탄소 배출량은 이란의 이산화탄소 배출량의 14배이다.

② 2015년 대비 2020년 한국의 이산화탄소 배출량의 증가율은 10%이다.

③ 영국의 2016년과 2020년 이산화탄소 배출량 차이는 일본의 2016년과 2020년 이산화탄소 배출량 차이보다 작다.

④ 2018년 이산화탄소 배출량이 많았던 5개 국가를 순서대로 나열하면, 중국, 미국, 러시아, 인도, 일본 순이다.

75 다음은 2019년 9개 국가의 실질세 부담률에 대한 자료이다. 〈조건〉에 근거하여 (가) ~ (마)에 해당하는 국가를 옳게 나열한 것은?

〈2019년 국가별 실질세 부담률〉

구분 국가		독신 가구 실질세 부담률(%)		다자녀 가구 실질세 부담률(%p)	독신 가구와 다자녀 가구의 실질세 부담률 차이(%p)
		2009년 대비 증감(%p)	전년 대비 증감(%p)		
(가)	55.3	−0.20	−0.28	40.5	14.8
일 본	32.2	4.49	0.26	26.8	5.4
(나)	39.0	−2.00	−1.27	38.1	0.9
(다)	42.1	5.26	0.86	30.7	11.4
한 국	21.9	4.59	0.19	19.6	2.3
(라)	31.6	−0.23	0.05	18.8	12.8
멕시코	19.7	4.98	0.20	19.7	0.0
(마)	39.6	0.59	−1.16	33.8	5.8
덴마크	36.4	−2.36	0.21	26.0	10.4

조건

• 2019년 독신 가구와 다자녀 가구의 실질세 부담률 차이가 덴마크보다 큰 국가는 캐나다, 벨기에, 포르투갈이다.
• 2019년 독신 가구 실질세 부담률이 전년 대비 감소한 국가는 벨기에, 그리스, 스페인이다.
• 스페인의 2019년 독신 가구 실질세 부담률은 그리스의 2019년 독신 가구 실질세 부담률보다 높다.
• 2009년 대비 2019년 독신 가구 실질세 부담률이 가장 큰 폭으로 증가한 국가는 포르투갈이다.

	(가)	(나)	(다)	(라)	(마)
①	캐나다	그리스	포르투갈	스페인	벨기에
②	벨기에	스페인	캐나다	포르투갈	그리스
③	캐나다	스페인	그리스	포르투갈	벨기에
④	벨기에	그리스	포르투갈	캐나다	스페인

01 어떤 그룹에 속해 있는 사람들의 던지기 기록을 다음과 같이 도수분포다각형으로 나타냈을 때, 30m 이상 40m 미만을 던진 사람은 모두 몇 명인가?

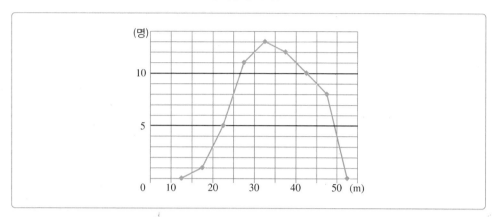

① 13명   ② 20명

③ 25명   ④ 30명

02 다음 두 그래프는 모두 참전유공자 현황을 나타내고 있다. 다음 〈보기〉 중에서 아래 자료를 통해 내릴 수 있는 결론을 모두 고른 것은?

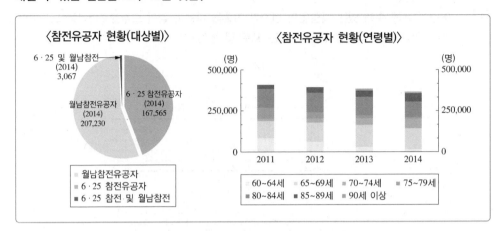

〈참전유공자 현황(대상별)〉

6 · 25 및 월남참전
(2014)
3,067

월남참전유공자
(2014)
207,230

6 · 25 참전유공자
(2014)
167,565

□ 월남참전유공자
▪ 6 · 25 참전유공자
▪ 6 · 25 참전 및 월남참전

〈참전유공자 현황(연령별)〉

| □ 60~64세 | ▪ 65~69세 | ▪ 70~74세 | ▪ 75~79세 |
| ▪ 80~84세 | ▪ 85~89세 | ▪ 90세 이상 | |

보기

가. 2014년에 6 · 25 전쟁과 월남전에 모두 참전한 유공자의 수는 전체의 1.5%가 넘는다.

나. 65 ~ 74세에 해당하는 참전유공자의 비율이 매년 증가하고 있다.

다. 2014년 기준 월남전 참전유공자 중 80 ~ 84세의 연령이 가장 많다.

① 가

② 나

③ 다

④ 가, 다

03 다음은 글로벌 e-스포츠 시장의 규모와 구성비에 대한 자료이다. 자료에 대한 설명으로 옳지 않은 것은 무엇인가?

〈표〉 글로벌 e-스포츠 시장 규모

(단위 : 백만 달러)

구 분	북 미	유 럽	아시아	기타 지역
2019년	143	72	374	24
2020년	275	269	328	19

〈그림〉 2020년 글로벌 e-스포츠 시장 규모의 구성비

9%
7%
4%
4%
2%
74%

- 상금
- 베팅
- 아마추어 토너먼트
- 티켓 판매
- 상품 판매
- 스폰서 및 광고수입

① 2020년 기준 글로벌 e-스포츠 시장 규모는 2019년 시장 규모 대비 45.3% 이상 크게 상승한 수치이다.

② 2020년 기준 글로벌 e-스포츠 시장 규모를 지역별로 비교해보면 유럽 시장 규모가 2019년도에 비해 가장 크게 상승했고, 아시아 및 기타 지역의 시장 규모는 다소 침체된 것으로 나타난다.

③ 2020년 기준 전체 e-스포츠 시장 규모에서 차지하는 비중이 가장 높은 것은 상금이며, 전체의 74%인 약 6억 6,000만 달러 규모이다.

④ 아시아는 e-스포츠 시장 규모가 세계에서 가장 큰 지역인 동시에, 2020년이 2019년도에 비해 가장 큰 감소율을 보이는 지역이기도 하다.

[04~05] 다음은 학교 수, 학생 수, 교원 수에 관한 자료이다. 이어지는 물음에 답하시오.

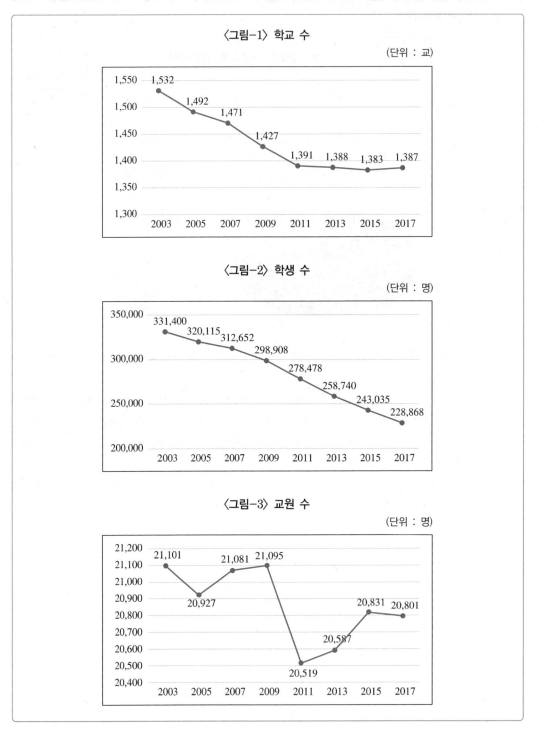

〈그림-1〉 학교 수

(단위 : 교)

〈그림-2〉 학생 수

(단위 : 명)

〈그림-3〉 교원 수

(단위 : 명)

04 다음 그림에 대한 설명으로 옳지 않은 것은?

① 2003년 대비 2017년 감소율이 가장 낮은 것은 교원 수이다.
② 조사 기간 동안 교원 1인당 학생 수는 감소하고 있다.
③ 학생 수는 매년 평균 1만 명 이상 감소하고 있다.
④ 학교당 평균 학생 수는 2017년보다 2003년이 더 많다.

05 다음 중 '학교 수'가 가장 많이 감소한 기간은?

① 2003 ~ 2005년   ② 2007 ~ 2009년
③ 2009 ~ 2011년   ④ 2013 ~ 2015년

06 다음은 A국의 2020년도 연령별 인구 현황을 나타낸 그래프이다. 다음 그래프를 볼 때, 각 연령대를 기준으로 남성 인구가 40% 이하인 연령대 ㉠과 여성 인구가 50%를 초과한 연령대 ㉡을 옳게 나열한 것은?

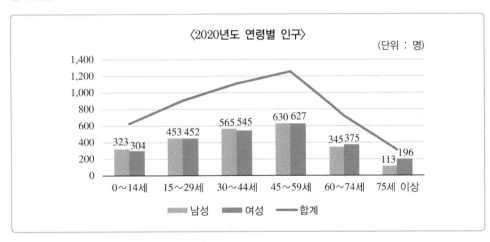

	㉠	㉡
①	0 ~ 14세	15 ~ 29세
②	75세 이상	15 ~ 29세
③	45 ~ 59세	60 ~ 74세
④	75세 이상	60 ~ 74세

[07~08] 다음은 물놀이 사고 원인별 자료이다. 이어지는 물음에 답하시오.

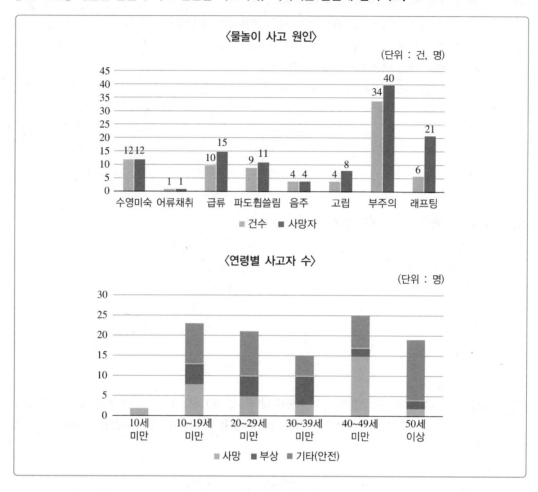

07 물놀이 사고 발생 건수 대비 사망자 수가 가장 많은 사고 유형은?

① 급류
② 고립
③ 부주의
④ 래프팅

08 다음 설명 중 옳지 않은 것은?

① 물놀이 사고 1건당 사망자 수는 1.4명이다.
② 사고자가 가장 많이 발생하는 연령층은 40대이다.
③ 40세 이상 사망자 수가 39세 이하 사망자 수보다 많다.
④ 사고 발생 건수 및 사망자 수가 가장 많이 발생하는 원인은 '부주의'이다.

09 다음 그림은 어느 중학교 1학년 남학생의 몸무게(실선)와 여학생의 몸무게(점선)를 도수분포다각형으로 나타낸 것이다. 다음 〈보기〉의 설명 중 옳은 것을 모두 고르면?(단, 그림에서 각 계급 구간은 왼쪽 끝 점은 포함하고 오른쪽 끝 점은 포함하지 않음)

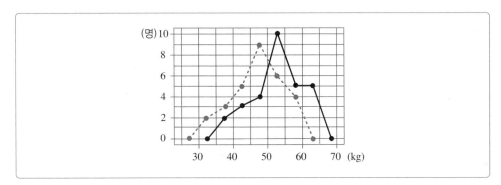

공간능력 지각속도 언어논리 자료해석

보기

㉠ 남학생 수와 여학생 수는 같다.

㉡ 남학생이 여학생보다 무거운 편이다.

㉢ 가장 무거운 학생은 여학생 중에 있다.

㉣ 몸무게가 40kg 이상 ~ 55kg 미만인 학생은 여학생보다 남학생이 더 많다.

① ㉠, ㉡ ② ㉠, ㉢

③ ㉡, ㉢ ④ ㉢, ㉣

10 다음은 학생들의 참여 동아리 유형에 대한 그래프이다. 이에 대한 설명으로 옳은 것은?

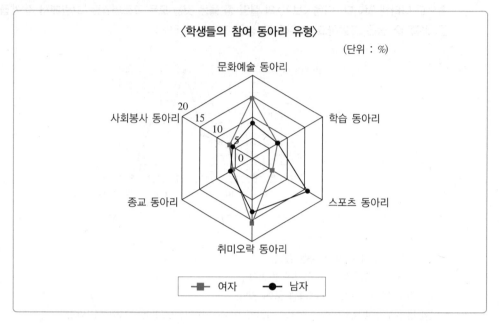

① 남학생들은 스포츠 동아리에, 여학생들은 문화예술 동아리에 가장 많이 참여하는 것으로 보인다.

② 스포츠 동아리에 참여하는 남학생은 동아리에 참여하는 전체 남학생의 15% 이상이다.

③ 종교 동아리에 참여하는 여학생은 취미오락 동아리에 참여하는 여학생보다 약 3배 많다.

④ 학습 동아리에 참여하는 남학생은 스포츠 동아리에 참여하는 남학생보다 약 2배 많다.

11 다음 성별에 따른 사망 원인의 순위를 나타낸 그래프의 해석 중 옳지 않은 것은?

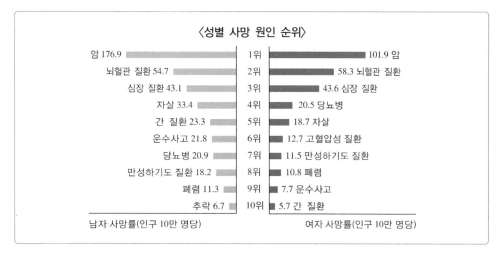

① 남녀 모두 암이 가장 높은 순위의 사망 원인이다.
② 암으로 사망할 확률은 남성이 여성보다 높다.
③ 뇌혈관 질환으로 사망할 확률은 남성이 여성보다 높다.
④ 간 질환은 여성보다 남성에게 더 높은 순위의 사망 원인이다.

12 다음은 2015년 지하수 관측현황과 연도별 지하수 주요 관측지표에 관한 자료이다. 이에 대한 〈보기〉의 설명 중 옳은 것을 모두 고른 것은?

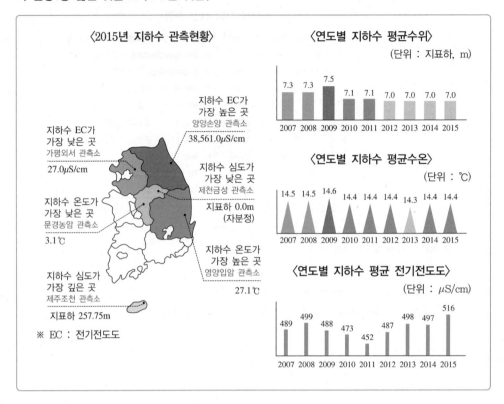

보기

㉠ 지하수 평균수위는 2012년부터 2015년까지 변동이 없었다.
㉡ 2015년 지하수 온도가 가장 높은 곳과 평균수온의 차이는 12.7℃이다.
㉢ 2015년 지하수 전기전도도가 가장 높은 곳은 평균 전기전도도의 76배 이상이다.

① ㉠, ㉡
② ㉠, ㉢
③ ㉡, ㉢
④ ㉠, ㉡, ㉢

13 다음은 A, B 두 국가의 지니계수에 관한 그래프이다. 다음 설명 중 옳은 것은?

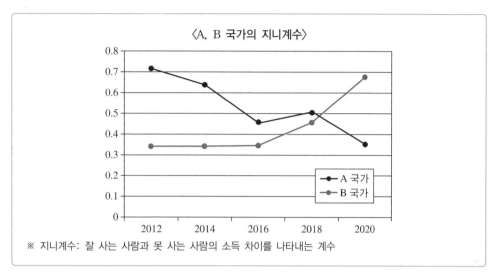

〈A, B 국가의 지니계수〉

※ 지니계수: 잘 사는 사람과 못 사는 사람의 소득 차이를 나타내는 계수

① 2012년에 B 국가는 A 국가보다 빈부 격차가 크다.
② A 국가는 소득분배가 불평등해지는 추세이다.
③ 2016년에 B 국가는 A 국가보다 계층 간 소득 차가 적었다.
④ 두 국가의 지니계수 차가 가장 작은 해는 2016년이다.

14 다음은 2020년 A 국가의 LPCD(Liter Per Capita Day)에 관한 자료이다. 1인 1일 사용량에서 영업용 사용량이 차지하는 비중과 1인 1일 가정용 사용량 중 하위 두 항목이 차지하는 비중을 순서대로 바르게 나열한 것은?(단, 소수점 이하 셋째 자리에서 반올림함)

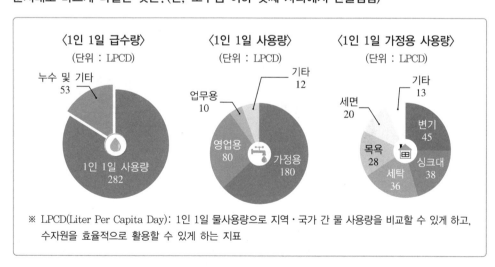

〈1인 1일 급수량〉
(단위 : LPCD)

누수 및 기타 53
1인 1일 사용량 282

〈1인 1일 사용량〉
(단위 : LPCD)

기타 12
업무용 10
영업용 80
가정용 180

〈1인 1일 가정용 사용량〉
(단위 : LPCD)

기타 13
세면 20
목욕 28
세탁 36
변기 45
싱크대 38

※ LPCD(Liter Per Capita Day): 1인 1일 물사용량으로 지역·국가 간 물 사용량을 비교할 수 있게 하고, 수자원을 효율적으로 활용할 수 있게 하는 지표

① 27.57%, 16.25%
② 27.91%, 19.24%
③ 28.37%, 18.33%
④ 29.72%, 19.24%

15 다음은 국토교통부에서 조사한 연도별 신 주택보급률에 관한 자료이다. 이에 대한 설명으로 옳은 것은?

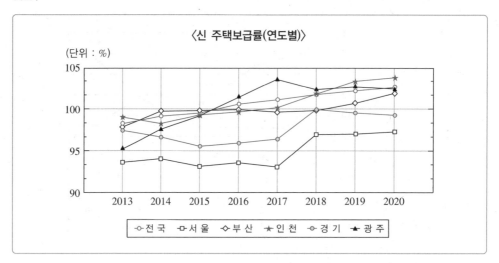

① 지속적인 주택 공급으로 인해 주택 수는 꾸준히 늘어나고 있다.
② 매년 신 주택보급률이 가장 낮은 지역은 서울이다.
③ 2017년 신 주택보급률이 가장 높았던 지역은 인천이다.
④ 모든 지역의 신 주택보급률은 점점 증가세를 보이고 있다.

16 다음 그래프 〈A〉와 〈B〉는 각각 외국인 근로자의 출신 국가 비율과 직업군 비율을 나타낸 것이다. 이에 대한 설명으로 옳지 않은 것은?

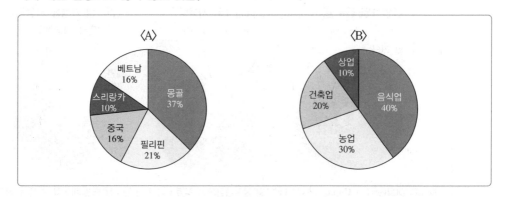

① 스리랑카 출신 외국인 근로자의 비율이 가장 낮다.
② 필리핀 근로자의 직업 중 두 번째로 높은 비율을 차지하는 것은 농업이다.
③ 필리핀 근로자 수는 베트남 근로자 수보다 많다.
④ 외국인 근로자가 가장 많이 종사하는 직종은 음식업이다.

17 다음은 2020년 5월의 A 지역 주택건설실적에 관한 자료이다. 이에 대한 설명으로 옳지 않은 것은?

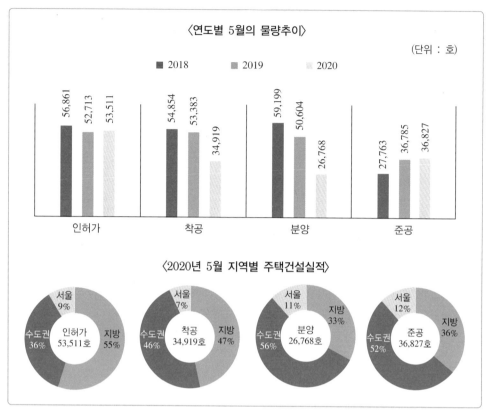

① 2020년 5월 분양 실적은 작년 동월 분양 실적보다 약 47.1% 감소하였다.

② 2020년 5월 지방의 인허가 실적은 약 29,431호이다.

③ 2020년 5월 지방의 준공 호수는 착공 호수보다 많다.

④ 전체 인허가 호수 대비 전체 준공 호수의 비중은 2019년 5월이 가장 컸다.

18 다음은 개인정보 침해신고 상담 건수에 관한 자료이다. 이에 대한 설명으로 옳은 것은?

① 전년 대비 개인정보 침해신고 상담 건수의 증가량이 가장 많았던 해는 2019년으로 2018년보다 67,383건 증가하였다.

② 2018년 개인정보 침해신고 상담 건수는 전년 대비 약 45.9% 증가하였다.

③ 개인정보 침해신고 상담 건수는 지속적으로 증가하고 있다.

④ 2019년 개인정보 침해신고 상담 건수는 2011년 상담 건수의 10배를 초과했다.

19 다음은 2006 ~ 2015년 물이용부담금 총액에 관한 자료이다. 이에 대한 〈보기〉의 설명 중 옳지 않은 내용을 모두 고른 것은?

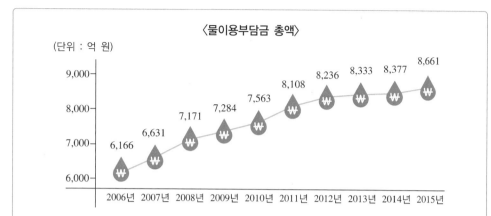

〈물이용부담금 총액〉

(단위 : 억 원)

※ 상수원 상류지역에서의 수질개선 및 주민지원 사업을 효율적으로 추진하기 위한 재원 마련을 위해 최종수요자에게 물 사용량에 비례하여 물이용부담금 부과
※ 한강, 낙동강, 영·섬유역의 물이용부담금 단가는 170원/m³, 금강유역은 160원/m³

보기

㉠ 물이용부담금 총액은 지속적으로 증가하는 추세를 보이고 있다.
㉡ 2007 ~ 2015년 중 물이용부담금 총액이 전년과 비교할 때 가장 많이 증가한 해는 2008년이다.
㉢ 2015년 물이용부담금 총액에서 금강유역 물이용부담금 총액이 차지하는 비중이 20%라면, 2015년 금강유역에서 사용한 물의 양은 약 10.83억m³이다.
㉣ 2015년 물이용부담금 총액은 전년 대비 약 3.2% 이상 증가했다.

① ㉠
② ㉡
③ ㉢
④ ㉠, ㉣

20 다음은 학교급별 사교육 참여 실태를 조사한 자료이다. 이에 대한 설명으로 옳지 않은 것은?

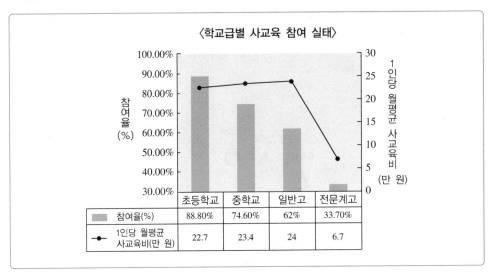

〈학교급별 사교육 참여 실태〉

	초등학교	중학교	일반고	전문계고
참여율(%)	88.80%	74.60%	62%	33.70%
1인당 월평균 사교육비(만 원)	22.7	23.4	24	6.7

① 전문계고 학생 1인당 월평균 사교육비는 6만 7천 원이다.

② 1인당 월평균 사교육비는 일반고 학생이 가장 많다.

③ 초등학생 200명당 170명 이상이 사교육을 받는다.

④ 사교육을 받는 중학생의 수는 사교육을 받는 고등학생의 수보다 많다.

21 다음은 J 시의 학부모를 대상으로 자녀 유학에 관한 견해를 설문 조사한 결과이다. 조사 대상이 1,500명이라고 할 때, '외국의 학력을 더 인정하는 풍토 때문'이라고 답변한 학부모 수와 '외국어 습득에 용이'라고 답변한 학부모 수의 차는?(단, 소수점 이하는 버림)

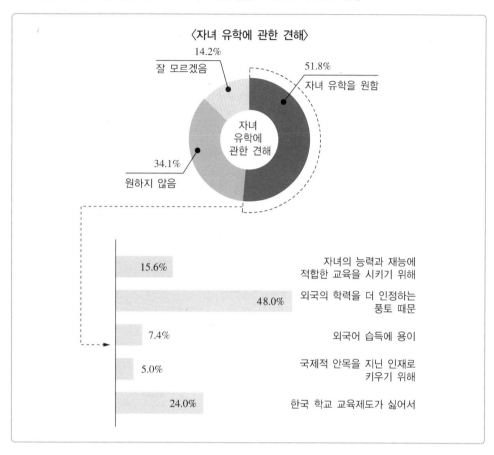

① 310명

② 315명

③ 320명

④ 325명

22 다음 자료를 바탕으로 가능한 해석과 추론으로 알맞은 것은?

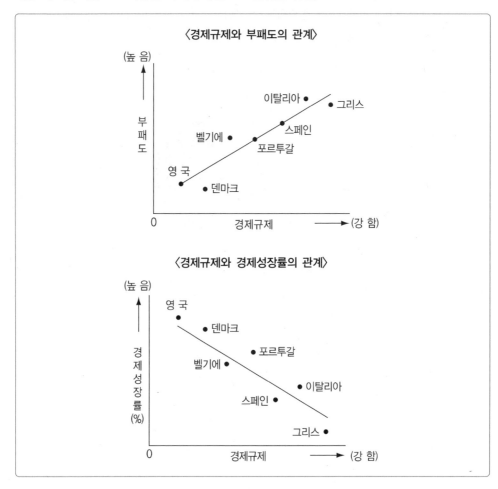

〈경제규제와 부패도의 관계〉

〈경제규제와 경제성장률의 관계〉

① 조사 대상 국가들을 보면 경제규제 수준은 부패도와 강한 양의 상관관계를 갖고 있다.

② 조사 대상 국가들의 부패도와 경제성장률은 강한 양의 상관관계를 보일 것이다.

③ 모든 정부는 경제에 규제를 가할수록 부패도를 향상시키고 경제성장률은 둔화시키므로, 경제에 대한 규제를 하지 말아야 한다.

④ 영국은 부패도가 가장 낮고 경제성장률은 가장 높다.

23 다음은 산업별 취업자 비중을 나타낸 것이다. 이에 대하여 옳지 않은 것은?

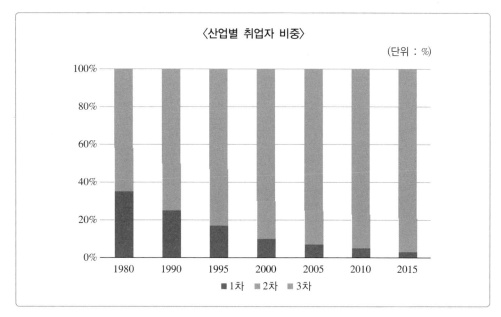

〈산업별 취업자 비중〉

(단위 : %)

① 1차 산업의 취업자는 감소하는 추세이다.

② 1990년 이후 3차 산업 취업자는 50%를 초과하고 있다.

③ 1980년 1차 산업 취업자는 2005년 대비 6배 이상이다.

④ 1980년 이후 3차 산업 취업자는 계속 증가하고 있다.

[24~25] 다음은 한 해 동안 어린이 교통사고 현황에 관한 그림이다. 이어지는 물음에 답하시오.

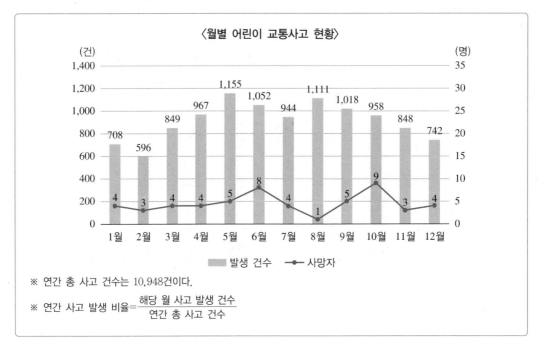

※ 연간 총 사고 건수는 10,948건이다.

※ 연간 사고 발생 비율 = $\dfrac{\text{해당 월 사고 발생 건수}}{\text{연간 총 사고 건수}}$

24 1년 중 사고 발생 건수가 가장 많은 월의 연간 사고 발생 비율은?(단, 소수 둘째 자리 이하는 버림)

① 9.3%
② 9.6%
③ 10.1%
④ 10.5%

25 사고 발생 건수 대비 사망자 수의 비율이 0.5% 이상인 월은 일 년 중 몇 번인가?

① 4번
② 5번
③ 6번
④ 7번

26 다음은 2020년과 2021년 교통사고 발생 건수, 부상자, 사망자에 관한 자료이다. 다음 중 옳은 것은?

① 2021년 발생 건수 당 사망률은 전년 대비 증가하였다.
② 2021년 사망자 수는 전년 대비 약 31.5% 감소하였다.
③ 2021년은 전년 대비 발생 건수, 부상자 수, 사망자 수가 감소하였다.
④ 사고 1건당 부상자 수는 2021년보다 2020년이 더 적다.

27 전체 구성원이 60명인 집단의 한 달간 운동 횟수를 나타낸 그래프이다. 21번째로 운동을 많이 한 학생의 운동 횟수는?

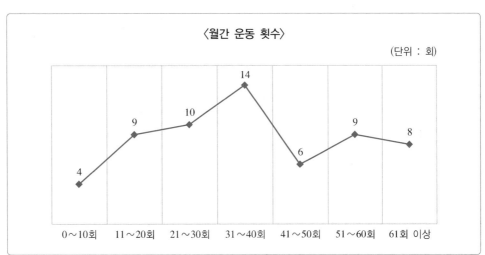

① 11 ~ 20회　　　　　　　　　② 21 ~ 30회
③ 31 ~ 40회　　　　　　　　　④ 41 ~ 50회

[28~29] 다음은 9개 기업의 매출액과 영업이익을 나타낸 표이다. 이어지는 물음에 답하시오.

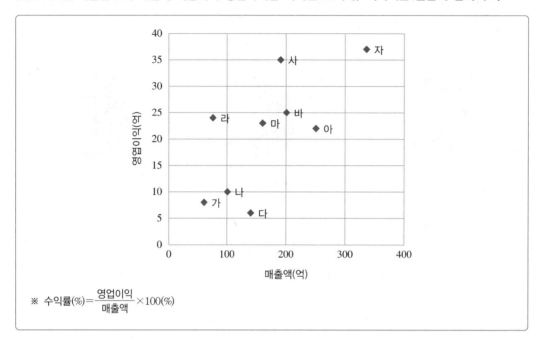

$$※ \ 수익률(\%) = \frac{영업이익}{매출액} \times 100(\%)$$

28 다음 설명 중 옳은 것은?

① '나' 기업과 '바' 기업의 수익률은 같다.

② 매출액과 영업이익이 가장 큰 회사는 '자' 기업이다.

③ 매출액 대비 가장 큰 수익률을 낸 기업은 '사' 기업이다.

④ 매출액이 200억 이상이거나 영업이익이 20억 이상인 기업 수는 5개다.

29 수익률이 10% 이하인 기업은 모두 몇 개인가?

① 1개   ② 2개

③ 3개   ④ 4개

30 다음은 전기·전자 업종의 매출성장률을 나타낸 것이다. 표의 내용을 추론한 것으로 옳은 것은?

① 2011년 총매출액이 가장 많다.
② 2018년에는 총매출액이 증가하였다.
③ 2014년과 2015년의 총매출액은 같다.
④ 10년 동안 총매출액이 감소한 해는 4번 있었다.

31 다음은 자동차 산업 동향에 대한 자료이다. 이에 대한 설명으로 옳지 않은 것은?

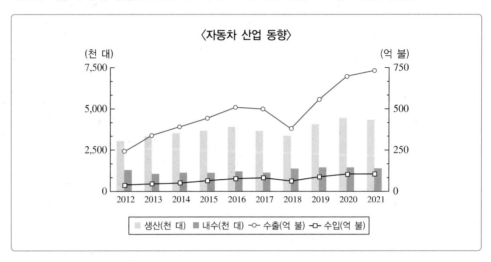

① 최대 수출실적을 기록한 2021년에는 국내 생산과 내수 판매가 2020년에 비해 상승하였다.

② 생산량이 가장 많았던 해는 2020년이다.

③ 2021년 수출금액은 2012년에 비해 약 2배 정도 상승하였다.

④ 국내 수입차 시장 규모는 대체로 증가하고 있다.

32 다음은 S사 직원 1,200명을 대상으로 통근현황을 조사한 자료이다. 도보 또는 버스만 이용하는 직원 중 25%의 통근시간이 30분 초과 45분 이하이다. 통근시간이 30분 초과 45분 이하인 인원에서 도보 또는 버스만 이용하는 직원 외에는 모두 자가용을 이용한다고 할 때, 이 인원이 자가용으로 출근하는 전체 인원에서 차지하는 비중은 얼마인가?(단, 비율은 소수점 이하 첫째 자리에서 반올림함)

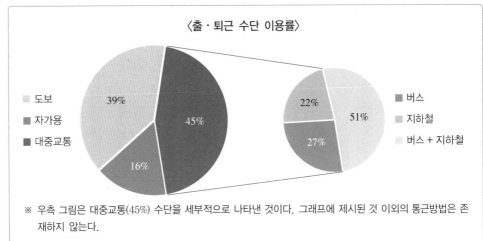

〈출·퇴근 수단 이용률〉

※ 우측 그림은 대중교통(45%) 수단을 세부적으로 나타낸 것이다. 그래프에 제시된 것 이외의 통근방법은 존재하지 않는다.

〈출근 시 통근시간〉

(단위 : 명)

구 분	30분 이하	30분 초과 ~ 45분 이하	45분 초과 ~ 1시간 이하	1시간 초과
인 원	210	260	570	160

① 55%

② 67%

③ 74%

④ 80%

33 다음은 시도별·계층별 노인돌봄서비스 이용자 수에 대한 자료이다. 이에 대한 설명으로 옳지 않은 것은?

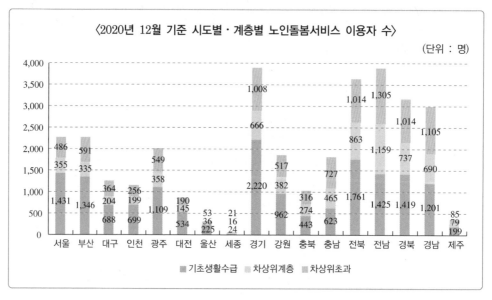

〈2020년 12월 기준 시도별·계층별 노인돌봄서비스 이용자 수〉
(단위 : 명)

① 노인돌봄서비스 이용자 수의 계층별 순위는 충남을 제외한 모든 지역이 같다.
② 수도권지역(서울, 경기, 인천)의 차상위계층 노인돌봄서비스 이용자 수 중 절반 이상이 경기지역의 이용자 수이다.
③ 호남지역(광주, 전북, 전남)의 경우 전체 노인돌봄서비스 이용자 수에서 기초생활수급자가 차지하는 비율은 약 45%이다.
④ 영남지역(부산, 대구, 울산, 경북, 경남)의 경우 전체 노인돌봄서비스 이용자 수에서 차상위계층과 차상위초과 이용자 수가 차지하는 비중은 50% 미만이다.

34 다음은 10년간 국내 의사와 간호사 인원 현황에 대한 자료이다. 자료에 대한 〈보기〉의 설명 중 옳은 것을 모두 고른 것은?(단, 비율은 소수점 이하 셋째 자리에서 버림)

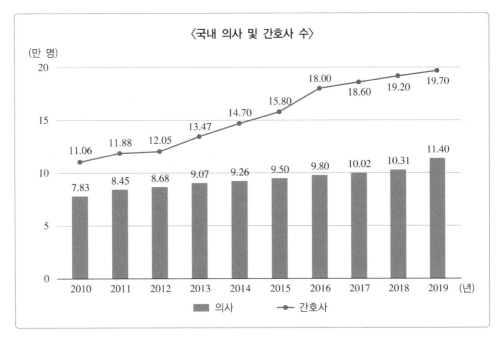

〈국내 의사 및 간호사 수〉

보기

㉠ 2017년 대비 2019년 의사 수의 증가율은 간호사 수의 증가율보다 5%p 이상 높다.
㉡ 2011 ~ 2019년 동안 전년 대비 의사 수 증가량이 2천 명 이하인 해의 의사와 간호사 수의 차는 5만 명 미만이다.
㉢ 2010 ~ 2014년 동안 의사 한 명당 간호사 수가 가장 많은 연도는 2014년이다.
㉣ 2013 ~ 2016년까지 간호사 수의 평균은 15만 명 이상이다.

① ㉠, ㉡
② ㉡, ㉢
③ ㉠, ㉡, ㉣
④ ㉠, ㉢, ㉣

35 다음은 2018 ~ 2019년 감염병 발생현황에 대한 자료이다. 이에 대한 내용으로 옳지 않은 것은?

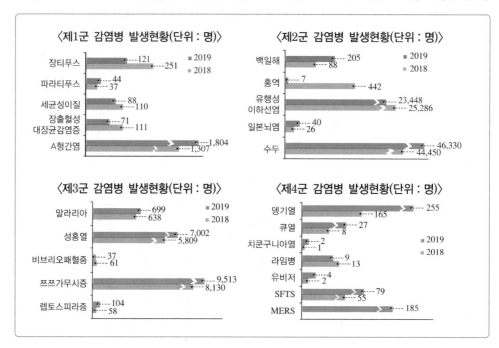

① 제1군 ~ 제4군 감염병 중 제2군 감염병만 2019년 전체 감염병 발생자 수가 전년 대비 감소하였다.

② 2019년 전체 제1군 감염병 발생자 수에서 A형간염 발생자 수가 차지하는 비중은 2018년보다 증가하였다.

③ 2019년 제2군 감염병 중 수두의 전년 대비 발생 증가율이 가장 높다.

④ MERS의 유입으로 인하여 2019년 제4군 감염병의 발생순위는 2018년과 동일하지 않다.

SD에듀의
지텔프 최강 라인업

1주일 만에 끝내는 지텔프 문법　　　**10회 만에 끝내는 지텔프 문법 모의고사**　　　**답이 보이는 지텔프 독해**

스피드 지텔프 레벨2　　　　　　**지텔프 Level.2 실전 모의고사**

SD에듀
한국사능력검정시험 대비 시리즈

한국사능력검정시험 기출문제집 시리즈

최신 기출문제 최다 수록!

>>>> 기출 분석 4단계 해설로 합격 완성, 기본서가 필요없는 상세한 해설!

- PASSCODE 한국사능력검정시험 기출문제집 800제 16회분 심화(1·2·3급)
- PASSCODE 한국사능력검정시험 기출문제집 400제 8회분 심화(1·2·3급)
- PASSCODE 한국사능력검정시험 기출문제집 800제 16회분 기본(4·5·6급)
- PASSCODE 한국사능력검정시험 기출문제집 400제 8회분 기본(4·5·6급)

한국사능력검정시험 합격 완성 시리즈

완벽하게 시험에 대비하는 마스터플랜!

>>>> 알짜 핵심 이론만 모은 한권으로 끝내기로 기본 개념 다지기!

>>>> 기출 빅데이터를 바탕으로 선별한 핵심 주제 50개를 담은 7일 완성과 다양한 문제 유형을 대비할 수 있는 시대별·유형별 307제로 단기 합격 공략!

- PASSCODE 한국사능력검정시험 한권으로 끝내기 심화(1·2·3급)
- PASSCODE 한국사능력검정시험 7일 완성 심화(1·2·3급)
- PASSCODE 한국사능력검정시험 시대별·유형별 기출 307제 심화(1·2·3급)

한국사능력검정시험 봉투 모의고사 시리즈

합격을 위한 최종 마무리!

>>>> 시험 직전, 모의고사를 통해 마지막 실력 점검!

- PASSCODE 한국사능력검정시험 봉투 모의고사 4회분 심화(1·2·3급)
- PASSCODE 한국사능력검정시험 봉투 모의고사 4회분 기본(4·5·6급)

2024

육·해·공군

ROTC/ 학사장교
고득점 단기완성

KIDA 간부선발도구
+ 고난도 문제

해설편

SD에듀
(주)시대고시기획

육·해·공군

ROTC
학사장교

고득점 단기완성

KIDA 간부선발도구 + 고난도 문제

유형 1 전개도 펼침

01	②	02	②	03	④	04	②	05	②
06	①	07	①	08	④	09	④	10	②
11	②	12	③	13	③	14	③	15	①
16	④	17	②	18	③	19	①	20	①
21	①	22	②	23	④	24	④	25	③
26	③	27	③	28	②	29	①	30	②
31	②	32	①	33	③	34	②	35	①
36	④

01 정답 ②

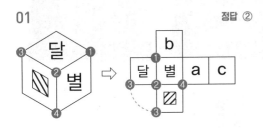

02 정답 ②

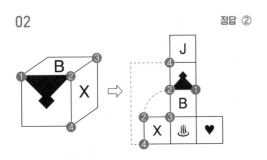

03 정답 ④

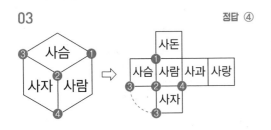

04 정답 ②

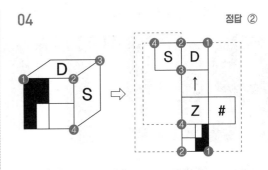

05 정답 ②

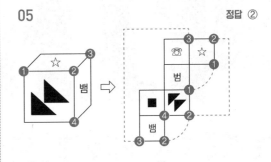

06 정답 ①

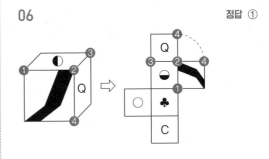

07 정답 ①

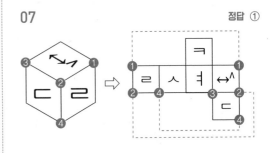

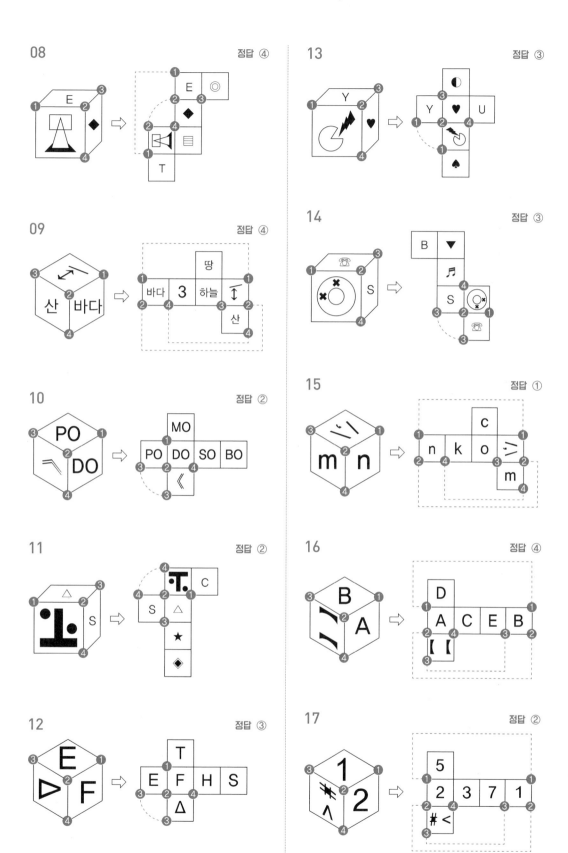

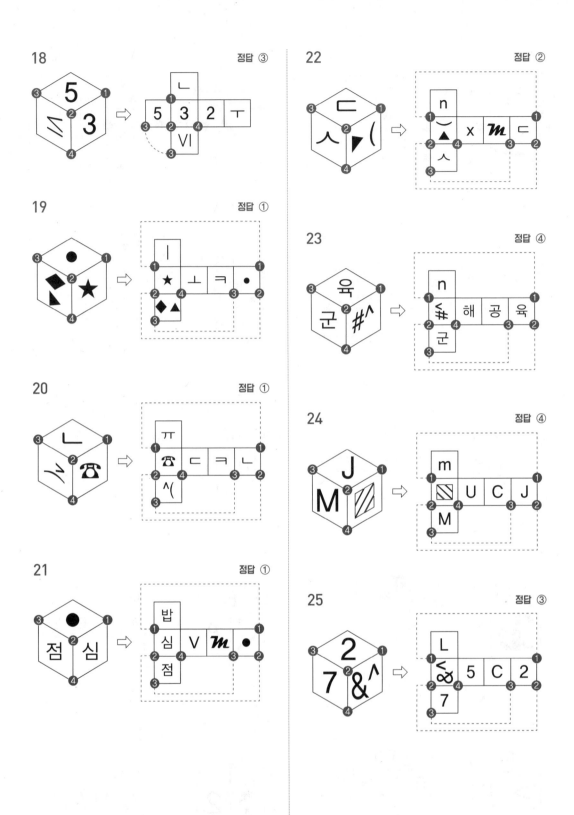

26 정답 ③

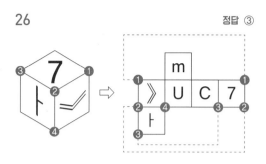

27 정답 ③

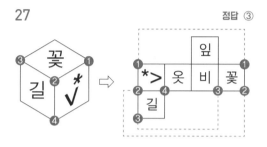

28 정답 ③

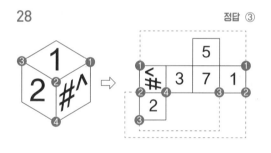

29 정답 ①

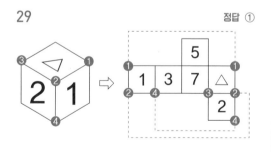

30 정답 ②

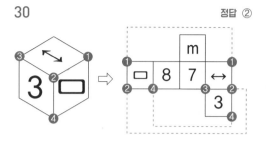

31 정답 ②

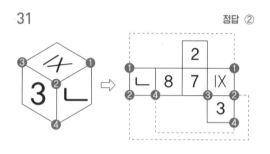

32 정답 ①

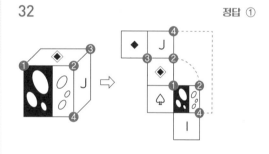

33 정답 ③

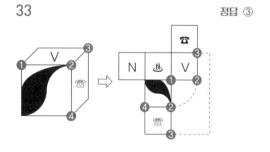

34

정답 ②

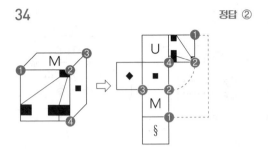

35

정답 ①

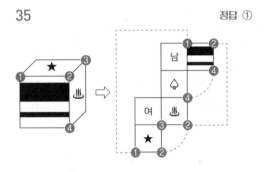

36

정답 ④

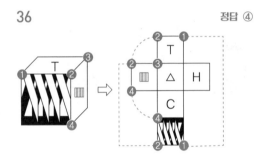

01

정답 ④

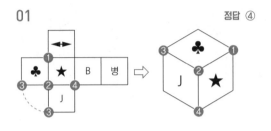

02

정답 ②

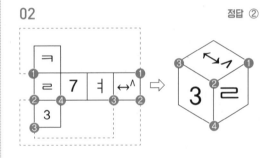

03

정답 ①

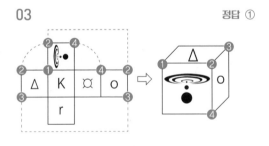

04

정답 ③

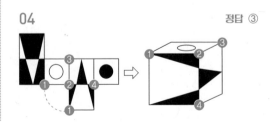

05

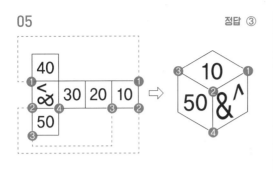

06

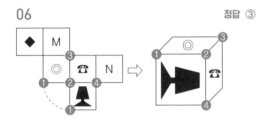

07

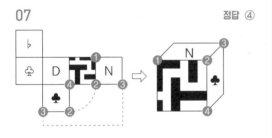

08

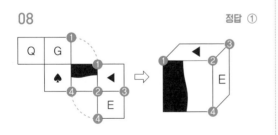

09

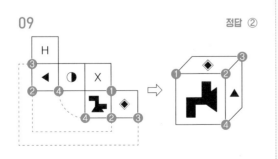

10

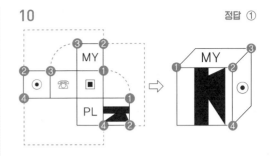

11

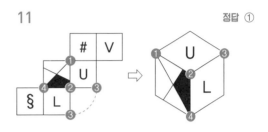

12

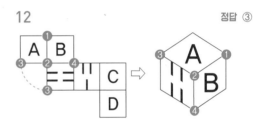

13

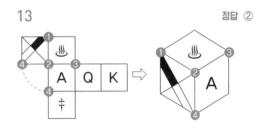

14

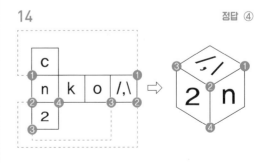

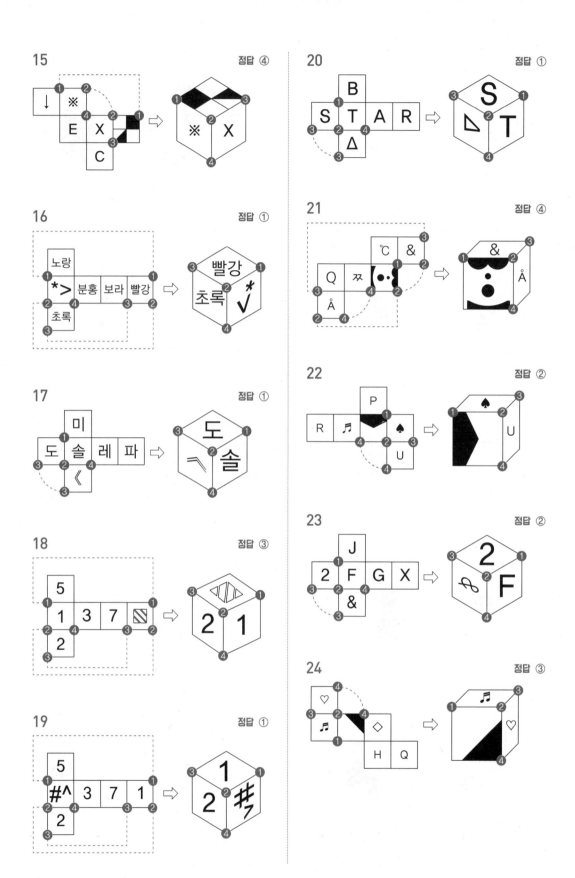

25
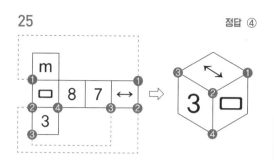
정답 ④

26
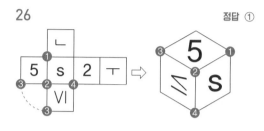
정답 ①

27
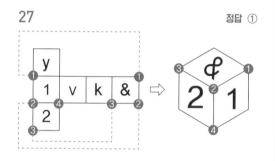
정답 ①

28
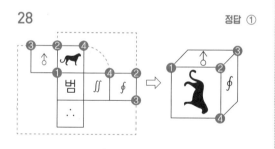
정답 ①

29
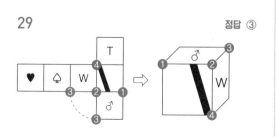
정답 ③

30
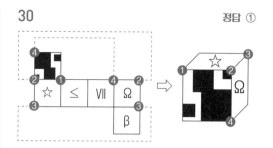
정답 ①

31
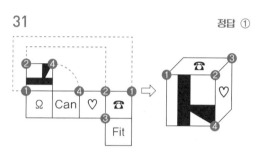
정답 ①

32
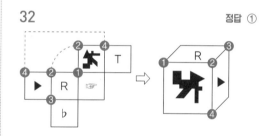
정답 ①

33
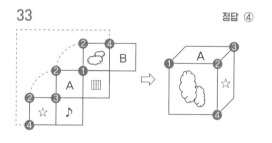
정답 ④

34
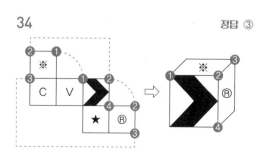
정답 ③

01	②	02	①	03	②	04	①	05	③
06	②	07	④	08	②	09	①	10	②
11	①	12	②	13	②	14	④	15	②
16	①	17	④	18	③	19	①	20	③
21	④	22	④	23	④	24	①	25	④
26	③	27	①	28	③	29	②	30	④
31	②	32	②	33	④	34	③	35	④

01　　　　　　　　　　　정답 ②

1층: $2+4+2+3+3+2=16$개
2층: $0+2+0+1+2+0=5$개
∴ $16+5=21$개

02　　　　　　　　　　　정답 ①

1층: $2+1+2+2+2=9$개
2층: $1+1+1+0+1=4$개
3층: $1+0+1+0+1=3$개
∴ $9+4+3=16$개

03　　　　　　　　　　　정답 ②

1층: $1+3+1+2+1=8$개
2층: $1+0+1+2+1=5$개
3층: $0+0+1+0+1=2$개
4층: $0+0+0+0+1=1$개
∴ $8+5+2+1=16$개

04　　　　　　　　　　　정답 ①

1층: $1+3+0+2+2+1=9$개
2층: $1+2+0+1+0+0=4$개
3층: $0+2+0+0+0+0=2$개
∴ $9+4+2=15$개

05　　　　　　　　　　　정답 ③

1층: $2+1+1+1+1+0+1=7$개
2층: $1+0+1+0+1+0+1=4$개
3층: $0+0+1+0+1+0+0=2$개
∴ $7+4+2=13$개

06　　　　　　　　　　　정답 ②

1층: $3+4+0+1=8$개
2층: $3+2+0+1=6$개
3층: $2+2+0+1=5$개
∴ $8+6+5=19$개

07　　　　　　　　　　　정답 ④

1층: $2+1+1+2+1+1+1=9$개
2층: $1+0+1+0+1+0+1=4$개
3층: $0+0+1+0+1+0+0=2$개
∴ $9+4+2=15$개

08　　　　　　　　　　　정답 ②

1층: $2+2+3+0+2+2+3=14$개
2층: $0+1+2+0+0+0+2=5$개
3층: $0+0+1+0+0+0+0=1$개
4층: $0+0+1+0+0+0+0=1$개
∴ $14+5+1+1=21$개

09　　　　　　　　　　　정답 ①

1층: $1+2+1+2+2+1=9$개
2층: $1+2+0+1+1+0=5$개
3층: $0+1+0+1+1+0=3$개
∴ $9+5+3=17$개

10　　　　　　　　　　　정답 ②

1층: $1+2+3+1+2+2+2=13$개
2층: $0+2+1+0+0+0+2=5$개
∴ $13+5=18$개

11　　　　　　　　　　　정답 ①

1층: $4+1+4+5+2=16$개
2층: $3+1+3+3+1=11$개
3층: $2+1+2+2+0=7$개
4층: $1+0+2+1+0=4$개
5층: $0+0+1+0+0=1$개
∴ $16+11+7+4+1=39$개

12 정답 ②

1층: 2+5+5+5+3=20개
2층: 2+4+2+4+2=14개
3층: 1+2+0+2+1=6개
4층: 1+1+0+0+0=2개
5층: 0+1+0+0+0=1개
∴ 20+14+6+2+1=43개

13 정답 ②

1층: 5+3+4+4+4=20개
2층: 5+3+3+4+2=17개
3층: 4+2+3+2+0=11개
4층: 1+1+2+0+0=4개
5층: 0+0+1+0+0=1개
∴ 20+17+11+4+1=53개

14 정답 ④

1층: 5+5+4+5+3+2+3=27개
2층: 5+3+4+3+0+2+2=19개
3층: 5+1+3+1+0+1+1=12개
4층: 3+1+2+0+0+1+0=7개
5층: 2+0+1+0+0+0+0=3개
∴ 27+19+12+7+3=68개

15 정답 ②

1층: 4+5+5+5+3=22개
2층: 4+4+5+4+3=20개
3층: 3+4+3+4+1=15개
4층: 2+3+2+2+0=9개
5층: 0+1+1+1+0=3개
∴ 22+20+15+9+3=69개

16 정답 ①

1층: 4+5+3+5+4+3+3=27개
2층: 3+3+2+4+4+3+1=20개
3층: 2+3+0+3+4+1+0=13개
4층: 1+1+0+3+3+0+0=8개
5층: 0+0+0+3+1+0+0=4개
∴ 27+20+13+8+4=72개

17 정답 ④

1층: 5+4+3+4+5+5+3=29개
2층: 5+3+2+3+5+4+1=23개
3층: 4+2+1+1+2+4+1+1=15개
4층: 2+0+1+0+3+1+1=8개
5층: 1+0+0+0+1+0+1=3개
∴ 29+23+15+8+3=78개

18 정답 ③

1층: 5+4+3+3+5+5+4=29개
2층: 4+3+1+3+2+5+4=22개
3층: 3+1+1+2+1+4+3=15개
4층: 1+0+1+0+1+3+1=7개
5층: 0+0+0+0+0+1+0=1개
∴ 29+22+15+7+1=74개

19 정답 ①

1층: 5+5+5+4+4=23개
2층: 5+4+5+4+3=21개
3층: 5+3+4+2+2=16개
4층: 4+2+3+0+2=11개
5층: 2+1+1+0+0=4개
∴ 23+21+16+11+4=75개

20 정답 ③

1층: 4+3+4+5+5+3+3=27개
2층: 3+3+4+4+4+3+2=23개
3층: 3+2+3+4+3+2+1=18개
4층: 3+2+2+3+2+1+0=13개
5층: 2+0+1+2+0+0+0=5개
∴ 27+23+18+13+5=86개

21 정답 ④

1층: 5+4+4+5+4+5+3=30개
2층: 5+4+3+5+4+5+2=28개
3층: 3+4+3+2+3+3+1=19개
4층: 2+3+0+2+2+1+0=10개
5층: 0+1+0+0+1+0+0=2개
∴ 30+28+19+10+2=89개

22 정답 ④

1층: 5+5+5+5+5=25개
2층: 3+4+4+5+4=20개
3층: 3+4+4+5+4=20개
4층: 0+3+3+0+3=9개
5층: 0+3+3+0+3=9개
∴ 25+20+20+9+9=83개

23 정답 ④

1층: 4+5+4+5+5+5+4=32개
2층: 4+4+3+5+4+5+2=27개
3층: 4+0+3+5+3+4+2=21개
4층: 2+0+1+4+1+3+1=12개
5층: 1+0+0+1+0+1+1=4개
∴ 32+27+21+12+4=96개

24 정답 ①

1층: 5+5+4+4+5+5+5=33개
2층: 4+5+3+3+3+4+4=26개
3층: 3+4+0+2+2+3+3=17개
4층: 2+1+0+0+2+3+2=10개
5층: 2+0+0+0+0+1+1=4개
∴ 33+26+17+10+4=90개

25 정답 ④

1층: 5+4+3+5+4+4+4=29개
2층: 4+2+3+5+4+4+4=26개
3층: 3+2+2+5+3+3+3=21개
4층: 2+0+2+5+2+3+2=16개
5층: 1+0+1+3+0+2+0=7개
∴ 29+26+21+16+7=99개

26 정답 ③

1층: 5+5+3+3+5+5+2=28개
2층: 4+5+3+2+4+5+2=25개
3층: 4+4+2+2+3+4+1=20개
4층: 3+2+0+2+0+1+0=8개
5층: 0+1+0+1+0+0+0=2개
∴ 28+25+20+8+2=83개

27 정답 ①

1층: 5+5+5+5+4=24개
2층: 4+5+5+4+2=20개
3층: 2+5+4+3+1=15개
4층: 1+4+3+1+0=9개
5층: 0+3+1+0+0=4개
∴ 24+20+15+9+4=72개

28 정답 ③

1층: 5+5+4+5+5=24개
2층: 5+4+3+5+5=22개
3층: 4+2+2+4+5=17개
4층: 3+1+2+3+3=12개
5층: 2+0+1+2+1=6개
∴ 24+22+17+12+6=81개

29 정답 ②

1층: 4+2+4+5+4+3+4=26개
2층: 4+1+3+5+3+2+4=22개
3층: 3+0+2+5+0+1+4=15개
4층: 2+0+1+2+0+1+2=8개
5층: 1+0+0+1+0+1+0=3개
∴ 26+22+15+8+3=74개

30 정답 ④

1층: 4+5+5+5+3+5+3=30개
2층: 3+4+5+5+2+5+2=26개
3층: 2+3+5+4+2+5+1=22개
4층: 1+2+3+0+2+4+0=12개
5층: 0+1+1+0+2+2+0=6개
∴ 30+26+22+12+6=96개

31 정답 ②

1층: 4+5+4+5+4=22개
2층: 4+4+4+5+3=20개
3층: 3+4+3+4+2=16개
4층: 3+2+2+2+0=9개
5층: 1+0+1+0+0=2개
∴ 22+20+16+9+2=69개

32

정답 ②

1층: 5+4+5+4+5+4+5=32개
2층: 2+4+4+4+4+4+1=23개
3층: 0+4+1+3+3+3+1=15개
4층: 0+2+0+0+2+3+0=7개
5층: 0+1+0+0+1+2+0=4개
∴ 32+23+15+7+4=81개

33

정답 ④

1층: 5+4+4+5+4+5+3=30개
2층: 5+4+3+5+4+5+2=28개
3층: 3+4+3+2+3+3+1=19개
4층: 2+3+0+2+2+1+0=10개
5층: 0+1+0+0+1+0+0=2개
∴ 30+28+19+10+2=89개

34

정답 ③

1층: 5+5+5+5+4+5+4=33개
2층: 4+5+5+5+4+5+3=31개
3층: 4+4+4+5+4+4+2=27개
4층: 3+4+1+0+2+3+1=14개
5층: 2+1+0+0+2+0+1=6개
∴ 33+31+27+14+6=111개

35

정답 ④

1층: 5+4+5+5+5+4+3=31개
2층: 5+4+5+5+4+4+3=30개
3층: 4+3+4+4+4+3+2=24개
4층: 2+2+2+4+2+3+0=15개
5층: 0+2+1+0+0+1+0=4개
∴ 31+30+24+15+4=104개

유형 4 블록 겨냥도

01	①	02	①	03	①	04	②	05	④
06	③	07	③	08	②	09	③	10	③
11	③	12	④	13	②	14	②	15	①
16	①	17	④	18	②	19	③	20	①
21	②	22	①	23	③	24	①	25	②
26	③	27	①	28	①	29	③	30	②
31	①	32	③	33	④	34	①	35	①

01

정답 ①

좌측에서 바라보았을 때, 2층 – 0층 – 3층 – 1층 – 3층 – 1층 – 2층으로 구성되어 있다.

02

정답 ①

우측에서 바라보았을 때, 1층 – 2층 – 3층 – 3층으로 구성되어 있다.

03

정답 ①

정면에서 바라보았을 때, 1층 – 4층 – 2층 – 1층 – 2층 – 3층으로 구성되어 있다.

04

정답 ②

좌측에서 바라보았을 때, 4층 – 3층 – 1층 – 3층 – 1층 – 1층으로 구성되어 있다.

05

정답 ④

우측에서 바라보았을 때, 2층 – 3층 – 2층 – 3층으로 구성되어 있다.

06

정답 ③

좌측에서 바라보았을 때, 4층 – 3층 – 2층 – 3층 – 2층으로 구성되어 있다.

07

정답 ③

정면에서 바라보았을 때, 1층 – 1층 – 2층 – 1층 – 3층 – 3층으로 구성되어 있다.

08   정답 ②

좌측에서 바라보았을 때, 3층 – 2층 – 2층 – 3층으로 구성되어 있다.

09   정답 ③

좌측에서 바라보았을 때, 4층 – 4층 – 2층 – 1층 – 2층으로 구성되어 있다.

10   정답 ③

좌측에서 바라보았을 때, 3층 – 1층 – 1층 – 3층 – 2층으로 구성되어 있다.

11   정답 ③

우측에서 바라보았을 때, 1층 – 2층 – 5층 – 4층 – 5층으로 구성되어 있다.

12   정답 ④

정면에서 바라보았을 때, 3층 – 4층 – 5층 – 4층 – 3층으로 구성되어 있다.

13   정답 ②

상단에서 바라보았을 때, 3층 – 4층 – 5층 – 5층 – 2층으로 구성되어 있다.

14   정답 ③

우측에서 바라보았을 때, 2층 – 3층 – 4층 – 4층 – 5층으로 구성되어 있다.

15   정답 ①

정면에서 바라보았을 때, 5층 – 5층 – 4층 – 4층 – 2층으로 구성되어 있다.

16   정답 ①

좌측에서 바라보았을 때, 4층 – 5층 – 3층 – 2층 – 3층으로 구성되어 있다.

17   정답 ④

우측에서 바라보았을 때, 3층 – 4층 – 4층 – 4층 – 5층으로 구성되어 있다.

18   정답 ②

정면에서 바라보았을 때, 5층 – 2층 – 5층 – 5층 – 3층으로 구성되어 있다.

19   정답 ③

상단에서 바라보았을 때, 5층 – 2_1층 – 3층 – 5층 – 2층으로 구성되어 있다.

20   정답 ①

좌측에서 바라보았을 때, 5층 – 3층 – 4층 – 2층 – 3층으로 구성되어 있다.

21   정답 ④

우측에서 바라보았을 때, 1층 – 4층 – 5층 – 5층 – 5층으로 구성되어 있다.

22   정답 ①

좌측에서 바라보았을 때, 5층 – 5층 – 4층 – 3층 – 3층으로 구성되어 있다.

23   정답 ③

상단에서 바라보았을 때, 5층 – 5층 – 5층 – 5층 – 4층으로 구성되어 있다.

24   정답 ①

정면에서 바라보았을 때, 5층 – 3층 – 3층 – 2층 – 5층으로 구성되어 있다.

25   정답 ④

우측에서 바라보았을 때, 5층 – 3층 – 4층 – 5층 – 5층으로 구성되어 있다.

26
정답 ③

정면에서 바라보았을 때, 4층 − 5층 − 3층 − 5층 − 3층으로 구성되어 있다.

27
정답 ①

좌측에서 바라보았을 때, 5층 − 5층 − 4층 − 4층 − 5층으로 구성되어 있다.

28
정답 ①

상단에서 바라보았을 때, 5층 − 4층 − 5층 − 1_2층 − 1_1층으로 구성되어 있다.

29
정답 ④

우측에서 바라보았을 때, 3층 − 4층 − 5층 − 5층 − 5층으로 구성되어 있다.

30
정답 ②

정면에서 바라보았을 때, 4층 − 3층 − 2층 − 5층 − 3층으로 구성되어 있다.

31
정답 ①

정면에서 바라보았을 때, 4층 − 5층 − 5층 − 2층 − 4층으로 구성되어 있다.

32
정답 ③

상단에서 바라보았을 때, 3_1층 − 5층 − 3층 − 2_2층 − 2_2층으로 구성되어 있다.

33
정답 ④

좌측에서 바라보았을 때, 5층 − 4층 − 5층 − 3층 − 1층으로 구성되어 있다.

34
정답 ①

상단에서 바라보았을 때, 5층 − 4층 − 3층 − 4층 − 1_1층으로 구성되어 있다.

35
정답 ①

상단에서 바라보았을 때, 5층 − 4층 − 5층 − 4층 − 2_1층으로 구성되어 있다.

공간능력

지각속도

언어논리

자료해석

SET 1

01	②	02	②	03	①	04	②	05	①
06	①	07	①	08	②	09	①	10	②
11	①	12	②	13	①	14	①	15	②
16	①	17	①	18	②	19	①	20	②
21	③	22	④	23	②	24	③	25	①
26	④	27	③	28	④	29	④	30	①

01 정답 ②

◨ ♥ ♣ ◈ ♨ → ◨ ♥ ♤ ☖ ♨

02 정답 ②

◁ ◨ ♥ ♣ ▶ → ◁ ◈ ♥ ♣ ☖

04 정답 ②

♥ ☖ ♤ ◨ ▶ → ♥ ◁ ♤ ◨ ◈

08 정답 ②

831 745 432 102 572 → 831 263 432 942 572

10 정답 ②

572 614 512 432 102 → 572 745 612 432 102

12 정답 ②

▦ ▥ □ ▨ ▤ → ▤ ▥ □ ▨ ▦

15 정답 ②

▥ ▦ □ ▨ ▨ → ▥ ▦ ■ ▤ ▨

18 정답 ②

GB KHz nF MPa μA → GB km nF μs μA

20 정답 ②

KHz cal nF MPa GB → KHz μs nF MPa μA

21 정답 ③

랄<u>류</u>리랴루<u>류</u>랴럴로<u>류</u>려<u>류</u>로러랄리<u>류</u>라랴<u>류</u>럴로<u>류</u>리<u>류류</u>
(9개)

22 정답 ④

To b<u>e</u>come a b<u>e</u>tt<u>e</u>r l<u>e</u>ad<u>e</u>r, you hav<u>e</u> to st<u>e</u>p out of your comfort zon<u>e</u>. (9개)

23 정답 ②

16542<u>28</u>568<u>8</u>431594258648215486698<u>28</u>41137518624
(9개)

24 정답 ③

▩▤▥▩▨▥▩▤▥▩▤▥▩▨▥▩▤▥▩▤▥▩▨▥▩▤▥
▩▤▥▩▨▥▩▤▥▩▤▥▩▨▥ (8개)

25 정답 ①

623<u>15</u>1943<u>12</u>621586<u>13</u>4215697411<u>25</u>13116485126354
(12개)

26 정답 ④

<u>S</u>mall change<u>s</u> in the <u>s</u>en<u>s</u>ory propertie<u>s</u> of food<u>s</u> are <u>s</u>ufficient to increa<u>s</u>e food intake. (8개)

27   정답 ③

면접에 참여할 수 있는 <u>편리성</u>이 있어 <u>면접</u> 기회가 확대됩<u>니</u>다. (6개)

28   정답 ④

ㅌㄷㄹㅈㅌㄷㅈㄷㅈㅌㅈㄷㅈㄷㅈㄷㄷㅌㄷㅈㅌㅈㄷㄷㅌㅈ
ㄷㅈㄷㅌㅈㅈㅈㄷㄷㅈㅌㄷㅈㅌ (13개)

29   정답 ④

아버지도 가게 <u>일</u>을 수월하게 보려면 잔심부<u>름꾼</u>인 나를 무시하고는 아쉬울 때가 <u>많</u>을 터였다. (9개)

30   정답 ①

264891<u>5</u>5762<u>3</u>584<u>5</u>2165489723<u>5</u>6224<u>5</u>13<u>5</u>87<u>5</u>6432156
(10개)

SET 2									
01	②	02	①	03	②	04	①	05	①
06	①	07	①	08	②	09	②	10	①
11	②	12	①	13	②	14	②	15	①
16	①	17	①	18	②	19	①	20	②
21	③	22	①	23	③	24	④	25	②
26	②	27	①	28	④	29	④	30	②

01   정답 ②

yours yet young yell yard → yours <u>you</u> young <u>yet</u> yard

03   정답 ②

yet yes you yard young → yet <u>yell</u> <u>year</u> yard young

08   정답 ②

♬ ◈ ◎ ▷ ≡ → ♬ ♭ ◎ ♣ ≡

09   정답 ②

◈ ※ ♬ ◎ × → ◈ ※ <u>×</u> ◎ ▷

11   정답 ②

32 59 96 27 10 → 32 <u>70</u> 96 <u>13</u> 10

13   정답 ②

59 45 96 32 70 → 59 <u>27</u> 96 32 <u>59</u>

18   정답 ②

강남 강서 관악 성북 금천 → 강남 <u>용산</u> <u>종로</u> 성북 금천

20   정답 ②

마포 강서 종로 서초 강남 → <u>관악</u> 강서 <u>용산</u> 서초 강남

21   정답 ③

561845<u>2</u>33<u>2</u>65488<u>5</u>1<u>2</u>26594<u>2</u>1456378<u>2</u>545<u>2</u>16589563
(7개)

22
정답 ①

나는 나에게 작은 손을 내밀어 눈물과 위안으로 잡는 마지막 악수. (5개)

23
정답 ③

T<u>h</u>eir mineral and vitamin ric<u>h</u> diet <u>h</u>elped t<u>h</u>em <u>h</u>ave <u>h</u>eal<u>th</u>y teet<u>h</u>. (8개)

24
정답 ④

♠ ♧ ♤ ♡ ♠ ♥ ♧ ♤ ♠ ♧ ♥ ♤ ♧ ♥ ♡ ♥ ♧ ♤ ♠ ♥ ♧ ♠ ♥ ♧ ♤ ♠ ♡ ♥ ♥ ♠ ♧ ♤ ♡ ♠ ♤ ♧ ♠ (7개)

25
정답 ②

<u>Th</u>ey were exci<u>t</u>ed <u>t</u>o <u>t</u>ell me abou<u>t</u> <u>t</u>heir achievemen<u>t</u>s, and our rela<u>t</u>ionship go<u>t</u> be<u>tt</u>er. (11개)

26
정답 ②

2543324895645321546541233654625494652136873 51 (8개)

27
정답 ①

●◐◯◑●◐●◯◑◯◐●◯◐◑◐●◐◯◑◯◯◐●◐◯◯●◐●
◑◯◎●◐◯◎●◐◯◎◯●◐● (7개)

28
정답 ④

<u>인</u>간의 얼굴 표<u>정</u>은 매우 <u>정</u>교하고 민감한 <u>의</u>사소통 도구인 것<u>이</u>다. (11개)

29
정답 ②

£¢<u>w</u>$¢¥<u>w</u>$¢£¢<u>w</u>¢<u>w</u>$¥¢£¢<u>w</u>$¢£¢¥<u>w</u>¢£¢£¢<u>w</u>$¥¥¢$<u>w</u>£ (8개)

30
정답 ②

On<u>e</u> r<u>e</u>ason that mak<u>e</u>s night animals sp<u>e</u>cial is th<u>ei</u>r big <u>eye</u>s. (7개)

<table>
<tr><td colspan="10">SET 3</td></tr>
<tr><td>01</td><td>②</td><td>02</td><td>①</td><td>03</td><td>②</td><td>04</td><td>①</td><td>05</td><td>②</td></tr>
<tr><td>06</td><td>①</td><td>07</td><td>②</td><td>08</td><td>①</td><td>09</td><td>①</td><td>10</td><td>②</td></tr>
<tr><td>11</td><td>①</td><td>12</td><td>②</td><td>13</td><td>①</td><td>14</td><td>①</td><td>15</td><td>②</td></tr>
<tr><td>16</td><td>②</td><td>17</td><td>①</td><td>18</td><td>②</td><td>19</td><td>①</td><td>20</td><td>②</td></tr>
<tr><td>21</td><td>③</td><td>22</td><td>②</td><td>23</td><td>③</td><td>24</td><td>②</td><td>25</td><td>①</td></tr>
<tr><td>26</td><td>①</td><td>27</td><td>④</td><td>28</td><td>③</td><td>29</td><td>①</td><td>30</td><td>④</td></tr>
</table>

01
정답 ②

♭ ♫ ♩ ♪ ♯ → ♪ ♪ ♩ ♪ ♯

03
정답 ②

♫ ♫ ♪ ♯ ♩ → ♫ ♪ ♪ ♯ ♭

05
정답 ②

♫ ♪ ♩ ♪ ♪ → ♫ ♫ ♩ ♪ ♪

07
정답 ②

사슴벌레 개미 사마귀 풀무치 매미 → 사슴벌레 <u>사마귀 베짱이</u> 풀무치 매미

10
정답 ②

사마귀 사슴벌레 풍뎅이 여치 베짱이 → 사마귀 사슴벌레 <u>대벌레</u> 여치 <u>개미</u>

12
정답 ②

◇ ◙ ◈ ▣ ◆ → ◇ ▽ ▢ ▣ ◆

15
정답 ②

▢ ◆ ✦ ◙ ◈ → ▢ ◈ ◆ ✦ ◙ ▢

16
정답 ②

£ ₤ ¥ ¢ ฿ → £ ₤ ¢ ¥ ฿

18 정답 ②

¤ № £ ¥ ₲ → ¤ ¥ £ № ₲

20 정답 ②

ℬ W F £ $ → № W ¤ £ $

21 정답 ③

⇦⇨⇩⇦⇨⇧⇦⇨⇩⇦⇨⇦⇧⇧⇦⇨⇦⇨⇦⇧⇩⇦⇨⇦⇧⇧⇨⇦⇨⇩⇧⇧⇦⇨⇦⇨ (14개)

22 정답 ②

It has fantastic gardens, high walls, and wonderful decorations. (7개)

23 정답 ③

▨▥▤▥▨▨▤▥▨▤▥▨▤▥▤▥▨▤▥▤▥▨▥▤▥▨▤▥▨ (14개)

24 정답 ②

서샤샤슈시쇄샤소서슈새샤서샤샤소슈샤세쎄새샤수시사샤새서샤 (9개)

25 정답 ①

154895232121148645613321879884213655158874656 (5개)

26 정답 ①

●◐○◑●●○◐●○◐●◑●○●◐●◑◐○◑○●◑●○◐◐●◑●●○○◑●○◐○●◐●◑●○○◑● (8개)

27 정답 ④

21385886452985842388157862125483218321685852131 (11개)

28 정답 ③

인간이 개발한 인공지능이 인간을 판단한다면 주체와 객체가 뒤바뀌는 상황이 발생할 것이다. (14개)

29 정답 ①

It is located in the mountains in the south of Spain. (6개)

30 정답 ④

32654158915313248320591621898616654711256485 2 (8개)

01	①	02	①	03	①	04	②	05	①
06	①	07	②	08	②	09	①	10	①
11	②	12	①	13	①	14	②	15	②
16	①	17	②	18	①	19	②	20	①
21	②	22	②	23	③	24	④	25	①
26	②	27	②	28	②	29	①	30	②

04 　　　　정답 ②

527 716 853 643 256 → <u>147</u> 716 <u>945</u> 643 256

07 　　　　정답 ②

☏ ✄ ☁ ⌂ ☀ → ⛱ ✄ ☺ ⌂ ☀

08 　　　　정답 ②

✄ ⚱ ⌂ ⛱ ⚱ → ✄ ☏ ⌂ ⛱ ☆

11 　　　　정답 ②

장어 붕어 상어 잉어 연어 → 장어 <u>민어</u> <u>송어</u> 잉어 연어

14 　　　　정답 ②

전어 민어 연어 송어 장어 → <u>붕어</u> 민어 연어 <u>잉어</u> 장어

15 　　　　정답 ②

연어 방어 장어 복어 송어 → 연어 방어 <u>잉어</u> <u>장어</u> 송어

17 　　　　정답 ②

horse bear cat pig lion → <u>cow</u> bear cat <u>fox</u> lion

19 　　　　정답 ②

ant fox horse bear cow → ant <u>bear</u> horse <u>cat</u> cow

21 　　　　정답 ②

멤므<u>밈</u>멩머음<u>밈</u>멩믄머<u>밈밈</u>밍밉믄<u>밈</u>멩멍<u>밈</u>임멘<u>밈밈</u>믄밍멥<u>밈</u> (9개)

22 　　　　정답 ②

135<u>4</u>9265<u>4</u>65<u>4</u>153<u>4</u>86<u>4</u>165<u>14</u>56653121356<u>4</u>65132<u>4</u>265<u>4</u> (9개)

23 　　　　정답 ③

B<u>e</u>ing a t<u>ee</u>nag<u>e</u>r can b<u>e</u> a v<u>e</u>ry str<u>e</u>ssful tim<u>e</u> in your lif<u>e</u>. (9개)

24 　　　　정답 ④

이제 손<u>가</u>락만한 <u>고</u>추모종이 깔려 있는 밭에 여<u>기</u>저<u>기</u> 연탄재들이 나뒹굴고 있지 않은<u>가</u> (8개)

25 　　　　정답 ①

◑◗◐◗◆●◐◼◗◼◐◼◆◐◼●◐◗◐◐◐◆◗
●◐◼◐◑◆◆◗◐◐●◐◼ (5개)

26 　　　　정답 ②

<u>O</u>ver three milli<u>o</u>n pe<u>o</u>ple live in M<u>o</u>ng<u>o</u>lia and its capital city is ulaanbaat<u>o</u>r. (6개)

27 　　　　정답 ②

우주 사이<u>는</u> 우러러 바라보기<u>나</u> 하려<u>니</u>와 <u>나</u>와 공주의 <u>현</u>격함<u>은</u> 하늘과 땅 같도다. (8개)

28 　　　　정답 ②

<u>T</u>he s<u>t</u>ar<u>t</u> of <u>t</u>he boa<u>t</u> <u>t</u>our was far from wha<u>t</u> I had expec<u>t</u>ed. (8개)

29 　　　　정답 ①

26<u>3</u>15<u>3</u>48522<u>3</u>65661<u>23</u>5477995<u>23232</u>5213643589643 (10개)

30 　　　　정답 ②

▯▯▯◫▯Φ▯▯▯▯◫▯▯▯◫▯▯◫▯◫▯◫◫Φ◫▯▯◫▯◫Φ◫▯
▯◫▯◫▯▯◫▯◫▯Φ◫▯◫◫▯◫▯ (9개)

SET 5

01	②	02	②	03	①	04	①	05	①
06	①	07	①	08	②	09	②	10	②
11	②	12	②	13	①	14	②	15	①
16	①	17	①	18	①	19	①	20	②
21	②	22	②	23	③	24	③	25	④
26	③	27	③	28	①	29	②	30	④

01 정답 ②

인왕산 오대산 청계산 금강산 속리산 → <u>백두산</u> 오대산 청계산 금강산 <u>한라산</u>

02 정답 ②

설악산 한라산 인왕산 태백산 백두산 → 설악산 <u>속리산</u> 인왕산 태백산 <u>지리산</u>

08 정답 ②

◀ ▛ ▲ ▲ △ → <u>▶</u> ▛ ▲ <u>▲</u> △

09 정답 ②

◥ ▶ ▛ ◀ ◣ → ◥ <u>△</u> ▛ ◀ ◣

10 정답 ②

◣ △ ◢ ◮ ▛ → ◣ △ <u>�</u> ◮ △

11 정답 ②

컴퓨터 스피커 키보드 스탠드 모니터 → 컴퓨터 스피커 <u>콘센트</u> <u>후레쉬</u> 모니터

12 정답 ②

디스켓 스탠드 후레쉬 프린터 마우스 → 디스켓 스탠드 <u>마우스</u> 프린터 <u>모니터</u>

14 정답 ②

콘센트 스탠드 스피커 모니터 프린터 → 콘센트 <u>후레쉬</u> 스피커 모니터 프린터

20 정답 ②

╱ ↔ → ╲ ← → ╱ ╲ → ╲ ←

21 정답 ②

I <u>s</u>tarted to talk le<u>ss</u> about my<u>s</u>elf and li<u>s</u>ten more to my co-worker<u>s</u>. (6개)

22 정답 ②

1<u>62</u>857<u>6</u>54<u>6</u>8<u>6</u>5321<u>6</u>94<u>6</u>855<u>6</u>5<u>6</u>632<u>66</u>511<u>2 6</u>8458<u>6</u>4233 (12개)

23 정답 ③

♍♍♍♍☇♑♑♍♍♍♍♍♍♍♍☇♍♍♍♍☇♍♍♍♍☇♍♍♍♍♍♍♍ ☇♍♍♑♍☇♍♍♑♑♍♍☇♍♍♍ (6개)

24 정답 ③

A gr<u>ea</u>t<u>e</u>r vari<u>e</u>ty of food l<u>e</u>ads p<u>e</u>opl<u>e</u> to <u>e</u>at mor<u>e</u> than th<u>e</u>y would oth<u>e</u>rwise. (11개)

25 정답 ④

가<u>개</u>거갸<u>개개</u>기<u>개</u>구<u>개</u>가거<u>개개</u>갸<u>개</u>가가<u>개</u>기<u>개</u>구 (10개)

26 정답 ③

<u>2</u>15698454873<u>2</u>658794<u>52</u>136<u>2</u>58915<u>422</u>48<u>6</u>3<u>2</u>189<u>2</u>665 (8개)

27 정답 ③

⊗⊖⊕⊕⊖⊗⊖⊗⊖⊕⊕⊖⊗⊖⊕⊖⊗⊖⊗⊖⊗⊖⊗⊖⊗ ⊖⊖⊗⊗⊗⊗⊗⊖⊖⊖⊗⊖⊗⊖⊕⊖ (10개)

28 정답 ①

I<u>f</u> you're learning to play gol<u>f</u>, think o<u>f</u> yoursel<u>f</u> as a <u>f</u>uture champion. (5개)

29 정답 ②

61235<u>4</u>8<u>4</u>52394<u>4</u>6<u>44</u>51237154651<u>4</u>233519<u>4</u>5<u>4</u>821<u>4</u>2354 (11개)

30 정답 ④

머리 위에 <u>하</u>트를 그리는 행동을 통해 <u>상</u>대방에게 <u>사</u>랑의 감정을 더욱 <u>강</u>하게 전달<u>하</u>는 것 등이 그러<u>한</u> 예이<u>다</u>. (12개)

SET 6

01	②	02	①	03	①	04	②	05	①
06	①	07	①	08	②	09	①	10	②
11	①	12	①	13	②	14	②	15	②
16	①	17	②	18	①	19	②	20	①
21	④	22	②	23	①	24	③	25	②
26	②	27	③	28	③	29	③	30	③

01
정답 ②

보호 어깨 상처 헬멧 세제 → 보호 어깨 <u>수건</u> 헬멧 세제

04
정답 ②

전자 세제 수건 보호 장갑 → 전자 <u>어깨</u> 수건 보호 <u>세제</u>

08
정답 ②

※ ▷ ≡ ♫ ± → ※ ▷ ≡ ♫ <u>×</u>

10
정답 ②

♫ ♣ ◆ ☑ ± → ♫ ♣ <u>◎</u> ☑ ±

13
정답 ②

⊙ ⊛ ⊝ ⊗ ⊙ → ⊙ <u>⊕</u> ⊝ ⊗ <u>⊝</u>

14
정답 ②

⊝ ⊕ ⊘ ⊙ ⊗ → ⊝ ⊕ <u>⊕</u> ⊘ ⊗

15
정답 ②

⊛ ⊗ ⊝ ⊙ ⊙ → <u>⊕</u> ⊗ <u>⊕</u> ⊙ ⊙

17
정답 ②

789 826 932 605 582 → 789 <u>285</u> 932 605 582

19
정답 ②

438 285 104 742 826 → 438 285 <u>932</u> 742 826

21
정답 ④

술샐술샐<u>섬</u>섬설설솟술<u>섬</u>샐솟<u>섬섬</u>섬섬설설샐<u>섬</u>술술설솟술<u>섬섬</u>솟술샐샐샐솟샐샐설솟솟술솟설설 (10개)

22
정답 ②

우<u>리</u>는 여러분<u>의</u> 서약을 깨뜨<u>리</u>는 습관을 갖도록 해서는 안 되며, 여러분도 <u>이</u>러한 습관을 키<u>워</u>서는 안 됩니다. (6개)

23
정답 ①

35484884121<u>9</u>4247514129874418<u>9</u>747<u>9</u>8154<u>9</u>8461<u>5</u><u>9</u>8412 (6개)

24
정답 ③

나는 나를 고발한 사<u>람</u>들이 신들을 믿는다고 하는 것보다 더 높은 차원에서 신들을 믿고 있기 때문입니다. (9개)

25
정답 ②

Assuming several impac<u>t</u>s, all from bodies be<u>t</u>ween 0.01 and 0.1 <u>t</u>imes <u>t</u>he Ear<u>t</u>h's mass, allows <u>t</u>he composi<u>t</u>ions <u>t</u>o "average ou<u>t</u>." (9개)

26
정답 ②

△▽♨♨♨△※※△▽♨♨△♨※♨♨△♨♨♨△♨▽▽♨▽△♨♨♨△♨▽△△△▽△▽▽※※※※※ (12개)

27
정답 ③

0<u>5</u>34<u>5</u>76206<u>5</u>7<u>5</u>77312398964129407800615909974810484<u>5</u>86<u>5</u>600 (7개)

28
정답 ③

Whil<u>e</u> it isn't a d<u>e</u>al br<u>e</u>ak<u>e</u>r for th<u>e</u> multipl<u>e</u>-impact th<u>e</u>ory, it will r<u>e</u>quir<u>e</u> mor<u>e</u> r<u>e</u>s<u>e</u>arch. (12개)

29
정답 ③

x <u>α</u> β δ δ δ ω ω δ δ <u>α</u> <u>α</u> β x δ ω δ ω ω <u>α</u> x <u>α</u> <u>α</u> δ ω β ω β <u>α</u> x β β β <u>α</u> β β x x x <u>α</u> <u>α</u> <u>α</u> (11개)

30
정답 ③

어촌의 등불은 가물거<u>리</u>는데 배의 지붕에 빗소<u>리</u>는 울어 느<u>리</u>다가 빠<u>르</u>다가 우수수 하는 소<u>리</u>가 차갑고도 슬프다. (9개)

SET 7

01	①	02	②	03	①	04	②	05	②
06	②	07	①	08	①	09	②	10	①
11	②	12	②	13	①	14	①	15	②
16	②	17	②	18	①	19	①	20	①
21	②	22	②	23	③	24	③	25	③
26	①	27	②	28	③	29	③	30	④

02 정답 ②

1/8 2/7 7/2 6/8 9/1 → 1/8 5/6 7/2 8/5 9/1

04 정답 ②

6/8 3/4 1/8 7/2 8/5 → 6/8 3/4 6/7 7/2 8/5

05 정답 ②

7/2 5/6 1/8 6/8 6/7 → 6/7 5/6 1/8 6/8 3/4

06 정답 ②

ユ ア リ マ ヘ → ユ ア ル マ ヘ

09 정답 ②

ユ ナ ヘ リ ア → ユ ナ ヘ リ イ

11 정답 ②

헬륨 리튬 수소 염소 질소 → 헬륨 리튬 염소 수소 질소

12 정답 ②

규소 수소 붕소 산소 네온 → 규소 헬륨 붕소 산소 네온

15 정답 ②

질소 헬륨 염소 네온 탄소 → 질소 헬륨 염소 네온 규소

16 정답 ②

221 504 182 992 370 → 722 504 182 992 370

17 정답 ②

823 722 370 221 431 → 823 722 370 221 481

21 정답 ②

발발복복발불발별밟밟발밟밟복발발불별복불밟별복별불밟별복밟밟밟별복불불별복복별별 (8개)

22 정답 ②

철학이 '지혜에 대한 사랑'이라는 건 다들 아실 겁니다. 하지만 철학은, 사실, 그것보다는 훨씬 재미있습니다. (6개)

23 정답 ③

42165706285405554499131874349670433322185000800801800668 (7개)

24 정답 ③

노화가며 젊은 시인 소설가와 원주의 정다운 얼굴, 그리고 지광의 아내도 와서 산뜻한 옷차림으로 시중을 들고 있었다. (7개)

25 정답 ③

The point is to focus on the goal so that you try your best. (8개)

26 정답 ①

@@●○@@@○○○○○@●@●○●○●●○@●●@@@○◎●●●○●●○○●○●●● (9개)

27 정답 ②

779535966674582332382333686164644821880042214901100040000 (9개)

28 정답 ③

Our moon is a little more than a quarter of the diameter of the Earth and has about 1.2% of Earth's mass. (11개)

29

정답 ③

∠＼＼↓↑↑↑＼∠↗∠↘∠↘∠＼↑↘∠↗∠↗↗∠↗↘↗↗
↓∠↘↘↑↑∠↗↘↘∠＼∠↗↗∠∠∠∠ (10개)

30

정답 ④

The problem is that the odds of getting a single impact that hits in just the right way are relatively small.
(9개)

SET 8

01	②	02	①	03	①	04	②	05	①
06	②	07	②	08	①	09	②	10	①
11	①	12	②	13	②	14	①	15	②
16	①	17	①	18	②	19	①	20	②
21	②	22	③	23	①	24	④	25	②
26	③	27	②	28	②	29	④	30	②

01

정답 ②

시설 통제 협조 모함 확인 → 시설 통제 협조 공수 확인

04

정답 ②

모함 제공 관제 통제 공수 → 관제 제공 모함 통제 공수

06

정답 ②

◎ ◆ ♨ @ ♣ → ◎ ▶ ♨ @ ♣

07

정답 ②

♨ ◑ ◎ ♣ ▶ → ♨ ◑ ◎ ♣ ▶

09

정답 ②

◑ ◎ @ ♣ ♫ → ◑ ◎ ♫ ♣ @

12

정답 ②

■ □ ▨ ▥ 目 → ■ ◪ ▣ ▥ 目

13

정답 ②

□ ▣ ◪ ■ ▥ → □ ▣ ◪ ▨ ▐

15

정답 ②

■ ▨ ▣ ▐ ▥ → ▐ ▨ ▣ 目 ▥

18

정답 ②

647 047 717 786 170 → 761 047 717 786 170

20 정답 ②

355 478 761 786 114 → 355 478 <u>717</u> 786 114

21 정답 ②

양융양<u>잉</u>잉양<u>잉</u>잉<u>잉</u>영용용양용용양영용영영양융융양양양용영영영<u>잉</u>잉영영용융<u>잉</u>잉융용융용융융융 (8개)

22 정답 ③

<u>그것들은</u> 세기말 빈의 역사와 정신<u>을</u> 보여준다. 링을 돌아볼 때 당신<u>은</u> 세기말 링의 한가운데 서 있게 되<u>는</u> 것이다. (7개)

23 정답 ①

9<u>5</u>5<u>5</u>6<u>5</u>412<u>3</u>6<u>5</u>4<u>5</u>2623845215468<u>9</u>548923<u>5</u>486125265 (13개)

24 정답 ④

평생 <u>한</u> 곳, '프로이트 의원'을 떠나지도 옮기지도 않고 47<u>년</u>을 <u>한</u>결같이 <u>진</u>료했<u>던</u> 그의 모습<u>은</u> 성실<u>한</u> 의사의 표상이었다. (10개)

25 정답 ②

<u>I</u>n answer after answer, Obama expressed h<u>i</u>s conf<u>i</u>dence <u>i</u>n the next cohort of Amer<u>i</u>cans, from the<u>i</u>r res<u>i</u>l<u>i</u>ence to the<u>i</u>r tolerance. (9개)

26 정답 ③

▷▲▲▲▷▶■▽▽▲▷▲▶◆▽◆■▲▲■▽◆▲▼▽▼▷▶◆■■▽▽■◆◆■▷◆▶▷ (10개)

27 정답 ②

878241183551447<u>9</u>787545<u>29</u>3<u>9</u>1191214<u>9</u>302255502468<u>59</u>0663326 (6개)

28 정답 ②

T<u>h</u>e private equity, bankruptcy, and steel magnate quickly named trade policy wit<u>h</u> C<u>h</u>ina as one of t<u>h</u>e areas <u>h</u>e'd seek to c<u>h</u>ange. (6개)

29 정답 ④

ⓒⒷⒹⓐ①Ⓗ①ⓐ①ⓔⒻ①ⒽⒷⓔⓐⒽⒻⓖⓔⒻⓒⒹⓖ (4개)

30 정답 ②

While aut<u>o</u>mati<u>o</u>n has struck s<u>o</u>me fear in the hearts <u>o</u>f average w<u>o</u>rkers, m<u>o</u>st empl<u>o</u>yers expect it t<u>o</u> actually create j<u>o</u>bs. (9개)

01	②	02	②	03	①	04	②	05	①
06	①	07	②	08	②	09	①	10	②
11		12		13	②	14	①	15	
16	②	17	①	18	①	19	②	20	②
21	③	22	④	23	①	24		25	
26	②	27	②	28	③	29	④	30	④

01 　　　　　　　　　　　　　정답 ②

서열 무장 포병 지원 연습 → 서열 <u>지원</u> 포병 <u>무장</u> 연습

02 　　　　　　　　　　　　　정답 ②

지원 첩보 공격 무장 서열 → 지원 <u>공격 첩보</u> 무장 서열

04 　　　　　　　　　　　　　정답 ②

대책 첩보 억제 무장 지원 → 대책 첩보 억제 무장 <u>상황</u>

07 　　　　　　　　　　　　　정답 ②

move mad mind moral miss → move <u>meet</u> mind moral <u>mean</u>

08 　　　　　　　　　　　　　정답 ②

mind million miss moral make → <u>mad</u> million miss <u>mom</u> make

10 　　　　　　　　　　　　　정답 ②

mean mom mad make miss → mean <u>million mind</u> make miss

13 　　　　　　　　　　　　　정답 ②

송도 후포 청송 삼척 변산 → 송도 후포 청송 <u>안면</u> 변산

15 　　　　　　　　　　　　　정답 ②

덕포 안면 변산 장돌 송도 → 덕포 안면 변산 <u>송도</u> <u>장돌</u>

16 　　　　　　　　　　　　　정답 ②

721 637 687 277 683 → 721 <u>687</u> <u>637</u> 277 683

19 　　　　　　　　　　　　　정답 ②

721 277 827 045 687 → <u>271</u> 277 827 045 687

20 　　　　　　　　　　　　　정답 ②

827 175 637 271 277 → 827 <u>721</u> 637 271 277

21 　　　　　　　　　　　　　정답 ③

콯콤콕콤콕콤콘콯<u>콯</u>콧콤콯콯콘콤콕콤콘콘콘콧<u>콯</u>콧콤콕콤콘콧<u>콯</u>콯콘<u>콯</u>콯콧콤콧콧콤콯콤콯<u>콧콧콧콧콘</u> (9개)

22 　　　　　　　　　　　　　정답 ④

나는 여<u>름</u>은 제외하고 봄, 가을, 겨울에 이곳<u>을</u> 지나다녔다. 나는 빈에 가면 매일 아침 이곳을 걷고, 빈을 떠나면 매일 아침 서울을 걸으면서 슈타트파르크의 바<u>람</u>을 추억한다. (14개)

23 　　　　　　　　　　　　　정답 ①

41198680589935<u>2</u>85784675494<u>2</u>936<u>2</u>4935<u>7</u>2<u>0</u>26976153 9311<u>2</u>1<u>2</u>43 (7개)

24 　　　　　　　　　　　　　정답 ②

다양한 얼굴 표정은 말을 주고받는 <u>행위</u>의 뒤에서 그림자처럼 따라다니며 <u>대화</u> 내용의 이면에 담긴 중요한 감정 <u>상태</u>를 전달한다. (4개)

25 　　　　　　　　　　　　　정답 ②

I have m<u>o</u>re c<u>o</u>nfidence <u>o</u>n racial issues in the next generati<u>o</u>n than I d<u>o</u> in <u>o</u>ur generati<u>o</u>n <u>o</u>r the previ<u>o</u>us generati<u>o</u>n. (10개)

26 　　　　　　　　　　　　　정답 ②

ㄲㄹ<u>ㄹ</u>ㅉ<u>ㄸ</u>ㄹ<u>ㄹ</u>ㄹㅉ<u>ㄸ</u>ㄲ<u>ㄹ</u>ㄹㅉ<u>ㄲ</u>ㄸㅃ<u>ㄹ</u>ㄸㅃㅃ<u>ㄸ</u>ㅃㄸ<u>ㄲ</u>ㅉ ㄸㅃㅃㅉㅃㄹㄲㄲㄲㄲㅉㅉ<u>ㄸ</u>ㄹ<u>ㄸ</u>ㄸㅉ<u>ㄸ</u>ㄹ) (9개)

27

정답 ②

2634523941352795143695433513694236413125646 3 (10개)

28

정답 ③

Healthy democracies thrive on transparency and leadership that is sensitive to the needs of its citizens. (13개)

29

정답 ④

봉ㅎㅎㅄㄱㅎㅎ뱅ㅇㅇㅄㄱㅇㅇㅄㄱㅎㅎㅄㄱㅄㄱ뱅ㅇㅇ봉뱅ㅇㅇㅄㄱ봉뱅봉ㅇㅇㅎㅎㅄㄱㅎㅎ뱅ㅄㄱ봉ㅎㅎㅎㅎ뱅뱅ㅇㅇ뱅ㅎㅎ봉ㅎㅎㅇㅇ봉ㅇㅇㅇㅇ봉봉 (9개)

30

정답 ④

Ross did add, however, that "simultaneity" is another factor that's sorely missing in US trade agreements. (10개)

SET 10

01	②	02	①	03	①	04	①	05	②
06	①	07	②	08	②	09	②	10	①
11	①	12	②	13	②	14	②	15	①
16	②	17	①	18	①	19	①	20	②
21	②	22	④	23	①	24	③	25	①
26	③	27	③	28	②	29	④	30	③

01

정답 ②

사단 정보 편각 투발 표적 → 사단 정보 증원 투발 표적

05

정답 ②

편각 투하 투발 장치 증원 → 편각 투하 투발 장치 정보

07

정답 ②

♭ ▣ ★ ◆ § → ♭ □ ★ ◆ §

08

정답 ②

▣ ♭ □ ▥ ★ → ▣ ♭ ▥ □ ★

09

정답 ②

♣ ★ # ▥ ▣ → ♣ ★ # □ ▣

12

정답 ②

견갑골 척골 경추 쇄골 척골 → 견갑골 척골 경추 쇄골 요골

13

정답 ②

삼각골 주상골 척골 경추 요골 → 삼각골 중절골 척골 경추 요골

14

정답 ②

요골 견갑골 삼각골 척골 유구골 → 요골 견갑골 척골 삼각골 유구골

16

정답 ②

n6g a3d g1h v0p j4y → n6g h9e c5d v0p j4y

20

정답 ②

c5d j2l g1h h9e e7q → u8i j2l g1h c5d e7q

21

정답 ②

셯셉셯셉샌슌셯셉셯샬샌샌셉슌셉샬샬슌샌샬셉셯셉슌샌셉
샬슌슌샬샌샌슌샌샌슌셯샬슌샬셯셯셯 (8개)

22

정답 ④

19세기 말에 빈은 세상에서 가장 큰 변화가 있었으며, 650년 간의 구체제가 무너지고 새로운 세상이 만들어졌다. 그 과정에서 그들은 가장 큰 산고를 겪었다. (8개)

23

정답 ①

475865859868782140042690495301352439894951671
3355276007 (6개)

24

정답 ③

깐깐한 베토벤은 다른 음악가들과 함께 있기 싫어서 따로 나와 앉아 있고, 게다가 사람들이 지나다니면서 자기를 올려다 볼 길가에 앉아 있다. (10개)

25

정답 ①

They are more inclusive by instinct than we are, and hopefully, my presidency maybe helped that along a little bit. (9개)

26

정답 ③

⅕⅗⅔⅓⅗⅗⅓⅔⅗⅗⅓⅓⅗⅕⅕⅗⅓⅗⅗⅓⅔⅔⅓⅗⅔
⅔⅗⅓⅓⅗⅔⅔⅓⅓⅗⅔⅗⅔⅗⅗⅓⅗⅓⅗⅕⅗ (10개)

27

정답 ③

691760763533969488252985791476946964458184258
1854522222 (7개)

28

정답 ②

The amount of glass and plastic waste is smaller than that of garden cuttings. (7개)

29

정답 ④

💣❄🔔✈☼💧💣✈❀✈☼💧❀✏✈☼✏✈❄🔔✏💣✏❀✏❄💧🔔
💣 (5개)

30

정답 ③

I think the president has done a wonderful job preconditioning other countries with whom we'll be negotiating that change is coming. (10개)

SET 11

01	①	02	①	03	②	04	②	05	①
06	①	07	①	08	②	09	①	10	①
11	①	12	②	13	②	14	①	15	②
16	②	17	①	18	①	19	①	20	②
21	①	22	①	23	③	24	②	25	①
26	①	27	③	28	②	29	②	30	②

03
정답 ②

사단 공군 연대 분대 해병대 → 사단 <u>육군</u> <u>소대</u> 분대 해병대

04
정답 ②

육군 분대 사단 대대 해병대 → <u>연대</u> 분대 <u>해군</u> 대대 해병대

08
정답 ②

♗ ♟ ♨ ♕ ♖ → ♗ ♙ ♗ ♕ ♖

12
정답 ②

65. 20. 96. 38. 75. → <u>57.</u> 20. 96. <u>11.</u> 75.

13
정답 ②

15. 75. 38. 65. 28. → 15. 75. <u>42.</u> <u>20.</u> 28.

15
정답 ②

28. 96. 75. 11. 57. → 28. <u>11.</u> 75. <u>20.</u> 57.

16
정답 ②

연령 법령 망령 명령 요령 → 연령 <u>명령</u> 망령 <u>수령</u> 요령

20
정답 ②

수령 망령 유령 대령 혼령 → <u>발령</u> <u>법령</u> 유령 대령 혼령

21
정답 ①

내가 한림의 재모를 아껴 이같이 기별해 <u>사위</u>를 <u>삼</u>고자 하였더니 <u>선생</u> 형제는 도학군자라 예가 아닌 <u>것</u>을 문책하<u>시</u>는 도다. (6개)

22
정답 ①

75<u>6</u>15548<u>6</u>234<u>6</u>85123<u>6</u>21<u>6</u>6145<u>8</u><u>6</u>45<u>6</u>42316489125<u>6</u>487
(10개)

23
정답 ③

Y<u>o</u>u have t<u>o</u> challenge the c<u>o</u>nventi<u>o</u>nal ways <u>o</u>f d<u>o</u>ing things and search f<u>o</u>r <u>o</u>pp<u>o</u>rtunities t<u>o</u> inn<u>o</u>vate. (11개)

24
정답 ②

퍼플 오션을 찾기 위한 대표적인 전<u>략</u>은 이미 인기를 얻은 소재를 다<u>른</u> 장<u>르</u>에 적용하여 그 파급 효과를 노<u>리</u>는 것이다. (12개)

25
정답 ①

234519<u>8</u>513645<u>8</u>2169<u>8</u>7<u>8</u>74523612546<u>98</u>62315<u>8</u>62321 (6개)

26
정답 ①

ㅋㄸㄷㅋㄸㅋㄸㅋㄸㄸㅋㄸㄸㅋㄸㅋㄸㄸㅋㄸㅋㄸㅋㄸ ㄸㅋㄸㄸㄸㄸㅋㄸㅋㄸㄸㄸㅋㄸ (3개)

27
정답 ③

바람은 넘실 천 <u>이랑</u> 만 <u>이랑</u> <u>이랑이랑</u> 햇빛<u>이</u> 갈라지고 보리도 허리통<u>이</u> 부끄럽게 드러났다. (12개)

28
정답 ②

W<u>e</u> can g<u>e</u>t th<u>e</u> busin<u>e</u>ss of th<u>e</u> country don<u>e</u>. (6개)

29
정답 ②

一五六二九五八二三三二一五<u>四</u>七五八六<u>四</u>五二九<u>四</u> 六七五一八六<u>四</u>五七五二二三三一六二九七<u>四</u>六五<u>四</u>六 七八 (7개)

30
정답 ②

<u>4</u>65<u>4</u>2<u>4</u>136<u>4</u>8516<u>4</u>7951<u>3</u>4<u>4</u>568<u>4</u>5269<u>4</u>13655234679452 (11개)

01	①	02	①	03	②	04	①	05	①
06	①	07	②	08	②	09	①	10	②
11	②	12	①	13	②	14	①	15	①
16	②	17	①	18	②	19	②	20	①
21	①	22	④	23	①	24	①	25	③
26	③	27	①	28	④	29	①	30	①

03 정답 ②

Ω £ ‰ ⌘ Ö → <u>⊞</u> £ ‰ <u>⨼</u> Ö

07 정답 ②

케 켜 코 캐 쿸 → 케 <u>콕</u> <u>커</u> 캐 쿸

08 정답 ②

카 캐 쿠 커 켜 → 카 <u>코</u> 쿠 <u>키</u> 켜

10 정답 ②

콕 커 카 쿠 키 → <u>켜</u> 커 카 쿠 <u>코</u>

11 정답 ②

❋ ✿ ♣ ❄ ✪ → <u>♡</u> ✿ ♣ <u>♦</u> ✪

13 정답 ②

✿ ❄ ♦ ✿ ♣ → ✿ ❄ ♦ <u>✦</u> <u>✈</u>

16 정답 ②

도토리 땅콩 은행 건포도 아몬드 → <u>잣</u> 땅콩 은행 <u>헤이즐넛</u> 아몬드

19 정답 ②

은행 호두 캐슈넛 건포도 잣 → <u>헤이즐넛</u> 호두 <u>아몬드</u> 건포도 잣

21 정답 ①

<u>하</u>하<u>하</u>헤호<u>히</u>호흐하<u>헤하</u>후흐히해헤호후호<u>하</u>후햐<u>히</u>허<u>하하</u>후 (8개)

22 정답 ④

◪◩◪◨◪◩◪◨◪◩◪◨◪◩◪◨◪◩◪◧◪◩◪◨◪◩◪◧◪◩ (10개)

23 정답 ①

<u>Seps</u>i<u>s</u> happen<u>s</u> when our body'<u>s</u> re<u>sp</u>on<u>s</u>e to an infection injure<u>s</u> our own organ<u>s</u>. (9개)

24 정답 ①

6<u>2</u>589<u>22</u>1513<u>2</u>5<u>2</u>6<u>2</u>48561<u>2</u>395<u>2</u>17<u>2</u>16<u>2</u>635<u>2</u>151<u>2</u>457 (12개)

25 정답 ③

⊖⊘⊗⊘⊘⊙⊖⊕⊘⊙⊖⊕⊗⊖⊕⊘⊖⊙⊗⊘⊗⊖⊕⊖⊗ ⊖⊕⊘⊘⊗⊕⊖⊗⊘⊙⊘⊘⊕⊗ (6개)

26 정답 ③

그대의 충성은 지극<u>하</u>나 지금 황상이 <u>항</u>복<u>하</u>려 하시고 또<u>한</u> 적진의 <u>형</u>세가 저러하니, 그대 청춘이 전쟁터의 백골이 될 것이다. (8개)

27 정답 ①

Flying squi<u>rr</u>els a<u>r</u>e much smalle<u>r</u> than the t<u>r</u>ee squi<u>rr</u>els you see du<u>r</u>ing the day. (8개)

28 정답 ④

219<u>6</u>45<u>6</u>5413<u>66</u>5<u>6</u>13472<u>6</u>48<u>6</u>135<u>6</u>494<u>6</u>25<u>66</u>211241<u>86</u>2 (11개)

29 정답 ①

⇨⇦⇨⇦⇨⇧⇩⇨⇦⇨⇧⇨⇦⇨⇦⇩⇧⇨⇦⇨⇦⇨⇦⇩⇨⇦ ⇨⇦⇨⇦⇨⇦⇩⇨⇦⇨⇦⇧ (4개)

30 정답 ①

<u>A</u>fter mixing m<u>a</u>ny different chemic<u>a</u>ls with <u>a</u> wooden stick. (4개)

SET 13

01	①	02	①	03	②	04	②	05	①
06	②	07	①	08	②	09	①	10	①
11	①	12	②	13	①	14	②	15	①
16	①	17	②	18	②	19	①	20	②
21	④	22	①	23	②	24	③	25	②
26	①	27	④	28	②	29	③	30	③

03 정답 ②

우리 주기 우유 여가 두부 → 우리 주기 우유 <u>모두</u> 두부

04 정답 ②

요가 주리 두리 우리 주기 → 요가 주리 <u>두유</u> 우리 주기

06 정답 ②

♙ ♛ ♖ ♗ ♕ → ♙ ♛ ♖ <u>♙</u> ♕

08 정답 ②

♛ ♙ ♖ ♗ ♖ → ♛ ♙ ♖ <u>♗</u> ♖

12 정답 ②

★ ♫ ♧ ▲ □ → <u>§</u> ★ ♧ ▲ □

14 정답 ②

♫ ※ ♧ § ★ → ♫ ※ <u>♧</u> § ★

17 정답 ②

☀ ↖ ☎ ☞ ◑ → ☀ ↖ ☎ <u>⇔</u> ◑

18 정답 ②

♠ ☞ ‖ Σ ⇔ → ♠ ☞ <u>◉</u> Σ ⇔

20 정답 ②

☞ ‖ ⇔ ☎ Σ → ☞ <u>◑</u> ⇔ ☎ <u>↖</u>

21 정답 ④

<u>진정</u>한 <u>청렴이</u>란 아무도 <u>알아</u>주지 <u>않</u>을 것을 <u>알</u>면서도 <u>옳은</u> 일을 하는 것<u>이</u>다. (15개)

22 정답 ①

<u>8</u>9413265<u>98</u>9446556156<u>98</u>9845616546<u>89</u>9<u>8</u>4465665 44<u>8</u> (8개)

23 정답 ②

Autumn is a <u>se</u>cond spring wh<u>e</u>n <u>e</u>v<u>e</u>ry l<u>ea</u>f is a flow<u>e</u>r. (6개)

24 정답 ③

⊗♦⛁⛁◉⊞⊗▽▼⛁●⛁⊗♦●◉⊞⛁▼⊗◉⛁⛁⛁▼⛁ ▼♦⊗⛁◉▼⛁⊞♦▼⛁●⊗▽⛁⊞▼♦◉⊙ (5개)

25 정답 ②

5<u>1</u>6<u>1</u>5<u>1</u>684961521321684987984<u>1</u>654987418541565 69 8549 (9개)

26 정답 ①

W<u>h</u>en I was younger, I could remember anyt<u>h</u>ing, w<u>h</u>e<u>th</u>er it <u>h</u>ad <u>h</u>appened or not. (6개)

27 정답 ④

<u>공간 구조</u>의 <u>기억과</u> 회상에 <u>관</u>여하는 해마로 인해 우리는 눈 을 <u>감고</u> 머릿속에 집으로 <u>가</u>는 길을 떠올릴 수 있다. (12개)

28 정답 ②

☳☷☴☱☵☷☵☴☳☴☱☴☳☴☶☳☴☱☶☶☵☴ ☷☷☵☶☴☳ ☷☴☷ (11개)

29 정답 ③

98<u>6</u>49<u>6</u>451<u>6</u>3<u>6</u>218<u>6</u>691561536898<u>6</u>5144<u>6</u>4<u>6</u>341<u>6</u>8<u>4</u><u>6</u>9<u>6</u> 318 (14개)

30 정답 ③

무언<u>가</u>를 열렬히 원한다면 <u>그것</u>을 얻기 위해 전부를 <u>걸</u>만큼 의 배짱을 <u>가</u>져라. (6개)

01	①	02	①	03	①	04	②	05	②
06	②	07	①	08	①	09	②	10	①
11	①	12	①	13	①	14	②	15	②
16	①	17	②	18	①	19	②	20	②
21	③	22	①	23	①	24	③	25	①
26	④	27	③	28	①	29	②	30	③

04   정답 ②

현 준 독 복 하 → <u>하</u> 준 독 복 <u>현</u>

05   정답 ②

준 복 현 순 경 → 준 <u>요</u> 현 순 경

06   정답 ②

book dive bite up street → <u>cut</u> dive bite up street

09   정답 ②

word up lake street cut → word <u>off</u> lake <u>up</u> cut

14   정답 ②

▷ ♨ ▦ ♤ ▽ → ▷ ♨ ▦ ♤ <u>】</u>

15   정답 ②

】 ▷ ◀ ▽ ♨ → 】 <u>▽</u> ◀ <u>▷</u> ♨

17   정답 ②

◁ ▽ ▰ △ ◣ → ◁ ▽ ▰ <u>▲</u> ◣

19   정답 ②

▽ ▲ △ ▰ ▶ → ▽ ▲ △ <u>◣</u> ▶

20   정답 ②

▰ ◁ ▲ ▽ ▼ → ▰ <u>▶</u> ▲ ▽ ▼

21   정답 ③

절망으로부터 도망<u>칠</u> 유<u>일</u>한 <u>피</u>난처는 자아를 세상에 내동댕<u>이치</u>는 <u>일이</u>다. (7개)

22   정답 ①

8128<u>4529</u>50248946825162138234<u>5</u>8024894685110249 46<u>5</u>870 (6개)

23   정답 ①

I believe I can s<u>o</u>ar. I see me running thr<u>ou</u>gh that <u>o</u>pen d<u>oo</u>r. (5개)

24   정답 ③

≫⊐<u>⊐</u>⊐⇒⊐∈⊏⊏⇔<u>⊐</u>⊐∈⊏⊏⇔⊏⊐<u>⊐</u>≫⊐≫∈⊐∈ <u>⊐</u>⊏⇔⊐∈⊐<u>⊐</u>≫⇔<u>⊐</u> (9개)

25   정답 ①

착착<u>찰</u>착찬<u>찰</u>찻추<u>찰</u>축춤<u>찰</u>차충축챙<u>찰</u>찬찻<u>찰</u>착첵<u>찰</u>채책챈 <u>찰</u>차챙<u>찰</u>충찬찻체춤<u>찰</u> (10개)

26   정답 ④

489<u>60</u>6027894526823165755026258306220611623<u>66</u>2 4509836<u>64</u> (12개)

27   정답 ③

<u>옷은</u> <u>입으</u>면 해지고 재물은 자손<u>에</u>게 전해 주<u>어</u>도 끝내는 탕진되<u>어</u> 흩<u>어</u>지고 마는 것<u>이</u>다. (11개)

28   정답 ①

(8개)

29   정답 ②

8965<u>7</u>245801<u>7</u>2<u>7</u>136<u>77</u>45892<u>7</u>312553<u>7</u>32153<u>7</u>51202<u>7</u>55 48<u>7</u>93312<u>7</u> (11개)

30   정답 ③

<u>T</u>he Impeachmen<u>t</u> <u>t</u>oday podcast ge<u>t</u>s you up <u>t</u>o da<u>t</u>e wi<u>th</u> <u>t</u>he day's mos<u>t</u> impor<u>t</u>an<u>t</u> impeachmen<u>t</u> news. (13개)

01	②	02	②	03	①	04	①	05	①
06	①	07	②	08	②	09	①	10	②
11	②	12	②	13	①	14	①	15	②
16	①	17	②	18	①	19	①	20	②
21	④	22	①	23	③	24	②	25	②
26	④	27	③	28	①	29	③	30	②

01
정답 ②

☺ ✿ ☉ ☎ ★ → ☺ ☆ ☉ ☎ ♡

02
정답 ②

★ ↖ ☉ ♡ ☎ → ★ ↖ ✿ ♡ ☎

07
정답 ②

desk note soup paper pizza → desk note sour paper pizza

08
정답 ②

door sour desk note soup → east sour desk cup soup

10
정답 ②

door east cup coffee desk → pizza east cup coffee soup

11
정답 ②

ab ij mn st cd → ab gh mn st cd

12
정답 ②

ef mn qr kl ab → ef ab qr kl op

15
정답 ②

st qr ab kl cd → st qr op kl cd

17
정답 ②

달 하천 산 오름 바다 → 달 하늘 산 오름 바다

20
정답 ②

강 달 바다 하늘 오름 → 강 별 바다 하늘 구름

21
정답 ④

28378825341050928359434754638905234351239909876545354655 (11개)

22
정답 ①

내 경험으로 미루어 보건데, 단점이 없는 사람은 장점도 거의 없다. (5개)

23
정답 ③

685795704947002723475167289703457362539099812 3342345344 (8개)

24
정답 ②

A trouble shared is a trouble halved. Whenever you are in trouble, talks together. (6개)

25
정답 ②

☀✿☀✸↗☉☹☆✸↗☁↑☉☎☉↗☁☹☎☀✸↑☁☉☎☺☎↑ ☁ (3개)

26
정답 ④

쵸채촉초최촉채챠촉촌쳐추채촛채촉춘쳐촉츄츠촉치쵸챠채 체쵸촉초촉츄추축춘치초축촉 (9개)

27
정답 ③

58166547989562398562332698452369881658268 2161 (8개)

28
정답 ①

He surely was happy that he won the company award. (6개)

29
정답 ③

나머지 인생을 설탕물이나 팔면서 보내고 싶습니까, 아니면 세상을 바꿔놓을 기회를 갖고 싶습니까? (8개)

30
정답 ②

The memory chips were sold to companies like Dell and Apple. (8개)

유형 1 어휘력

01	④	02	④	03	⑤	04	②	05	③
06	①	07	②	08	②	09	⑤	10	③
11	②	12	①	13	⑤	14	①	15	②
16	④	17	③	18	②	19	④	20	①
21	⑤	22	③	23	②	24	③	25	④
26	④	27	②	28	①	29	②	30	⑤

01 정답 ④

Q 정답해설

'걸음'을 비유적으로 이르는 말로 사용되었다.

Q 오답해설

①·②·③·⑤ 사람이나 동물의 다리 맨 끝 부분

전략 TIP

문맥에 맞는 적절한 단어를 찾는 유형은 언어논리에서 자주 출제됩니다. 이러한 유형은 보통 출제 오류를 피하려고 '국립국어원 표준국어대사전'의 예문을 그대로 사용하지만, 우리 시험의 비공개 특성상 문제의 오류가 있는 경우도 종종 있으니 소거법으로 선지를 하나씩 지워나가면서 푸는 것이 좋습니다.

02 정답 ④

Q 정답해설

제시문과 ④ 모두 '앞으로의 일에 대한 희망 따위를 품거나 기대하다.'의 의미이다.

Q 오답해설

①·②·③ 목숨, 명예 따위를 담보로 삼거나 희생할 각오를 하다.
⑤ 의논이나 토의의 대상으로 삼다.

03 정답 ⑤

Q 정답해설

제시문과 ⑤ 모두 '관심이나 눈길 따위가 쏠리다.'라는 의미이다.

Q 오답해설

① 한곳에서 다른 곳으로 장소를 이동하다.
② 금, 줄, 주름살, 흠집 따위가 생기다.
③ ('무리', '축' 따위의 말과 함께 쓰여) 건강에 해가 되다.
④ ('손해' 따위의 명사와 함께 쓰여) 그러한 상태가 생기거나 일어나다.

04 정답 ②

Q 정답해설

제시문과 ② 모두 '소식이나 연락 따위가 말하는 사람이 있는 곳으로 전하여지다.'의 의미이다.

Q 오답해설

① 질병이나 졸음 따위의 생리적 현상이 일어나거나 생기다.
③ 어떤 사람이 말하는 사람 혹은 기준이 되는 사람이 있는 쪽으로 움직여 위치를 옮기다.
④ 운수나 보람, 기회 따위가 말하는 사람 쪽에 나타나다.
⑤ 건강에 해가 되다.

05 정답 ③

Q 정답해설

제시문과 ③ 모두 '물감, 색깔, 물기, 소금기가 스미거나 배다.'의 의미이다.

Q 오답해설

① 어떤 일에 돈, 시간, 노력, 물자 따위가 쓰이다.
② 어떤 조직체에 가입하여 구성원이 되다.
④ 아이나 새끼를 가지다.
⑤ 어떤 범위나 기준, 또는 일정한 기간 안에 속하거나 포함되다.

06 정답 ①

🔍 정답해설

- 익명(匿名): 이름을 숨김. 또는 숨긴 이름이나 그 대신 쓰는 이름
- 무명(無名): 이름이 없거나 이름을 알 수 없음. 또는 이름이 널리 알려져 있지 않음

🔍 오답해설

②·③·④·⑤ 반의 관계이다.

07 정답 ②

🔍 정답해설

말소리는 다르지만 의미가 서로 비슷한 단어들의 관계인 유의 관계이다.

🔍 오답해설

①·③·④·⑤ 상하 관계이다.

08 정답 ②

🔍 오답해설

① 순대국(×) → 순댓국(○)
③ 맞을깔?(×) → 맞을걸?(○)
④ 잠궈야(×) → 잠가야(○)
⑤ 가능한(×) → 가능한 한(○): '가능한'은 형용사의 관형사형으로 뒤에 체언을 꾸며야 한다. 따라서 부사 '빨리'를 꾸미려면, 주로 '−는 한'의 구성으로 쓰여 조건의 뜻을 나타내는 '한'을 써서 '가능한 한'의 형태로 써야 한다.

09 정답 ⑤

🔍 정답해설

합격율(×) → 합격률(○): 모음이나 'ㄴ' 받침 뒤에 오는 '렬, 률'의 경우에만 '열, 율'로 적는다.

전략 TIP 🔍

어법은 점점 출제 비중이 줄어드는 추세이기는 하나, 그렇다고 시험 범위에서 배제된 것이 아닙니다. 이에 본서는 어법 유형에서 빈출되고, 실무상 공문서·보고서 작성 시 자주 틀리는 맞춤법 위주로 문제를 구성하였습니다.

10 정답 ③

🔍 정답해설

'가물'은 '가뭄'의 복수 표준어이므로 옳은 표기이다.

🔍 오답해설

① 한참(×) → 한창(○): '어떤 일이 가장 활기 있고 왕성하게 일어나는 때 또는 어떤 상태가 가장 무르익은 때'를 의미할 때는 '한창'을 쓴다.

② 결제(×) → 결재(○): '결정할 권한이 있는 상관이 부하가 제출한 안건을 검토하여 허가하거나 승인함'의 의미일 때는 '결재(決裁)'를 쓴다.
④ 여위고(×) → 여의고(○): '부모나 사랑하는 사람이 죽어서 이별하다.'의 의미일 때는 '여의다'를 쓴다.
⑤ 걷잡아서(×) → 겉잡아서(○): '겉으로 보고 대강 짐작하여 헤아리다.'의 의미일 때는 '겉잡다'를 쓴다.

11 정답 ②

🔍 정답해설

흥정을 부치고(×) → 흥정을 붙이고(○): '붙다'의 뜻이 있으면 '붙이다'를, 그렇지 않으면 '부치다'를 쓴다. 아래의 [Level Up]은 출제 가능한 '국립국어원'의 예문을 모아둔 것이므로 학습하는 것이 좋다.

Level UP

'붙이다 vs 부치다' 주요 예문	
붙이다	**부치다**
• 우표를 <u>붙이다</u>.	• 편지를 <u>부치다</u>.
• 담뱃불을 <u>붙이다</u>.	• 힘에 <u>부치다</u>.
• 조건을 <u>붙이다</u>.	• 안건을 회의에 <u>부치다</u>.
• 본문에 주석을 <u>붙이다</u>.	• 비밀에 <u>부치다</u>.
• 흥정을 <u>붙이다</u>.	• 삼촌 집에 숙식을 <u>부치다</u>.
• 경호원을 <u>붙이다</u>.	• 부쳐 먹을 내 땅 한 평 없다.
• 흥미를 <u>붙이다</u>.	• 빈대떡을 <u>부치다</u>.
• 농담을 <u>붙이다</u>.	• 부채를 <u>부치다</u>.
• 희망을 <u>붙이다</u>.	• 한글날에 <u>부치는</u> 글

12 정답 ①

🔍 정답해설

'어떤 일을 하기 위해 기회를 이용하다.'의 의미일 때는 '빌리다'를 쓴다. [빌어서(×)]

🔍 오답해설

② 바래(×) → 바라(○): 기본형이 '바라다'이므로 '바라+아 → 바라'로 써야 한다.
③ 깎두기(×) → 깍두기(○)
④ 맞췄다(×) → 맞혔다(○): '문제에 대한 답이 틀리지 않게 하다.'의 의미일 때는 '맞히다'를 쓴다.
⑤ 1994. 5. 24(×) → 1994. 5. 24.(○): 아라비아 숫자만으로 연월일을 표시할 때에는 '연, 월, 일'을 생략하고 그 자리에 마침표를 쓴다.

13

🔍정답해설

'중'은 보통 의존 명사로 띄어 써야 하지만, '은연중'은 한 단어이므로 붙여 써야 한다.

🔍오답해설

① 몇일(×) → 며칠(○)
② 오랜동안(×) → 오랫동안(○)
③ 곰곰히(×) → 곰곰이(○)
④ 우뢰(×) → 우레(○)

Level UP

한 단어로 붙여 써야 하는 '중'
부재중, 은연중, 한밤중, 무의식중, 무심중

14

정답 ①

🔍정답해설

할께(×) → 할게(○): '-ㄹ게'는 어떤 행동에 대한 약속이나 의지를 나타내는 종결 어미이므로 '할게'와 같이 써야 한다.

🔍오답해설

② '이따가'는 '조금 지난 뒤에'를 뜻하는 단어이고, '있다가'는 '있다'에 연결 어미 '-다가'가 결합한 말로 '머무르다가'의 의미를 지닌다.
③ '삼가다'는 '몸가짐이나 언행을 조심하다', '꺼리는 마음으로 양(量)이나 횟수가 지나치지 아니하도록 하다'를 뜻하는 말이다. [삼가하다(×)]
④ 'ㅚ+ㅓ'가 줄어들면 'ㅙ'가 된다. 따라서 '뵈어요'와 '봬요' 모두 맞는 표기이다.
⑤ '설레다'가 기본형이므로 '설레+는'으로 쓴다. [설레이다(×)]

15

정답 ③

🔍정답해설

제 1장의(×) → 제1 장의(○, 원칙), 제1장의(○, 허용): '제-'는 '그 숫자에 해당되는 차례'의 뜻을 더하는 접두사이므로 뒤의 말에 붙여 써야 하고, 단위를 나타내는 명사는 앞말과 띄어 쓰는 것이 원칙이나 수 관형사 뒤에 단위 명사가 붙어서 차례를 나타내는 경우에는 앞말과 붙여 쓰는 것을 허용한다.

🔍오답해설

① '데'는 의존 명사와 어미를 구분하여야 하는데, ①에서는 '장소'를 뜻하는 의존 명사로 쓰였으므로 앞말과 띄어 써야 한다.
② '밖에'는 '그것 말고는', '그것 이외에는', '기꺼이 받아들이는', '피할 수 없는'의 뜻을 나타내는 보조사로 쓰였으므로 앞말과 붙여 써야 한다.

④ '아무것'은 '특별히 정해지지 않은 어떤 것 일체', '(주로 '아니다'와 함께 쓰여) 대단하거나 특별한 어떤 것'을 의미하는 대명사로 한 단어이다.
⑤ '번'이 차례나 일의 횟수를 나타내는 경우에는 '한 번', '두 번', '세 번'과 같이 띄어 쓴다. 즉, '한번'을 '두 번', '세 번'으로 바꾸어 뜻이 통하면 '한 번'으로 띄어 쓰고 그렇지 않으면 '한번'으로 붙여 써야 한다.

16

정답 ④

🔍정답해설

'어떤 일이나 현상이 일어날 때나 경우'를 뜻하는 '시'는 의존 명사이므로 앞말에 띄어 써야 한다.

🔍오답해설

① 한잔 해야지(×) → 한잔해야지(○): '한잔하다'는 '간단하게 한 차례 차나 술 따위를 마시다.'를 뜻하는 한 단어이므로 붙여 써야 한다.
② 진행한지(×) → 진행한 지(○): '지'가 용언의 관형사형 뒤에서 경과한 시간을 나타내는 경우는 의존 명사이므로 띄어 써야 한다.
③ 아는대로(×) → 아는 대로(○): '대로'는 '어떤 모양이나 상태와 같이'를 뜻하는 의존 명사이므로 앞말과 띄어 써야 한다.
⑤ 가까워지기는 커녕(×) → 가까워지기는커녕(○): '커녕'은 어떤 사실을 부정하는 것은 물론 그보다 덜하거나 못한 것까지 부정하는 뜻을 나타내는 보조사이므로 앞말에 붙여 써야 한다.

17

정답 ③

🔍정답해설

부산간(×) → 부산 간(○): '사이'나, 두 문장 간에 '관계'의 뜻을 가지는 '간(間)'은 의존 명사이므로 띄어 써야 한다.

🔍오답해설

①·②·④·⑤ 한 단어이므로 붙여 써야 한다.

18

정답 ②

🔍정답해설

'-하(下)'는 '그것과 관련된 조건이나 환경', '아래 또는 아래쪽이나 밑'의 뜻을 더하는 접미사로 앞말에 붙여 써야 한다.

🔍오답해설

① '-상(上)'은 '물체의 위나 위쪽'의 뜻을 더하는 접미사로 앞말에 붙여 써야 한다.
③ '우리나라'는 한 단어이므로 붙여 써야 한다. 참고로 '저희 나라'의 표기가 틀린 것도 기억해야 한다.
④ '(이)야말로'는 강조하여 확인하는 뜻을 나타내는 보조사로 앞말에 붙여 써야 한다.
⑤ '안'이 '아니'를 뜻하는 부정 부사로 쓰일 때는 띄어 써야 한다.

정답 ④

🔍 **정답해설**

친구들이 생일잔치에 '전부 오지 않은 것'인지, '일부가 오지 않은 것'인지 불분명하다.

20

정답 ①

🔍 **정답해설**

'말씀'은 '남의 말을 높여 이르는 말'이기도 하지만, '자기의 말을 낮추어 이르는 말'이기도 하므로 가능한 표현이다.

🔍 **오답해설**

② 어른에게는 '수고하다', '당부하다', '야단맞다' 등을 사용하지 않는다.
③ 국립국어원의 『표준 언어 예절』에서는 간접 높임의 사용을 제한하고 있으므로, 상품이나 금액 등에 '-시'를 붙여 높임을 나타내면 안 된다.
④·⑤ '-시키다'를 '-하다'로 바꾸어도 의미의 변화가 없으면 무리하게 '-시키다'를 결합하지 않는다. ②의 경우 '소개하다'를 그대로 써도 의미의 변화가 없으므로 '소개해 줄게'로 쓰는 것이 자연스럽고, ⑩의 경우 아이가 스스로 입원하는 것이 아니라 아이를 입원하게 하는 것이므로 '입원시키다'로 쓰는 것이 자연스럽다.

Level UP

자주 틀리는 사동·피동형

○	×
• 헤매다	• 헤매이다
• 목메다	• 목메이다
• 설레다	• 설레이다
• 개다	• 개이다
• 되뇌다	• 되뇌이다

21

정답 ⑤

🔍 **정답해설**

사전의 모음 배열 순서는 'ㅏ, ㅐ, ㅑ, ㅒ, ㅓ, ㅔ, ㅕ, ㅖ, ㅗ, ㅘ, ㅙ, ㅚ, ㅛ, ㅜ, ㅝ, ㅞ, ㅟ, ㅠ, ㅡ, ㅢ, ㅣ'이다.

전략 TIP

빈출되는 유형은 아니나 만약 시험에 나온다면, 주의해야 할 순서는 'ㅗ, ㅘ, ㅙ, ㅚ', 'ㅜ, ㅝ, ㅞ, ㅟ'입니다.

22

정답 ③

🔍 **정답해설**

제시된 예문은 온라인상의 인기를 근거로 특정 식당의 음식이 맛있다고 판단한 것이므로 '대중(다수)에 호소하는 오류'에 해당한다. ③ 역시 그 식당에 관한 이야기를 하는 사람이 많다는 것을 근거로 그 식당을 평가한 것이므로 대중(다수)에 호소하는 오류에 해당한다.

🔍 **오답해설**

① 유명 연예인의 평가를 근거로 식당 음식의 맛을 판단하고 있으므로 '부적합한 권위에 호소하는 오류'에 해당한다.
② 이 식당의 음식이 맛없다고 말한 사람이 없다는 것을 근거로 이 식당의 음식이 맛있다고 판단한 것이므로 '무지에 호소하는 오류'에 해당한다.
④ 개인적인 감정을 강조하여 상대방이 자신의 주장을 받아들이도록 요구하고 있으므로 '연민(동정)에 호소하는 오류'에 해당한다.
⑤ 불충분한 통계자료, 제한된 정보, 대표성을 결여한 자료 등을 통해 특수한 사례를 일반화한 오류로, '성급한 일반화의 오류'에 해당한다.

23

정답 ②

🔍 **정답해설**

제시된 예문과 ② 모두 이것 아니면 저것이라고 단정 짓고 있으므로 '흑백 사고의 오류'에 해당한다.

🔍 **오답해설**

① 국민 과반수가 찬성했다는 것을 근거로 사형 제도가 참이라고 판단하고 있으므로 '대중(다수)에 호소하는 오류'에 해당한다.
③ 범위를 혼동한 '범주의 오류'에 해당한다.
④ 증명할 수 없거나 알 수 없는 사실을 근거로 들어 자신의 주장을 정당화하고 있으므로 '무지에 호소하는 오류'에 해당한다.
⑤ 언어논리 과목의 성적 하나만으로 공부를 잘하는 학생이라고 판단하고 있으므로 '성급한 일반화의 오류'에 해당한다.

24

정답 ③

🔍 **오답해설**

① 소세지(×) → 소시지(○)
② 커리(×) → 카레(○)
④ 밧데리(×) → 배터리(○)
⑤ 화이팅(×) → 파이팅(○), 메세지(×) → 메시지(○)

25

정답 ④

🔍 **오답해설**

① 케잌(×) → 케이크(○)
② 쥬스(×) → 주스(○)
③ 로보트(×) → 로봇(○), 애드립(×) → 애드리브(○)
⑤ 초콜렛(×) → 초콜릿(○), 타겟(×) → 타깃(○)

26

정답 ④

🔍 **정답해설**

'가마를 태우다'는 '그럴듯하게 추어올려 얼렁뚱땅 넘어가거나 속여 넘기다.'라는 뜻으로 문맥상 적절하지 않다.

🔍 **오답해설**

① 사개(가) 맞다: 말이나 사리의 앞뒤 관계가 빈틈없이 딱 들어맞음
② 바람(을) 넣다: 남을 부추겨서 무슨 행동을 하려는 마음이 생기게 만듦
③ 낙동강 오리알: 무리에서 떨어져 나오거나 홀로 소외되어 처량하게 된 신세
⑤ 가닥을 잡다: 분위기, 상황, 생각 따위를 이치나 논리에 따라 바로 잡음

27

정답 ②

🔍 **정답해설**

'절에 간 색시'는 남이 시키는 대로 따라 하는 사람을 이르는 말로, '행동이 가볍고 참을성이 없이'라는 뜻의 '자발없이'와는 자연스럽게 연결되지 않는다.

🔍 **오답해설**

① 손이 싸다(=손이 빠르다): 일 처리가 빠르다.
③ 반죽(이) 좋다: 노여움이나 부끄러움을 타지 아니하다.
④ 변죽을 치다(=변죽을 울리다): 바로 집어 말을 하지 않고 둘러서 말을 하다.
⑤ 입이 달다: 입맛이 당기어 음식이 맛있다.

28

정답 ①

🔍 **정답해설**

사악한 '교 씨'는 벌을 받게 되고 죄가 없는 '사 씨'는 누명을 벗게 된다는 내용으로, '모든 일은 반드시 바른길로 돌아감'을 뜻하는 사필귀정(事必歸正)이 가장 적절하다.

🔍 **오답해설**

② 금과옥조(金科玉條): 금이나 옥처럼 귀중히 여겨 꼭 지켜야 할 법칙이나 규정
③ 궁여지책(窮餘之策): 궁한 나머지 생각다 못하여 짜낸 계책

④ 만시지탄(晚時之歎): 때늦은 한탄이라는 뜻으로, 시기가 늦어 기회를 놓친 것이 원통해서 탄식함
⑤ 우공이산(愚公移山): 남이 보기엔 어리석은 일처럼 보이지만 한 가지 일을 끝까지 밀고 나가면 언젠가는 목적을 달성할 수 있음

29

정답 ②

🔍 **정답해설**

㉠은 몹시 가난하여 바느질품으로 겨우 생계를 이어 갔다는 뜻이다. 삼인성호(三人成虎)는 세 사람이 짜면 거리에 범이 나왔다는 거짓말도 꾸밀 수 있다는 뜻으로, 근거 없는 말이라도 여러 사람이 말하면 곧이듣게 됨을 이르는 말이다. 따라서 삼인성호는 ㉠의 상황에 적절하지 않다.

🔍 **오답해설**

① 상루하습(上漏下濕): 위에서는 비가 새고 아래에서는 습기가 오른다는 뜻으로, 매우 가난한 집
③ 삼순구식(三旬九食): 삼십 일 동안 아홉 끼니밖에 먹지 못한다는 뜻으로, 몹시 가난함
④ 가도벽립(家徒壁立): 가난한 집이라서 집 안에 세간살이는 하나도 없고 네 벽만 서 있다는 뜻으로, 매우 가난함
⑤ 조반석죽(朝飯夕粥): 아침에는 밥을 먹고 저녁에는 죽을 먹는다는 뜻으로, 몹시 가난한 살림

30

정답 ⑤

🔍 **정답해설**

백골난망(白骨難忘)은 '백골이 되어서도 잊을 수 없다.'라는 뜻으로 남에게 큰 은덕을 입었을 때 고마움의 뜻을 나타내는 말이다. 이와 상반되는 뜻을 가진 한자성어는 '남에게 입은 은덕을 저버리고 배신하는 태도가 있음'을 뜻하는 배은망덕(背恩忘德)이다.

🔍 **오답해설**

① 군계일학(群鷄一鶴): 닭의 무리 가운데에서 한 마리의 학이란 뜻으로, 많은 사람 가운데서 뛰어난 인물
② 각골난망(刻骨難忘): 남에게 입은 은혜가 뼈에 새길 만큼 커서 잊히지 아니함
③ 백년하청(百年河淸): 중국의 황허강(黃河江)이 늘 흐려 맑을 때가 없다는 뜻으로, 아무리 오랜 시일이 지나도 어떤 일이 이루어지기 어려움
④ 각주구검(刻舟求劍): 융통성 없이 현실에 맞지 않는 낡은 생각을 고집하는 어리석음

출제된 한자성어 정리

- 가렴주구(苛斂誅求): 세금을 가혹하게 거두어들이고, 무리하게 재물을 빼앗음
- 가인박명(佳人薄命): 미인은 불행하거나 병약하여 요절하는 일이 많음
- 간세지재(間世之材): 여러 세대를 통하여 드물게 나는 인재
- 구밀복검(口蜜腹劍): 입에는 꿀이 있고 배 속에는 칼이 있다는 뜻으로, 말로는 친한 듯하나 속으로는 해칠 생각이 있음
- 누란지세(累卵之勢): 층층이 쌓아 놓은 알의 형세라는 뜻으로, 몹시 위태로운 형세
- 동병상련(同病相憐): 같은 병을 앓는 사람끼리 서로 가엾게 여긴다는 뜻으로, 어려운 처지에 있는 사람끼리 서로 가엾게 여김
- 맥수지탄(麥秀之嘆): 고국의 멸망을 한탄함을 이르는 말로, 기자(箕子)가 은(殷)나라가 망한 뒤에도 보리만은 잘 자라는 것을 보고 한탄하였다는 데서 유래함
- 백아절현(伯牙絕絃): 자기를 알아주는 참다운 벗의 죽음을 슬퍼함. 중국 춘추 시대에 백아(伯牙)는 거문고를 매우 잘 탔고 그의 벗 종자기(鍾子期)는 그 거문고 소리를 잘 들었는데, 종자기가 죽어 그 거문고 소리를 들을 사람이 없게 되자 백아가 절망하여 거문고 줄을 끊어 버리고 다시는 거문고를 타지 않았다는 데서 유래함
- 백척간두(百尺竿頭): 백 자나 되는 높은 장대 위에 올라섰다는 뜻으로, 몹시 어렵고 위태로운 지경
- 백화난만(百花爛漫): 온갖 꽃이 활짝 펴 아름답고 흐드러짐
- 부화뇌동(附和雷同): 줏대 없이 남의 의견에 따라 움직임
- 사면초가(四面楚歌): 아무에게도 도움을 받지 못하는, 외롭고 곤란한 지경에 빠진 형편을 이르는 말. 초나라 항우가 사면을 둘러싼 한나라 군사 쪽에서 들려오는 초나라의 노랫소리를 듣고 초나라 군사가 이미 항복한 줄 알고 놀랐다는 데서 유래함
- 수불석권(手不釋卷): 손에서 책을 놓지 아니하고 늘 글을 읽음
- 순망치한(脣亡齒寒): 입술이 없으면 이가 시리다는 뜻으로, 서로 이해관계가 밀접한 사이에 어느 한쪽이 망하면 다른 한쪽도 그 영향을 받아 온전하기 어려움
- 연목구어(緣木求魚): 나무에 올라가서 물고기를 구한다는 뜻으로, 도저히 불가능한 일을 굳이 하려 함
- 어부지리(漁夫之利): 둘이 다투는 틈을 타서 엉뚱한 제3자가 이익을 가로챔
- 일거양득(一擧兩得): 한 가지 일을 하여 두 가지 이익을 얻음
- 일석이조(一石二鳥): 돌 한 개를 던져 새 두 마리를 잡는다는 뜻으로, 동시에 두 가지 이득을 봄
- 점입가경(漸入佳境): '들어갈수록 점점 재미가 있음' 또는 '시간이 지날수록 하는 짓이나 몰골이 더욱 꼴불견임'
- 정중지와(井中之蛙): '우물 안 개구리'라는 뜻으로, 세상 물정을 너무 모름
- 지록위마(指鹿爲馬): '윗사람을 농락하여 권세를 마음대로 함' 또는 '모순된 것을 끝까지 우겨서 남을 속이려는 짓'
- 학수고대(鶴首苦待): 학의 목처럼 목을 길게 빼고 간절히 기다림
- 호가호위(狐假虎威): 남의 권세를 빌려 위세를 부림

01	④	02	③	03	④	04	①	05	⑤
06	②	07	④	08	②	09	④	10	④
11	①	12	②	13	④	14	②	15	②
16	③	17	①	18	④	19	③	20	④
21	②	22	④	23	④	24	④	25	⑤
26	①	27	⑤	28	⑤	29	③	30	③
31	④	32	②	33	⑤	34	④	35	⑤
36	⑤	37	⑤	38	⑤	39	⑤	40	⑤
41	④	42	⑤	43	②	44	①	45	⑤
46	①	47	⑤	48	⑤	49	⑤	50	①
51	②	52	⑤	53	①	54	③	55	②
56	①	57	⑤	58	⑤	59	⑤	60	③
61	②	62	②	63	⑤	64	⑤	65	⑤
66	③	67	②	68	④	69	④	70	④
71	⑤	72	⑤	73	⑤	74	②	75	①
76	④	77	①	78	⑤	79	③	80	⑤

01

정답 ④

정답해설

㉠은 전환 관계의 접속어가 들어가야 하므로 '그런데'가 적절하고, ㉡은 뒷부분이 완전히 화제가 다른 방향으로 흘러가므로 '한편'이 적절하다.

Level UP

접속어의 종류
- 순접: 그리고, 그리하여
- 역접: 그러나, 하지만, 그렇지만
- 인과: 그래서, 따라서, 그러므로, 왜냐하면
- 첨가·보충: 게다가, 아울러, 그뿐 아니라, 특히
- 환언·요약: 요컨대, 즉, 다시 말하면
- 대등·병렬: 또는, 혹은, 그리고
- 전환: 그런데, 그러면, 한편
- 예시: 예를 들면, 예컨대, 이를테면, 가령

02

정답 ③

정답해설

㉠의 앞부분은 방언형에 따라 지도에 부호를 표시하는 방법이고 뒷부분은 실제 예시이기 때문에, 예를 들어주는 접속어인 '가령'이 적절하다.

03

정답 ④

정답해설

㉠의 앞뒤 문장은 역접 관계이므로 '하지만'이 적절하고, ㉡의 뒷부분은 가정의 내용이므로 '만약'이 적절하다.

04

정답 ①

정답해설

㉠과 ㉡ 모두 뒷부분이 앞부분에 대한 예시이므로 '예를 들어'와 '가령'이 적절하다.

오답해설

'또한'의 경우 앞부분의 내용을 추가하는 것이므로, '또한'이 들어가려면 앞부분에 귀속된 예시가 아니라 미디어 메시지에 대한 내용을 추가해야 한다.

05

정답 ⑤

정답해설

㉠의 앞뒤는 모두 배양육의 장점에 관한 내용이므로 첨부의 의미인 '그 밖에도'가 적절하고, ㉡의 뒷부분은 그에 반박하는 내용이므로 '그런데'가 적절하다.

06

정답 ②

정답해설

(가)의 문장은 '이러한 언어의 변화'로 시작한다. 이에 앞서 '언어의 변화'에 대한 언급이 있어야 글이 일관성 있게 전개될 수 있고, (가)에서 언급한 '공시태'에 대한 부연 설명이 잇달아 나오는 ②의 위치가 적절하다.

전략 TIP

'문장 삽입' 유형의 경우, 제시문 전체를 읽는 것보다 각 번호의 앞뒤 문장을 우선 읽는 것이 좋습니다.

07

정답 ④

정답해설

(가)는 중국 한자와 일본 가나의 컴퓨터 입력 방법에 관한 내용이므로, '한글이 컴퓨터 입력에 있어 더 경제적이라는 내용'의 문장 앞인 ④의 위치가 적절하다.

08

정답 ②

정답해설

(가)는 앞 문장의 예시이므로 가장 적절한 위치는 ②이다.

오답해설

③·④ 열대 우림 파괴에 관한 내용으로, (가)는 이보다 앞에 위치해야 한다.

09 정답 ④

🔍 정답해설

(가)는 '반면에'가 있으므로 앞부분과 역접 관계이고, 감속과 반대되는 가속에 관한 내용, 엔진과 전기모터 두 개 모두 작동하고 있다는 내용이 앞부분에 있음을 추측할 수 있다. 따라서 ④가 적절하다.

10 정답 ④

🔍 정답해설

빈칸 앞에 '그러나'가 있으므로 빈칸은 앞부분의 내용과 역접 관계이다. 따라서 ④가 적절하다.

11 정답 ①

🔍 정답해설

제시문에서는 후발주자들의 인공 지능 도입이 더딘 이유를 대상에 대한 충분한 이해 부족으로 설명하고 있다. 즉, 인공 지능을 도입하지 못하는 주된 이유를 '인공 지능에 대한 불충분한 이해'라고 결론짓고 있다. 따라서 ①이 적절하다.

12 정답 ②

🔍 정답해설

빈칸 앞부분은 '스놉 효과'에 대한 설명이다. 스놉 효과는 남들이 많이 사는 것은 구입하기 싫어하는 소비 심리에 의해 비롯된 현상으로, 자신과 남이 다르다는 생각을 갖고 소비하는 현상이다. 따라서 스놉 효과에 따르면 소비자는 '값이 비싸고 희귀한' 상품을 산다고 하는 것이 적절하므로 ②가 적절하다.

🔍 오답해설

①·③ 이러한 상품이라면 많은 사람들이 구입할 것이다.
④·⑤ 이러한 상품이라면 많은 사람들이 구입할 것이다. 한편, 동시에 가격이 비싸다면 남들이 많이 살 수 없겠지만, 선지에 가격이 비싸다는 언급은 없으므로 확장 해석하면 안 된다.

13 정답 ④

🔍 정답해설

• ㉠: 제시문에서 필자는 70세임을 알 수 있으므로, 일흔 살을 의미하는 '희수, 고희'가 적절하다. 불혹은 마흔 살을 이르는 말이다.
• ㉡: '고개를 (쳐)들다'는 '기운이나 형세가 성하여지거나 활발하여지다'를 의미하는 관용구이다.
• ㉢: 문맥상 과거를 돌아본다는 의미이므로, '뒤'가 적절하다.
• ㉣: 문맥상 일단락을 짓는다는 의미이므로, '매듭'이 적절하다. '질곡'은 몹시 속박하여 자유를 가질 수 없는 고통의 상태를 비유적으로 이르는 말이다.
• ㉤: 제시문은 필자가 이 책을 집필하게 된 계기를 밝히고 있으므로, '동기'가 적절하다.

14 정답 ②

🔍 정답해설

제시문은 뇌를 대뇌, 소뇌, 간뇌, 중간뇌, 연수로 나누어서 각 역할에 대하여 설명하였다. 따라서 제시문의 설명방식은 '하나의 대상, 즉 전체를 여러 부분으로 나누어서 설명하는 방법'인 '분석'이다.

Level UP

글의 설명방식
• 분류: 여러 가지가 뒤섞여 있는 가운데 종류가 같은 것끼리 모아서 나누는 설명방식
• 정의: 어떤 말이나 사물의 뜻을 분명하게 정하여 밝히는 설명방식
• 비교: 둘 이상의 사물을 견주어 공통점과 차이점 등을 찾는 설명방식
• 예시: 구체적인 본보기가 되는 예를 들어 설명하는 방법
• 서사: 인물이나 사물의 변화와 움직임을 시간의 흐름에 따라 나타내는 방법
• 유추: 사물이나 대상의 유사성을 이용하여 빗대어 설명하는 방법
• 묘사: 어떤 대상을 눈에 보이듯이 그려 내는 방법
• 인과: 일어난 일의 원인과 결과를 엮어서 밝히는 전개 방법

15 정답 ②

🔍 정답해설

유추란 서로 다른 범주에 속하는 대상 간의 유사성을 통해 추리하는 것으로, 어렵고 복잡한 개념을 설명할 때 보다 친숙하고 단순한 개념과 비교함으로써 좀 더 쉽게 이해할 수 있도록 하는 방법이다.

16 정답 ③

🔍 정답해설

첫 문장에서 '유학자들은 백성을 이끌어야 한다는 생각을 한다'고 언급하였고, 이를 설명하기 위해 '주희'와 '정약용'을 예로 들었다. 그리고 나서 주희와 정약용을 '비교·대조'하여 설명하고 있으나, 선지에는 비교·대조가 없으므로 '예시'의 설명방식인 ③이 적절하다.

🔍 오답해설

① 분류
② 비유(의인법)
④ 분석
⑤ 서사

17　정답 ①

정답해설

- (가): 지시어가 제시되지 않았으므로 맨 앞에 위치
- (나): 헤시의 방생의 설
- (라): 헤시에 대한 부연 설명
- (다): '이런 상대적인 방법'은 (라)를 의미

전략 TIP

'글의 전개 순서' 유형의 경우, 가장 처음에 올 문장은 맨 앞에 접속어가 있을 수 없습니다. 이 문제의 경우 선지가 모두 '(가)'부터 시작돼서 상관없지만, 그렇지 않은 쉬운 문제는 선지를 한두 개 정도는 소거할 수도 있습니다.

18　정답 ④

정답해설

- (다): 글의 주지에 해당하는 문장
- (가): 과학에 관한 내용
- (라): 종교에 관한 내용
- (마): 과학과 종교의 배타성
- (나): 과학과 종교는 상호 배타적이지 않고 상호 보완적이라는 주지 문장을 뒷받침

19　정답 ①

정답해설

- (라) – (마) – (다): 김정호의 옥사설을 설명
- (나): 김정호의 옥사설은 사실이 아님
- (가): (나)를 부연 설명

20　정답 ④

정답해설

- (다): 접속어 또는 지시어가 없으므로 글의 맨 앞에 위치
- (라): (다)와 반대되는 내용인 '밤에 이루어지는 인간의 활동'
- (가): (라)에 의한 인류 문명의 발달
- (나): 인간이 밤에 활동하면서 얻은 단점

21　정답 ②

정답해설

1문단에서는 저울의 원리와 각 원리에 따른 양팔 저울, 대저울, 체중 저울에 관하여 기술하고 있고, 2 ~ 3문단에서는 각각 양팔 저울과 대저울에 관하여 기술하고 있다. 따라서 다음에 올 내용은 체중 저울에 관한 내용임을 추측할 수 있다.

전략 TIP

어떤 대상을 설명하는 글은 대부분 첫 문단에 무엇을 설명할 것인지 소개합니다. 따라서 글의 도입부를 유의해서 읽어야 합니다.

22　정답 ④

정답해설

앞의 내용에서 '도적이 성행하는 것은 수령의 가렴주구 탓'이라고 기술하고 있으므로, 이어지는 내용은 가렴주구에 시달리는 백성들에 관한 내용이 이어져야 한다.

23　정답 ③

정답해설

두괄식 문단이란 주지를 앞에 제시한 문단을 말한다. 제시문을 논리적으로 배열할 때, 주지 문장인 ⓒ이 맨 앞에 나온 뒤 이를 뒷받침하는 두 가지 일화(예시)가 나와야 한다. 두 가지 일화의 순서는 ⓔ이 '죽죽도'로 시작하므로, '눌최의 일화'가 먼저 나와야 한다.

- ⓒ: 문단의 주지 문장
- ⊙ · ⓛ: 눌최의 일화(예시 1)
- ⓔ · ⓜ: 죽죽의 일화(예시 2)

24　정답 ④

정답해설

미괄식 문단이란 주지를 마지막에 제시한 문단을 말한다. 제시문을 논리적으로 배열할 때, 주지 문장인 ⓔ이 맨 뒤에 나와야 한다.

- ⓛ: 현대인들은 과학 기술이 주는 혜택 때문에 인류의 미래를 낙관적으로 전망
- ⓜ: 낙관적인 미래 전망의 심각한 현상
- ⊙: 자연환경의 파괴(심각한 현상들의 예시 1)
- ⓒ: 핵전쟁 발발의 위험성(심각한 현상들의 예시 2)
- ⓔ: 문단의 주지 문장

25　정답 ⑤

정답해설

⑤는 '서양 음악 때문에 침체된 우리 전통 음악의 대중화를 위해 힘쓰자'는 제시문의 주제 및 의도에 어긋나는 내용이므로, 본론에 들어가기에 적절하지 않다.

26　정답 ①

정답해설

제시문은 처음부터 끝까지 '조세 원칙'에 관하여 기술하고 있다. 1문단에서 조세 원칙에 관하여 설명하고, 2문단부터는 조세 원칙을 콜베르의 주장에 빗대어 예를 들고 있다. 따라서 ①이 가장 적절하다.

- 1문단: 조세 원칙 중 공평과 효율의 원칙
- 2 ~ 4문단: 콜베르가 거위를 빗대어 주장한 조세 원칙

27 정답 ⑤

정답해설

호돌이, 이나비, 하늘이 모두 젊은이들이 자신의 마을에서 잘 살게 하기 위한 방안을 제시하고 있으므로 ⑤가 가장 적절하다.

오답해설

① · ② 호돌이의 의견과만 관련 있다.
③ 이나비의 의견과만 관련 있다.
④ 제시문의 내용과 관련 없다.

28 정답 ②

정답해설

필자는 '로마를 마지막으로 보아야 한다'는 통념을 제시한 뒤, 이를 '문명에 대해 가장 진지하게 반성할 수 있는 로마를 제일 먼저 보아야 한다'고 반박하며 주된 견해를 밝히고 있다. 따라서 문명에 대한 반성적 가치관이 중요하다는 ②를 필자의 궁극적인 견해라고 볼 수 있다.

오답해설

③ 로마는 '마지막으로 보아야 하는 도시'라는 로마의 자부심이 담긴 말을 제시하고 있을 뿐, 이를 본받아야 한다는 내용은 확인할 수 없다.
④ 필자의 견해와 어긋난다. 필자는 새로운 문명을 전망하기 위해서는 과거 문명에서 벗어나야 하는 것이 아니라 과거 문명을 통해 문명이란 무엇인가에 대해 반성하는 일이 필요하다는 입장이다.
⑤ 로마는 '문명이란 무엇인가'라는 물음에 대해 가장 진지하게 반성할 수 있는 도시이지, 그 물음에 대한 답을 로마 유적에서만 얻을 수 있다는 설명은 적절하지 않다.

29 정답 ③

정답해설

유추의 방식으로 정치인의 자세를 설명한 글이다. 사람들 한 명 한 명을 직접 건네주기보다는 다리를 놓아 강을 건널 수 있게 문제를 근본적으로 해결한다면 백성들이 근심하지 않게 된다는 것이 제시문의 주제이다. 따라서 ③이 가장 적절하다.

오답해설

② 정치인이 모든 사람을 다 만족시킬 수 없다는 것은, 맹자가 제시한 근본적인 해결책의 전제일 뿐이다.

30 정답 ③

정답해설

제시문은 관계 내에서 갈등이 발생했을 때를 가정하여 사례를 제시한 후, 적절한 대응 전략을 설명하고 있다. 따라서 ③이 가장 적절하다.

오답해설

① · ② · ④ · ⑤ 제목은 글의 요지를 함축한 표현이므로, 그 범위가 너무 포괄적이거나 세부적이면 안 된다.

31 정답 ④

정답해설

제시문은 학생이 교수의 수업에서 공감하며 듣는 것이 얼마나 중요한 것인가에 대한 실험이다. 따라서 ④가 가장 적절하다.

오답해설

① · ② 교수들이나 학생들 각각의 사이에서 일어나는 의사소통이 아닌, 교수와 학생 사이에서 일어나는 의사소통을 다루고 있다.
③ 언어적 메시지가 아닌, 공감과 듣기의 중요성에 대해 다루고 있다.

32 정답 ②

정답해설

제시문은 '제도의 발달'과 '경제 성장'의 상관관계에 대해 설명하고 있다. 따라서 ②가 가장 적절하다.

33 정답 ②

정답해설

제시문은 바흐와 모차르트에 대해 알려진 이야기, 이와는 다르게 밝혀진 진실을 설명하고 있다. 사실이 아닌 이야기가 바흐와 모차르트의 삶을 미화하는 경향이 있으므로 ②가 가장 적절하다.

34 정답 ④

정답해설

제시문은 휘발유세 상승으로 인해 발생하는 장점들을 열거하여 휘발유세 인상을 정당화하고 있다. 따라서 ④가 가장 적절하다.

35 정답 ⑤

정답해설

1문단에서 복제본이 원본 고유의 예술적 속성을 대체할 수 없다는 통념을 제시한 후, 2문단에서 사진 작품의 사례를 들어 이를 반박하고 있다. 따라서 ⑤가 가장 적절하다.

오답해설

① 복제본과 원본의 예술적 가치 비교는 제시문에 언급되지 않았다.
② 2문단에서 '회화와 달리 사진의 경우'라고 제시하고 있으므로, 예술의 매체적 특성이 비슷해졌다고 할 수 없다.
③ 2문단의 마지막 문장과 배치되는 진술이다.
④ 미래의 원본 가치는 제시문에 언급되지 않았다.

36

🔍 정답해설

제시문의 첫 문장에서 "사람은 ~ 마음과 이치를 제하고 나면 귀하다 할 만한 것은 없다."라고 말한 뒤, 본능에 따르는 인간의 행동을 나열하고 있고, 마지막 문장에서 "그렇다면 이(인간)를 짐승이라 말하여도 괜찮을 것이다."라고 말하며 인간에 대한 부정적 평가로 글을 마무리하고 있다. 즉, 제시문은 인간이 지닌 귀한 것인 '마음'으로 본능을 다스려야 한다고 주장하는 것이므로 ③이 가장 적절하다.

37

정답 ⑤

🔍 오답해설

① 호돌이는 2년째 도서관에서 일하고 있다. 장교 시험공부는 동생이 하고 있다.
② 한 달에 5만 원 이상 나오는 것은 수도 요금이다.
③ 매달 어머니가 아닌 동생에게 40만 원을 송금한다.
④ '저녁 10시에 잠드는 것'과 '신경성 위염'과의 관련성은 제시문에서 추론할 수 없다.

38

정답 ③

🔍 정답해설

항생제의 내성 정도는 제시문에 언급되지 않았다.

🔍 오답해설

① 1문단 첫 번째 문장을 통해 알 수 있다.
② 1문단에서 자연적으로 존재하느냐, 화학적으로 합성하여 만들어 내느냐에 따라 항생제를 '자연 요법제'와 '화학 요법제'로 분류한다는 내용을 통해 알 수 있다.
④ 1문단의 '설파제', '현재 사용되고 있는 많은 항생제들은 곰팡이가 생성한 물질을 화학적으로 보다 효과가 좋게 합성한 것들'에서 알 수 있다.
⑤ 2문단의 '우리 몸의 세포에는 없는 세균의 세포벽에 작용하여 세균을 죽이는 것', '세균 세포의 단백 합성에 장애를 만들어 항균 효과를 나타내거나', '세균 세포의 핵산 합성을 저해하거나', '세균 세포막의 투과성에 장애를 일으켜 항균 효과를 나타낸다' 등에서 알 수 있다.

39

정답 ④

🔍 정답해설

3문단 마지막 문장에서 근육에 통증을 느끼면서까지 무리한 동작을 시도하면 안 된다고 하였으므로 ④는 적절하지 않다.

🔍 오답해설

① 2문단을 통해 알 수 있다.
② 마지막 문단에서 스트레칭은 매일 운동을 해야 최대의 효과를 얻을 수 있다고 언급했다.

③ 3문단에서 호흡을 깊이 들여 마시고 천천히 호흡을 내뱉으면서 스트레칭을 해야 한다고 언급했다.
⑤ 마지막 문단에서 고난도의 동작은 근육에 부담이 되기 때문에 쉬운 동작부터 스트레칭을 하는 것이 좋다고 언급했다.

40

정답 ⑤

🔍 정답해설

2문단 마지막 문장에서 암을 일으키는 궁극적인 원인은 우리를 둘러싼 환경에 있다고 기술하고 있다.

🔍 오답해설

① 1문단의 19세기 유럽 노동자들은 치료비가 없어 의사의 진료를 받는 대신 시골 장터의 약초 처방에 의존할 수밖에 없다는 내용을 통해 알 수 있다.
② 1문단 마지막 문장을 통해 알 수 있다.
③ · ④ 2문단 첫 번째 문장을 통해 알 수 있다.

41

정답 ④

🔍 정답해설

제시문에서 골드먼환경상의 사회적 의의는 언급되지 않았다.

🔍 오답해설

① 1문단을 통해 알 수 있다.
② 마지막 문단에서 해마다 4월 22일 지구의 날 전후로 발표된다고 언급했다.
③ 2문단에서 상금이 지급된다고 언급했다.
⑤ 2문단에서 국제 심사위원회가 선정한다고 언급했다.

42

정답 ③

🔍 정답해설

2문단에서 한글은 '종서'도 할 수 있고 '횡서'도 할 수 있다고 했으므로 적절하다.

🔍 오답해설

① 2문단 첫 번째 문장에서 한글의 장점은 더욱 살리고 '단점'은 고쳐 나가는 것이라고 했으므로 개선의 여지가 없는 것은 아니다.
⑤ 2문단에 따르면, 한글이 다양한 문자 생활에 크게 기여할 것이라는 생각은, 가로쓰기만이 아니라 가로쓰기와 세로쓰기가 모두 가능하다는 점에 근거한다.

43 정답 ②

연역적 추리법인 삼단논법이다.
- 보상을 받는다면 노력했다는 것이다: 일반적이고 추상적인 원칙의 대전제
- 호돌이는 노력하지 않았다: 구체적 사실의 소전제
- 그러므로 호돌이는 보상을 받지 못했다: 결론

한편, (가)의 문장을 추론하기 위하여 대전제를 명제로 볼 수 있다. 명제 '보상을 받는다면 노력했다'에 대한 대우는 '노력하지 않았다면 보상을 받지 못한다'이다. 명제에 대한 대우가 성립하므로 ②가 (가)에 적절하다.

44 정답 ①

정답해설

- 모든 포유류는 심장을 가지고 있다: 일반적이고 추상적인 원칙의 대전제
- 호랑이는 포유류이다: 구체적 사실의 소전제
- 그러므로 호랑이는 심장을 가지고 있다: 결론

45 정답 ⑤

정답해설

2문단에서 역전층 현상이 발생하면 위쪽으로 갈수록 기온이 높아진다는 것을 알 수 있다.

오답해설

① 1문단을 통해 알 수 있다.
② 겨울철 방에서 난방을 하면 방바닥의 따뜻한 공기는 위로 올라가는 대류 현상이 일어날 것이다.
③ 공기층이 안정된 상태라면 역전층 현상이 일어날 것이므로, 안개가 형성되고 이에 따라 스모그가 발생할 것이다.
④ 태양의 복사열로 지표가 데워지면 역전층 현상이 사라질 것이므로, 공기층은 불안정해질 것이다.

46 정답 ①

정답해설

제시문 중단의 '미국 사회에서 동양계 학생들(모범적 소수 인종)의 인종적 정체성은 다수자인 백인의 특성이 장점이라고 생각하는 것과 소수자인 동양인의 특성이 단점이라고 생각하는 것의 사이에서 구성된다.'라는 부분에서 추론할 수 있다.

오답해설

② 제시문에서는 동양계 미국인 학생들(모범적 소수 인종)이 성공적인 학교생활을 통해 주류 사회에 동화되고 이에 따라 사회적 삶에서 인종주의의 영향을 약화시킬 수 있는지에 대한 문제 제기만 언급되어 있을 뿐, 이 인종의 성공이 일시적 · 허구적인지에 대한 부분은 언급되어 있지 않다.

③ · ④ · ⑤ 제시문에서 동양계 미국인 학생들이 인종차별을 의식하고 있는 것은 알 수 있지만, 소수 인종 모두가 의식하고 있는 것인지, 한정된 자원의 배분을 놓고 갈등하고 있는지, 인종차별을 은폐된 형태로 지속시키는지는 알 수 없다.

47 정답 ⑤

정답해설

㉠ 1문단에서 박람회의 경제적인 효과를, 2문단에서 박람회의 사회적인 효과를 언급하며 다양성을 통한 박람회 주최국가의 '이데올로기적 통일성'을 표현하고 있다.
㉡ 제시문 하단의 '당시의 사회적 인식을 기초로 해서 당시의 기득권 사회가 이를 그들의 합법적인 위치의 정당성과 권력을 위해 진행하고 있는 투쟁에서 의식적으로 조작된 정치적 무기로서 조직, 설립, 통제를 위한 수단으로 사용하고 있다'는 부분에서 알 수 있다.
㉢ 다양성을 통해 박람회 주최국가와 도시의 이데올로기적 통일성을 표현하여 정치적 무기로 사용한다고 했으므로 합당한 추론이다.

48 정답 ⑤

정답해설

새로운 정보를 접했을 때 심리적 불안을 느끼는 특성에 대한 언급은 없다.

오답해설

㉠ 자신의 신념과 일치하는 정보는 받아들이고 그렇지 않은 정보는 무시하는 경향을 확증 편향이라고 하는데, 이는 곧 사람들이 자신의 신념이나 행동을 바꾸려 하지 않는 경향을 의미한다.
㉡ 두 번째 문단의 예시를 통해, 확증 편향은 사람들이 정보를 객관적으로 판단하지 못하는 심리적 특성이라는 것을 추론할 수 있다.
㉢ 확증 편향으로 우리는 자신이 가진 '기존의 견해와 일치하는 정보'만을 수용하고, 우리의 '신념과 행동을 유지'할 수 있게 해 준다. '지지자의 말'은 '기존의 견해와 일치하는 정보'로, '신념의 강화'는 '신념의 유지'로 설명될 수 있다.

49 정답 ⑤

정답해설

비만 청소년들이 주눅 들지 않고 자신감 있게 살아가는 것은 '청소년 비만을 극복하기 위한 노력'에 해당하지 않으므로, ⑤는 적절하지 않다.

50　정답 ①

🔍 정답해설

㉠ 글을 소개하는 서론이므로, 본론에서 논의할 '노사 관계' 가 무엇인지를 밝히는 '노사 관계의 의미'가 들어가는 것 이 적절하다.

㉡ 'Ⅱ. 2. 노사 관계 정립을 위한 방안'은 'Ⅱ. 1. 노사 분쟁 의 원인'을 바탕으로 해야 한다. 따라서 개요의 완결성을 위해 ㉡에는 'Ⅱ. 1. 나. 분배의 불공정성'을 해결할 수 있 는 방안인 '경영 성과에 따른 공정한 분배 보장'이 들어가 는 것이 적절하다.

🔍 오답해설

② '사용자와 근로자의 신뢰 구축'은 'Ⅱ. 1. 가. 노사 간의 이해 부족'과 관련된 방안으로, 이미 'Ⅱ. 2. 가, 나'에 제 시되어 있으므로 적절하지 않다.

③ ・④ '기업의 활성화 방안'은 이 글의 주제 ・본론 ・결론과 의 관련성을 고려했을 때, 지나치게 포괄적인 내용으로 적 절하지 않다.

51　정답 ②

🔍 정답해설

'보고 내용에 적합한 언어를 사용해야 하고'는 '4'에 부합하지 만, '최대한 이해가 가도록 전문적이고 자세한 설명을 제공한 다'는 '5'와 배치되므로 부합하지 않는다.

🔍 오답해설

① '1'에 부합한다.

③ '직접적이고 확실하게 의미를 전달하는 방식을 선택하며' 는 '4, 7' 등에 부합하고, '자신이 생각한 것이 분명하게 드러나도록 정리한다'는 '6'에 부합한다.

④ '9'에 부합한다.

⑤ '동료들의 조언을 받되'는 '10'에 부합하고, '작성자가 수 정을 반복해서 최상의 상태라고 판단했을 때 제출한다'는 '8'에 부합한다.

52　정답 ③

🔍 정답해설

제시문은 두 사람의 대화를 보여주고 있는 글이다. 찬영이가 전셋집을 옮긴 것이 화제인데, 좋은 집으로 간 것은 아니라는 찬영이의 말에 한 사람이 다소 말이 되지 않는 말까지 동원해 위로해 주고 있다. 따라서 문맥상 ③이 가장 적절하다.

53　정답 ①

🔍 정답해설

합리주의 이론은 어린이가 언어를 습득하는 것은 경험적인 훈 련이 아니라 선천적인 능력에 의한 것이라 주장한다. 따라서 언어 습득이 경험적이고 후천적이라고 설명한 ①이 적절하지 않다.

54　정답 ③

🔍 정답해설

보에티우스의 건강을 회복할 방법은 병의 원인이 되는 잘못된 생각을 바로잡아 주는 것인데, 제시문 중단 부분의 '다시 말해 만물의 궁극적인 목적이 선을 지향하는 데 있다.', 제시문 하 단 부분의 '세상은 결국에 불의가 아닌 정의에 의해 다스려지 게 된다.'에서 찾을 수 있다. 따라서 ③이 적절하다.

🔍 오답해설

㉢ 제시문 상단 부분에서, 철학의 여인은 보에티우스가 모든 소유물을 박탈당했다고 생각하는 것은 잘못된 전제에서 비롯된 것이고 이는 운명의 본모습을 모르는 것이라고 말 하고 있다.

55　정답 ②

🔍 오답해설

① ・④ 첫 번째 유형인 정기 배송 모델

③ ・⑤ 세 번째 유형인 장기 렌털 모델. '무제한 이용'이라는 명칭으로 헷갈릴 수 있으나, 제시문에서 각 유형별로 예시 를 들었기 때문에 ㉠의 예시로는 적절하지 않다. 모든 독 해 문제는 제시문에 있는 내용으로만 추론 및 접근해야 하 므로, 본인의 배경 지식을 무리하게 활용하거나 내용을 확 대해석하면 안 된다.

56　정답 ①

🔍 정답해설

영주와 은진이의 주장은 서로 반대되고, 두 사람의 주장을 도 출할 수 있는 질문은 ①이 적절하다.

• 영주: 국가는 개인의 사적 영역 관여를 최소화해야 하므로, 사회 복지 대상을 일부 사람들로 제한하고 민간 부문이 개 인 복지의 중요한 역할을 담당해야 한다.

• 은진: 국가가 사회 제도를 통해 모든 국민에게 보편적 복지 서비스를 제공해야 한다.

57　정답 ⑤

🔍 정답해설

제시문에서 필자는 드론이 개인정보 수집과 활용에 대한 사전 동의 없이도 개인정보를 저장할 수 있어 사생활 침해 위험이 높으므로 '사전 규제' 방식을 적용해야 한다고 주장한다. 따라 서 필자의 주장에 대한 반박으로는 개인정보의 복제, 유포, 위조에 대해 엄격한 책임을 묻는다면 사전 규제 없이도 개인 정보를 보호할 수 있다는 ⑤가 적절하다.

📋 전략 TIP 🌟

제시문과 선지의 호흡이 길어도 충분히 시간 안에 풀 수 있는 문제입니 다. 발문은 필자의 주장에 대한 반박을 찾으라는 것이므로, 제시문에 서 필자의 주장과 그 주장에 대한 논거를 빠르게 찾은 후, 필자의 주장 과 같은 선지들을 하나씩 소거하여 풀면 됩니다.

58

🔍 **정답해설**

환자는 잠들기 전에 운동을 하는데, 군의관에 따르면 취침 전 운동은 오히려 수면을 방해할 수 있으므로 환자는 운동 시간을 다른 시간으로 조정해야 한다.

🔍 **오답해설**

① 견과류는 수면에 도움이 된다.
③ 편안한 잠자리를 위해서는 취침 시간과 기상 시간을 일정하게 유지해야 한다.
④ 술은 얕은 잠엔 빠지게 할 수 있으나 숙면을 방해하므로 편안한 수면을 위해선 피하는 게 좋다.
⑤ 침실을 서늘하고 어둡게 유지하는 것이 도움이 된다.

59
정답 ③

🔍 **정답해설**

3문단의 연예계에서 활용하는 노이즈 마케팅 예시를 보았을 때 ③이 가장 적절하다.

🔍 **오답해설**

① 2문단에서 노이즈 마케팅은 상품의 부정적 이미지를 부각시키는 경우가 더 많다고 했다.
② 마지막 문단에서 의도적인 노이즈 마케팅은 소비자의 거부감을 불러올 수 있다고 했다.
④ 마지막 문단에서 빈번한 노이즈 마케팅은 소비자의 관심을 끌지 못한다고 했다.
⑤ 마지막 문단에서 화제의 내용이 지나치게 부정적인 경우 상품에 대한 신뢰감 상실로 이어질 수 있다고 했다.

60
정답 ③

🔍 **정답해설**

㉠의 앞 문장을 보았을 때, '잘 활용하면 이롭지만 잘못 쓰이면 해가 될 수 있는 사물이나 현상의 양면성'을 가리키는 '양날의 검'이 적절하다.

🔍 **오답해설**

① 입의 혀: 일을 시키는 사람의 뜻대로 움직여 줄 때 쓰는 말
② 눈엣가시: 몹시 밉거나 싫어 늘 눈에 거슬리는 사람을 일컬을 때 쓰는 말
④ 깨어진 그릇: 다시 본래대로 바로잡거나 돌이킬 수 없는 일을 비유적으로 이르는 말
⑤ 도마 위의 고기: 꼼짝없이 죽게 된 처지를 일컫는 말

61
정답 ③

🔍 **정답해설**

마지막 문단에서 북극곰은 깊은 동면을 하지 않고 중간에 깨어나 활동하며, 이어지는 문장부터는 동면 중에서의 활동에 관하여 기술하고 있다. ③은 북극곰이 겨울에 깊은 동면을 취한다는 전제가 내포되어 있으므로 적절하지 않다.

62
정답 ②

🔍 **정답해설**

제시문은 북극곰의 외양, 사냥 방법, 동면 등 북극곰의 특징을 병렬적으로 나열하고 있다.

🔍 **오답해설**

① · ③ · ④ · ⑤ 제시문에서 나타나지 않은 전개 방식이다.

63
정답 ③

🔍 **정답해설**

필자는 여성 안전칸의 도입에 비판적 입장을 취하고 있다.

64
정답 ②

🔍 **정답해설**

㉠은 실효성을 의심한다는 의미의 말과 바꾸어 써야 하므로, '믿지 아니하고 의심하여 고개를 이리저리 돌리다'라는 뜻의 '고개를 꼬았다'가 적절하다.

🔍 **오답해설**

① 활개를 치다: 의기양양하게 행동하다.
③ 가슴을 저미다: 생각이나 느낌이 매우 심각하고 간절하여 가슴을 칼로 베는 듯한 아픔을 느끼게 하다.
④ 머리를 모으다: 중요한 이야기를 하기 위하여 서로 바투 모이다.
⑤ 어깨를 겨누다: 서로 비슷한 지위나 힘을 가지다.

65
정답 ⑤

🔍 **정답해설**

제시문은 거짓말이 옳지 못함을 설명하고 있다. 주제문은 글 전체를 아우를 수 있는 문장이 되어야 하므로 ⑤가 가장 적절하다.

제3편 언어논리 • 47

66 정답 ③

정답해설

③은 '거짓말이 경우에 따라서는 큰 도움이 될 수 있음'을 뜻하는 말로, 윗글에 대한 반론의 근거로 사용하기에 가장 적절하다.

오답해설

① 거짓말은 도둑놈 될 장본이다: 거짓말하는 버릇이 도둑질의 시초라는 말
② 거짓말하고 뺨 맞는 것보다 낫다: 좀 무안하더라도 사실을 사실대로 말해야지 거짓말을 하면 안 된다는 말
④ 말 타면 경마 잡히고 싶다: 사람의 욕심이란 한이 없음
⑤ 노루 본 놈이 그물 짊어진다: 무슨 일이나 직접 당한 사람이 맡아 하기 마련임

67 정답 ②

정답해설

(가)의 '상형을 기본으로 하고'는 ② 뒤의 '천지인 삼극의 뜻을 포괄'과 연결되고, (가)의 '음이 칠조를 갖추었다'는 ② 뒤의 '음양의 이기의 정묘함을 포괄'과 연결된다. 따라서 (가)는 뒤에 상술이 들어가는 ②에 들어가야 적절하다.

68 정답 ③

정답해설

㉠ 앞에는 훈민정음이 28자만으로도 전환이 무궁하고, 간단하면서도 요긴하며, 모든 음에 정통한다는 내용이 있고, 뒤에는 훈민정음이 배우기 무척 쉬운 글자라는 내용이 있다. 즉, 앞뒤가 원인과 결과로 이어지고 있으므로 '그러므로'가 들어가야 적절하다.

69 정답 ④

정답해설

1문단에서는 데이터의 항목 간 연결이나 따로 수집한 데이터와의 연결을 통해 파생 정보를 추출할 수 있는 빅 데이터의 특성을 설명하고 있다. 2문단에서는 1문단의 빅 데이터 특성을 한 집단 구성원의 몸무게와 키의 데이터를 사례로 들어 설명하고 있다. 따라서 ④가 적절하다.

오답해설

①·②·⑤ 제시문에서 견해, 동작 원리의 이론적 증명, 유형은 언급되지 않았다.
③ 다양한 파생 정보를 추출할 수 있는 빅 데이터의 장점을 제시하고 있지만, 단점은 언급되지 않았고 장단점을 유형별로 구분하여 평가하고 있지도 않다.

70 정답 ④

정답해설

1문단에 따르면, 빅 데이터는 데이터의 복잡성이 매우 높은데, 데이터의 복잡성이 높으면 다양한 파생 정보를 끌어낼 수 있다고 한다. 따라서 제시문을 이해하지 못한 학생은 유민이다.

오답해설

• 민경, 지은: 1문단의 '빅 데이터는 ～ 데이터의 양이 매우 많다는 것뿐 아니라 데이터의 복잡성이 매우 높다는 의미도 내포되어 있다.'를 통해 적절하게 이해하였음을 알 수 있다.
• 소정: 1문단의 '(빅 데이터는) 데이터의 구성 항목이 많고 그 항목들의 연결 고리가 함께 수록되어 있다.'를 통해 적절하게 이해하였음을 알 수 있다.

71 정답 ⑤

정답해설

• 내구성을 따지지 않는 사람 → 속도에 관심이 없는 사람 → 디자인에 관심 없는 사람
• 연비를 중시하는 사람 → 내구성을 따지는 사람

오답해설

① 연비를 중시하지 않는 사람도 내구성은 따진다.
 → 연비를 중시하지 않는 사람이 내구성을 따지는지의 여부는 알 수 없다.
② 디자인에 관심 없는 사람도 내구성은 따진다.
 → 디자인에 관심 있는 사람이 내구성을 따진다.
③ 연비를 중시하는 사람은 디자인에는 관심이 없다.
 → 연비를 중시하는 사람이 디자인에 관심이 없는지의 여부는 알 수 없다.
④ 속도에 관심이 있는 사람은 연비를 중시하지 않는다.
 → 속도에 관심이 있는 사람은 내구성을 따지고, 내구성을 따지지 않는 사람이 연비를 중시하지 않는다.

72 정답 ②

정답해설

'공부를 열심히 한다.'를 A, '지식이 함양되지 않는다.'를 B, '아는 것이 적다.'를 C, '인생에 나쁜 영향이 생긴다.'를 D로 놓고 보면 첫 번째 명제는 C → D, 세 번째 명제는 B → C, 네 번째 명제는 not A → D이므로 네 번째 명제가 도출되기 위해서는 빈칸에 not A → B가 필요하다. 따라서 대우 명제인 ②가 답이 된다.

73 정답 ①

정답해설

제시문은 사회 윤리의 중요성과 특징, 향후 발전 방법에 대하여 설명하고 있다.

- (가)는 현대 사회에서 대두되는 사회 윤리의 중요성에 대한 내용으로, 글 전체의 대전제이다. 나머지는 연결어로 시작하는 것도 힌트가 된다.
- (다)는 소전제이다. 개인의 윤리와 다른 사회 윤리의 특징에 대한 내용이다.
- (마)는 (다)에 대한 보충 설명으로 개인 윤리와 사회 윤리의 차이점에 대해 설명하고 있다.

74　정답 ②

🔍 정답해설

제시된 개요의 '본론 1'과 '본론 2'는 각각 기업과 소비자의 차원으로 나뉜다. 그러므로 ㉠에는 1-(2)'에서 제시한 원인과 연계 지어 소비자 차원에서 포장재 쓰레기의 양을 줄이기 위한 방안을 제시하는 내용이 들어가야 한다. 따라서 호화로운 포장보다는 실속을 중시하는 합리적인 소비 생활을 해야 한다는 ②의 내용이 들어가는 것이 가장 적절하다.

75　정답 ①

🔍 정답해설

멜서스의 주장에 따르면 인구가 증가하면 식량이 부족해지고, 기근, 전쟁, 전염병으로 인구가 조절된다고 주장했기 때문에 ①의 주장은 멜서스의 입장과 반대된다.

🔍 오답해설

② 멜서스는 인구 증가에 따른 부작용을 막기 위해 인구 증가를 미리 억제해야 한다고 주장한 점에서 멜서스의 인구 억제 방식은 적극적임을 알 수 있다.
③ 멜서스는 '하루 벌어 하루 먹고사는 하류계급'으로 노동자를 언급했으며, 또한 하류계급은 성욕을 참지 못한다고 극단적으로 표현한 점을 봐서 상류계급과 하류계급으로 사회구조를 나누어서 봤음을 유추할 수 있다.
④ 멜서스는 인간의 평등과 생존권을 옹호하는 모든 사상과 이론은 '자연법칙에 위배되는 유해한' 것으로 주장했기 때문에 당대 대중 빈곤을 위해 노력했던 사람들에게 몬스터로 불렸음을 유추할 수 있다.
⑤ 멜서스의 주장은 비록 극단적인 편견으로 가득 찬 빗나간 화살이었지만, 인구구조의 변화와 그 사회현상을 새로운 시각으로 접근했다는 점에서 학문적으로 평가받을 수 있다.

76　정답 ④

🔍 정답해설

④ '최소 요구치'는 중심지 기능이 유지되기 위한 최소한의 수요를, '재화 도달 범위'는 중심지 기능이 미치는 최대의 공간 범위를 말한다. 이를 통해 중심지가 성립하기 위해서는 최소 요구치 범위가 재화 도달 범위 안에 있어야 한다는 것을 추론할 수 있다.

77　정답 ①

🔍 정답해설

먼저 문단의 첫 부분을 빠르게 훑어 접속사 및 지시대명사를 찾아보면, ㉡, ㉢, ㉣, ㉤, ㉥ 순서대로 '따라서', '그들은', '그런데', '그 발상은', '왜냐하면'을 찾을 수 있다. 여기서 '그런데'를 제외한 접속사 및 지시대명사는 결론, 이유나 부연설명 정도이므로 '그런데'를 기점으로 글이 나뉨을 알 수 있다. 따라서 ㉠, ㉡, ㉢ / ㉣, ㉤, ㉥으로 나눠진 ①이 정답 후보가 되며, 다시 글로 돌아가 처음부터 순서대로 읽으며 확인해보면 ㉡은 ㉠의 결론, ㉢은 ㉡의 부연, ㉣은 전환되는 부분, ㉤은 ㉣에 대한 부연, ㉥은 ㉤에 대한 이유로 ①이 답임을 알 수 있다.

🔍 오답해설

②·⑤와 같은 구조가 되기 위해서는, ㉠이 서론으로 전체 글을 포괄적으로 품어야 한다. 하지만 ㉣의 전환되는 내용을 통해 ㉠이 전체 글을 어우르는 서론이 될 수 없음을 알 수 있으므로 ②·⑤는 답이 될 수 없다.

78　정답 ⑤

🔍 정답해설

- (가)는 종교와 과학은 자연을 움직이는 '힘'에 대해 서로 화해할 수 없는 상반된 체계 및 가정으로 설명하고 있기 때문에 둘은 양립할 수 없다는 주장을 소개하고 있다.
- (나)는 종교와 과학의 충돌은 필연적인 것이 아니고, 서로 충돌해서는 안 되며, 나아가 상호 의존적이라는 주장을 소개하고 있다.
따라서 (가)와 (나)는 내용상으로는 대조적이지만 구조상으로는 대등·병렬적이다.

79　정답 ③

🔍 정답해설

㉠의 '문화'는 정신 활동에 한정된 좁은 의미의 문화이고, ㉡의 '문화'는 자연에 대한 인간의 기술적·물질적 적응까지를 포함하는 넓은 의미의 문화이다. 따라서 ㉠은 ㉡의 부분 집합이라고 할 수 있다.

80　정답 ⑤

🔍 정답해설

(나)의 뒷부분에서 글쓴이는 문화의 상이한 업적에 대해 문화적 서열을 적용할 수 있는가를 묻고 있다. 이는 곧 '문화의 우열을 나누는 것이 가능한가?' 하는 문제 제기이다.

유형 1 표 해석

01	②	02	③	03	③	04	④	05	④
06	①	07	①	08	②	09	②	10	①
11	③	12	②	13	④	14	④	15	②
16	②	17	③	18	③	19	③	20	③
21	②	22	④	23	④	24	③	25	②
26	①	27	④	28	④	29	④	30	④
31	③	32	③	33	③	34	①	35	④
36	①	37	④	38	①	39	②	40	①
41	③	42	④	43	④	44	④	45	③
46	④	47	③	48	③	49	②	50	④
51	③	52	③	53	②	54	④	55	①
56	①	57	③	58	④	59	④	60	②
61	④	62	④	63	④	64	④	65	④
66	④	67	①	68	③	69	④	70	④
71	③	72	④	73	①	74	②	75	④

01 정답 ②

정답해설

- (2013 · 2014년 총 지원자 수의 평균)

$$=\frac{826.9+806.9}{2}=816.9만 \ 명$$

- (2019 · 2020년 총 지원자 수의 평균)

$$=\frac{796.3+813}{2}=804.65만 \ 명$$

∴ $816.9-804.65=12.25$만 명

02 정답 ③

정답해설

지우개는 $500\times5=2,500$원, 계산기는 $5,700\times1=5,700$원, 형광펜은 $600\times3=1,800$원이므로, 제시된 자료에서 주문해야 할 비품은 총 $2,500+5,700+1,800=10,000$원이다. 정해진 총예산이 $25,000$원이므로 주문 가능한 볼펜의 예산은 $25,000-10,000=15,000$원이다.

∴ $15,000\div250\div12=5$타

03 정답 ③

정답해설

- ⊙: 2017년 상반기 미국의 2.6보다 높은 수치가 되어야 하므로 ② 또는 ③이 적절하다.
- ⓒ: 2020년 상반기 태국의 1.9보다 높고 같은 해 상반기 미국의 2.4보다 낮은 수치가 되어야 하므로 ③이 적절하다.

04 정답 ④

정답해설

(가): $723-(76+551)=96$명
(나): $824-(145+579)=100$명
(다): $887-(137+131)=619$명
(라): $114+146+688=948$명

∴ (가) ~ (라)에 해당하는 수를 모두 더한 값은 1,763명이다.

05 정답 ④

정답해설

$$7,750\times\frac{x}{100}\times\frac{30}{100}=93 \rightarrow x=4$$

∴ 서류 합격자 비율은 4%이다.

06 정답 ①

정답해설

$\{(1\times10)+(2\times36)+(3\times30)+(4\times72)+(5\times12)\}\div160$
$=520\div160=3.25$
100점 만점으로 환산한 만족도 점수의 값을 x라고 하면
$3.25:5=x:100$
∴ $x=65$점

07 정답 ①

🔍 정답해설

- 주말 입장료: $(20,000\times0.5)+(11,000)+(20,000)$
  $+(20,000\times0.5)=51,000$원
- 주중 입장료: $(18,000\times0.5)+(10,000)+(18,000)$
  $+(18,000\times0.5)=46,000$원

따라서 요금 차는 $51,000-46,000=5,000$원이다.

08 정답 ②

🔍 정답해설

$$\frac{400+500+300+x+400+550+300}{7}=400$$

$\therefore x=350$원

09 정답 ②

🔍 정답해설

평균점수가 750점이라고 했으므로

$$\frac{620+\bigcirc+720+840+\bigcirc+880}{6}=750 \rightarrow \bigcirc=1,440-\bigcirc$$

2회차 시험점수인 $\bigcirc$의 범위가 $620\le\bigcirc\le700$이므로

$620\le1,440-\bigcirc\le700 \rightarrow 740\le\bigcirc\le820$

따라서 최소점수는 740점이다.

📋 전략 TIP

위 풀이는 미지수가 두 개여서 시간이 오래 걸리므로, 실전에서는 다음과 같은 직관적인 풀이 방법이 좀 더 효과적일 수 있습니다.
$\bigcirc$에 들어갈 최소점수를 구하는 것이므로 $\bigcirc$은 최대점수인 700점이 되어야 한다.

$\therefore 620+700+720+840+\bigcirc+880=750\times6$

10 정답 ①

🔍 정답해설

- $\bigcirc=166-72=94$명
- $\bigcirc=\dfrac{67}{149}\times100\fallingdotseq45\%$

11 정답 ③

🔍 정답해설

'중앙값'은 가장 높은 점수인 20점과 가장 낮은 점수인 12점의 중간이므로 16점이 되고, '최빈값'은 가장 많은 빈도로 나타나는 값이므로 17점이 된다.

12 정답 ②

🔍 정답해설

통신회사의 기본요금을 x원이라 하면,

- 1월 이용요금: $x+60a+30\times2a=21,600$
  $\rightarrow x+120a=21,600 \cdots \bigcirc$
- 2월 이용요금: $x+20a=13,600 \cdots \bigcirc$

$\bigcirc$과 $\bigcirc$을 연립하면

$100a=8,000$

$\therefore a=80$

13 정답 ④

🔍 정답해설

- a 부품 불량품 개수: $3,000\times0.25=750$개
- b 부품 불량품 개수: $4,100\times0.15=615$개
- $\therefore$ a, b 부품의 한 달 동안 불량품 개수의 차는 $750-615$
  $=135$개이다.

14 정답 ④

🔍 정답해설

하늘색·크림색 타일의 개당 면적은 $1m\times1m=1m^2$이고, 타일을 붙일 벽의 면적은 $6m\times5m=30m^2$이다.
즉, 필요한 타일의 개수는 $30\div1=30$개이다.

- 하늘색 타일은 2개가 1세트이므로 구매할 세트의 수량은 $30\div2=15$개이고, 그 구매비용은 $15\times5=75$만 원이다.
- 크림색 타일은 3개가 1세트이므로 구매할 세트의 수량은 $30\div3=10$개이고, 그 구매비용은 $10\times7=70$만 원이다.
- $\therefore$ 크림색 타일을 선택하는 것이 더 경제적이며, 구매비용이 $75-70=5$만 원 더 저렴하다.

15 정답 ②

🔍 정답해설

설문에 응한 총 고객 수를 x명이라고 하면,
연비를 장점으로 선택한 260명의 고객은 전체의 13%이므로

$$\frac{13}{100}x=260$$

$\therefore x=260\times\dfrac{100}{13}=2,000$명

16 정답 ②

🔍 정답해설

제시된 자료에는 비율만 제시되어 있고 각 부서별 전체 직원 수를 알 수 없으므로 부서별 남·여직원의 수를 비교할 수 없다.

전략 TIP

자료해석은 지문의 길이에 비해 25분 안에 20문제를 빠르게 풀어야 한다. 시험장에서는 다른 선지가 명확하다면 ④의 경우 시간이 오래 걸리므로 풀지 않고 넘어가야 한다.

17 　　　　　　　　　　　　　정답 ③

정답해설

전년 대비 곡물 소비량의 변화를 계산해 보면 다음과 같다.

곡물	2019년	2020년
소 맥	−18	+24
옥수수	−23	+77
대 두	+1	+13

따라서 전년 대비 소비량의 변화가 가장 적은 것은 2019년의 대두이다.

오답해설

① 표의 수치 변화를 통해 눈으로 확인할 수 있다.
② 모든 곡물의 생산량과 소비량이 2020년에 최대치임을 알 수 있다.
④ 2020년 생산량 대비 소비량의 비중은 소맥 98.9%, 옥수수 97.2%, 대두 95.1%이므로 옳다.

18 　　　　　　　　　　　　　정답 ③

정답해설

C 단지는 다른 단지들에 비해 남학생(50%), 여학생(40%)의 비율이 모두 가장 높으므로 학생 수도 가장 많음을 알 수 있다.

오답해설

①·②·④ 자료에는 비율만 제시되어 있고 남·여학생 각각의 총 수가 나타나 있지 않으므로 단지별 남학생 수와 여학생 수의 정확한 값은 알 수 없다. 따라서 학생 수는 비교할 수 없다.

19 　　　　　　　　　　　　　정답 ④

정답해설

• 항공기 지연 중 A/C 정비가 차지하는 비율
: $\frac{117}{2,986} \times 100 ≒ 4\%$

• 항공기 결항 중 기상이 차지하는 비율: $\frac{17}{70} \times 100 ≒ 24\%$

$$\therefore \frac{4}{24} = \frac{1}{6}$$

20 　　　　　　　　　　　　　정답 ③

정답해설

쓰레기 1kg당 처리비용은 400원으로 변함이 없다. 오히려 쓰레기 종량제 봉투 가격이 인상될수록 신도시의 쓰레기 발생량과 쓰레기 관련 예산 적자가 감소될 것으로 추론할 수 있다.

21 　　　　　　　　　　　　　정답 ②

정답해설

고속버스를 이용할 경우, 어른은 68,400원, 아동은 34,200원이므로 총 102,600원이 소요된다. 반면에 경차를 이용할 경우, 어른 74,606원, 아동은 50% 할인된 금액인 6,275원이므로 총 80,881원이다. 따라서 고속버스가 경차보다 21,719원 더 비싸다.

22 　　　　　　　　　　　　　정답 ④

정답해설

표에서 국방비 중 경상비로 구매한 군수품 계약 집행액을 나타내는 총계가 꾸준히 증가함을 알 수 있다.

오답해설

① 중앙조달이 증가한 해는 2016년, 2017년, 2019년인데 그중 2017년에는 중앙조달과 부대조달 모두 증가하였다.
② 매년 가장 적은 계약 집행액에 해당하는 것은 부대조달이다.
③ 부대조달은 2018년에 가장 많았다.

23 　　　　　　　　　　　　　정답 ④

정답해설

2018년의 타인 정보 도용 관련 상담 건수는 2014년에 비해 700% 이상 증가하였다.

오답해설

① 2016년에 개인정보 무단 수집은 전년도보다 증가하였지만 이메일 스팸은 감소하였다.
② 주어진 자료로는 알 수 없다.
③ 개인정보 무단이용제공은 계속해서 감소하거나 증가하지 않아, 특별히 휴대전화 스팸과의 연관성이 있다고 단정지을 수 없다.

24 정답 ③

🔍정답해설

자료를 통해 2015년 생산 대비 수출 비중은 42.6%임을 알 수 있다.

구 분	2005년	2010년	2015년
수 출	16,262	24,881	31,551
(수출)÷(생산)	29.5%	37.7%	42.6%
순수출	7,943	13,552	18,319

🔍오답해설

①·②·④ 제시된 자료는 5년 단위로 지속적인 추세는 알 수 없다.

25 정답 ②

🔍정답해설

경제성장률(확률변수)이 표에서 나타나는 것보다 2%p씩 상승한 값은 '5% → 7%, 15% → 17%, 20% → 22%'이므로, $7 \times 0.2 + 17 \times 0.4 + 22 \times 0.4 = 17$%이다.

26 정답 ①

🔍정답해설

핵심 기술 중 '위치 측정 및 정밀 지도 구축', 'V2X 통신', '활용 서비스' 분야는 미국이 가장 우수한 수준을 보인다.

27 정답 ④

🔍정답해설

2013년의 동원훈련과 동미참훈련 대상자는 $553 + 482 = 1,035$천 명으로 전체 예비군 해당 대상자인 4,140천 명에 대해 $\frac{1,035}{4,140} \times 100 = 25$%의 비율을 차지하고 있음을 구할 수 있다.

28 정답 ④

🔍정답해설

예측 적중률$= \frac{\text{실제 투표결과}}{\text{예측}}$로 계산할 수 있다.

㉠ 기권에 대한 예측 적중률은 $\frac{150}{200} = 0.75$이고 투표에 대한 예측 적중률은 $\frac{700}{800} = 0.875$로 기권에 대한 예측 적중률보다 투표에 대한 예측 적중률이 더 높다.

㉢ 예측된 투표율은 $\frac{800}{1,000} = 0.80$이고, 실제 투표율은 $\frac{750}{1,000} = 0.75$로 예측된 투표율보다 실제 투표율이 더 낮다.

㉣ 기권 예측자 중 투표자 50명과 투표 예측자 중 기권자 100명이 예측대로 행동하지 않은 사람이다.

🔍오답해설

㉡ 실제 기권자는 250명이고, 이 중 기권 예측자는 150명이다.

29 정답 ④

🔍정답해설

전국에서 자전거전용도로는 $\frac{2,843}{21,176} \times 100 = 13.4$%의 비율을 차지한다.

🔍오답해설

① 제주특별자치도는 전국에서 여섯 번째로 자전거도로가 길다.

② 광주광역시의 전국 대비 자전거전용도로의 비율은 $\frac{109}{2,843} \times 100 = 3.8$%이며, 자전거보행자겸용도로의 비율은 $\frac{484}{16,331} \times 100 = 3$%로 자전거전용도로의 비율이 더 높다.

③ 경상남도의 모든 자전거도로는 전국에서 $\frac{1,844}{21,176} \times 100 = 8.7$%의 비율을 가진다.

30 정답 ④

🔍정답해설

서비스 품질 5가지 항목의 점수와 서비스 쇼핑 체험 점수를 비교해 보면, 모든 대형마트에서 서비스 쇼핑 체험 점수가 가장 낮다는 것을 확인할 수 있다. 따라서 서비스 쇼핑 체험 부문의 만족도는 서비스 품질 부문들보다 낮다고 이해할 수 있다. 그리고 서비스 쇼핑 체험 점수의 평균은 $(3.48 + 3.37 + 3.45 + 3.33) \div 4 = 3.41$이다.

🔍오답해설

① 주어진 자료에서 단위를 살펴보면 5점 만점으로 조사되었음을 알 수 있으며, 종합만족도의 평균은 $(3.72 + 3.53 + 3.64 + 3.56) \div 4 = 3.61$이다.
업체별로는 A마트 → C마트 → D마트 → B마트 순서로 종합만족도가 낮아짐을 알 수 있다.

② 자료에서 마트별 인터넷·모바일 쇼핑 만족도의 차를 구해보면 A마트 0.07점, B마트·C마트 0.03점, D마트 0.05점으로 A마트가 가장 크다.

③ A·D 마트는 고객접점직원 서비스보다는 고객관리 서비스가 더 낮게 평가되었고, B 마트는 상품 경쟁력이 가장 낮게 평가되었다.

31 정답 ③

정답해설

'총생산량=종업원 수×종업원 1인당 일일 생산량'이고,
A 공장과 C 공장의 종업원 수를 각각 x, y라 한다면,
- A 공장: $2,090=x\times19$ ∴ $x=110$명
- C 공장: $2,025=y\times15$ ∴ $y=135$명

32 정답 ③

정답해설

A 공장 종업원 수는 '31번'에서 구한 것과 같이 110명이고,
B 공장 종업원 수를 k라 한다면,
$110:k=5:3 \rightarrow k=66$명

∴ ㉠$=\dfrac{1,650}{66}=25$개

33 정답 ③

정답해설

2018년 대비 2019년 상승 비율을 구하는 식은

$\dfrac{2019년\ 가격-2018년\ 가격}{2018년\ 가격}\times100$이므로

$\dfrac{125,400-114,000}{114,000}\times100=10\%$이다.

34 정답 ①

정답해설

$\dfrac{모델\ 4\ 가격}{모델\ 2\ 가격}\times100=\dfrac{143,000}{105,000}\times100≒136.2$이므로,

모델 4의 가격은 모델 2의 가격의 약 136.2%이다.
∴ 모델 4는 모델 2보다 36.2% 비싸다.

35 정답 ④

정답해설

전군, 해군 모두 상위 3개 분야는 정신과, 내과, 외과이다.
- 전군: $\dfrac{5,570+1,460+1,826}{9,551}\times100≒92.7\%$
- 해군: $\dfrac{589+338+187}{1,243}\times100≒89.6\%$

전군은 90% 이상이지만 해군은 90% 미만이므로, ④는 옳지 않다.

오답해설

① 전군은 5,570명, 해군은 589명으로 정신과가 가장 많다.
② $\dfrac{1,243}{9,551}\times100≒13\%$이다.
③ 12명으로 가장 적다.

36 정답 ①

정답해설

치과의 전군 대비 해군 비율은 $\dfrac{14}{40}\times100=35\%$로, 전 분야 중 가장 높다.

오답해설

② $\dfrac{55}{164}\times100≒33.5\%$

③ $\dfrac{338}{1,460}\times100≒23.2\%$

④ $\dfrac{19}{92}\times100≒20.6\%$

37 정답 ④

정답해설

이전 분기 대비 수익 변화량은 2022년 3분기(-108)에 가장 크다.
- 2022년 1분기: -29
- 2022년 2분기: $+76$
- 2022년 3분기: -108
- 2022년 4분기: -97

오답해설

① 수익의 증가는 2022년 2분기에 유일하게 관찰된다.
② 재료비를 제외한 금액은 2022년 4분기가 2021년 4분기보다 낮다.
③ 수익의 변화량은 제품가격의 변화량과 밀접한 관계가 있다.

38 정답 ①

정답해설

- (2023년 1분기의 재료비)$=(1.6\times70)+(0.5\times250)$ $+(0.15\times200)=267$천 원
- 2023년 1분기의 수익이 2022년 4분기 수익과 동일해야 하므로 (2023년 1분기의 제품가격)=(2022년 4분기의 수익) +(2023년 1분기의 재료비)$=291+267=558$천 원이다.

39 정답 ②

정답해설

각 연령대별 총 일자리 수가 표에 나와 있으므로 각각에 해당되는 총 일자리 수와 비율을 곱하여 일자리 개수를 구할 수 있다.
- 20 ~ 29세 여성의 신규채용일자리 수: 330.5만×0.244= 80.642만 개=806,420개
- 50 ~ 59세 남성의 지속일자리 수: 531.6만×0.449 =238.6884만 개=2,386,884개
- ∴ 두 일자리 수의 차는 2,386,884-806,420=1,580,464개 =158.0464만 개로 약 158만 개이다.

40 정답 ①

- 40 ~ 49세 남성의 총 일자리 수: 전체 617.8만 개 중 45.6 +14.1=59.7%인 3,688,266개
- 같은 연령대의 남성 지속일자리 수: 617.8만 개×45.6%= 2,817,168개

∴ 이 연령대의 남성 총 일자리 수 대비 지속일자리 수의 비율은 $\dfrac{2,817,168}{3,688,266} \times 100 ≒ 76.4\%$임을 알 수 있다.

41 정답 ③

- ㉠ 49세까지 남성 지속일자리 비율은 증가하고 있으나 신규 채용일자리 비율은 감소하고 있으므로, 두 항목의 증감추세는 반대임을 알 수 있다.
- ㉡ 30 ~ 59세까지 여성 지속일자리 비율과 신규채용일자리 비율의 증감추세는 '증가 – 감소'로 같음을 알 수 있다.
- ㉣ 40대 연령대의 남성 신규채용일자리 대비 여성 신규채용일자리 비율을 구하면 다음과 같다.

$$\dfrac{11.7\%}{14.1\%} \times 100 ≒ 83.0\%$$

∴ 80% 이상이므로 옳은 설명이다.

㉢ 20대 총 일자리 수는 40대 총 일자리 수와 비교하면 $\dfrac{330.5만}{617.8만} \times 100 ≒ 53.5\%$로 55% 미만이다.

42 정답 ④

- 2019년 상반기 보훈분야의 전체 청구 건수
 : 35+1,865=1,900건
- 2020년 상반기 보훈분야의 전체 청구 건수
 : 17+1,370=1,387건

∴ 전년 동기 대비 2020년 상반기 보훈분야의 전체 청구 건수의 감소율은 $\dfrac{1,900-1,387}{1,900} \times 100 = 27\%$이다.

43 정답 ①

2020년 상반기 입원 진료비 중 세 번째로 비싼 분야는 자동차 보험 분야이다.

- 2019년 상반기 자동차 보험 분야 입원 진료비: 4,984억 원
- 2020년 상반기 자동차 보험 분야 입원 진료비: 5,159억 원

∴ 2020년 상반기 자동차 보험 분야 입원 진료비의 전년 동기 대비 증가 폭은 5,159-4,984=175억 원이다.

44 정답 ④

- 2013년 다문화 초등학생 수: 7,910명
- 2022년 다문화 초등학생 수: 60,283명

∴ 다문화 초등학생은 60,283-7,910=52,373명 증가했다.

- 2013년 다문화 고등학생 수: 340명
- 2022년 다문화 고등학생 수: 8,388명

∴ 다문화 고등학생은 8,388-340=8,048명 증가했다.

45 정답 ③

초·중·고등학교 전체 학생 수는 점점 감소하고, 전체 다문화 학생 수는 점점 증가하고 있으므로, 초·중·고등학교 전체 학생 수 대비 전체 다문화 학생 수의 비율은 계속 증가하고 있다.

② • 2013년의 전체 다문화 학생 수: 9,389명
- 2022년의 전체 다문화 학생 수: 82,536명
∴ 2013년 대비 2022년 전체 다문화 학생 수의 증가폭은 82,536-9,389=73,147명이다.
④ • 2013년의 고등학교 다문화 학생 수: 340명
- 2022년의 고등학교 다문화 학생 수: 8,388명
∴ 8,388÷340 ≒ 24.7배

46 정답 ④

2014년 대비 2019년 GOP/해강안 소초(동) 사업예산의 증가율은 $\dfrac{1,650-800}{800} \times 100 = \dfrac{850}{800} \times 100 = 106.25\%$이다.

① 제시된 자료를 보면 육군생활관(대대)의 사업예산은 2016년에 4,882억 원까지 증가했다가 2017년과 2018년에 감소하였고 이후 지속해서 증가하는 양상을 보였다.
② 해·공군 생활관(동)의 개선실적이 가장 많았던 해는 2021년이다.
- 2021년 육군생활관(대대) 사업예산: 4,435억 원
- 2021년 해·공군 생활관(동) 사업예산: 2,395억 원
∴ 4,435×0.5=2,217.5<2,395이므로, 2021년 해·공군 생활관(동) 사업예산은 육군생활관(대대) 사업예산의 50%를 넘는다(계산하면 54%).
③ • 2016년 사업예산: 4,882+682+1,417=6,981억 원
- 2017년 사업예산: 3,703+501+1,017=5,221억 원
- 2018년 사업예산: 2,572+660+922=4,154억 원
- 2019년 사업예산: 3,670+1,650+1,537=6,857억 원
∴ 2016 ~ 2019년 중에서 전체 사업예산이 가장 많았던 해는 2016년이다.

47 정답 ③

🔍 **정답해설**

소득이 줄더라도 주4일제를 찬성하는 주부의 수는 '대체로 그렇다'와 '매우 그렇다'에 응답한 주부의 수와 같다.

∴ 소득이 줄더라도 주4일제를 찬성하는 주부의 수는 56+76=132명이다.

48 정답 ③

🔍 **정답해설**

〈주4일제 시행 후 가계의 소득 변화〉의 조사 대상 수는 3+60+76+3=142명이다.

∴ 주4일제 시행 이후 소득의 변화가 없다고 대답한 주부의 비중은 $\frac{76}{142} \times 100 ≒ 53.5\%$이다.

49 정답 ②

🔍 **정답해설**

㉠ 2018 ~ 2020년의 일본, 대만 및 기타 국적 임직원 수의 합을 구하면 다음과 같다.
- 2018년: 1,615+1,333+97=3,045명
- 2019년: 2,353+1,585+115=4,053명
- 2020년: 2,749+2,032+153=4,934명

∴ 2018 ~ 2020년의 일본, 대만 및 기타 국적 임직원 수의 합은 중국 국적 임직원 수보다 많다.

㉢ 국적별 2019년과 2020년의 전년 대비 임직원 수의 증감폭을 구하면 다음과 같다.
- 2018년 대비 2019년의 임직원 수의 증감폭
  - 한국: 10,197-9,566=631명
  - 중국: 3,748-2,636=1,112명
  - 일본: 2,353-1,615=738명
  - 대만: 1,585-1,333=252명
  - 기타: 115-97=18명
- 2019년 대비 2020년의 임직원 수의 증감폭
  - 한국: 9,070-10,197=-1,127명
  - 중국: 4,853-3,748=1,105명
  - 일본: 2,749-2,353=396명
  - 대만: 2,032-1,585=447명
  - 기타: 153-115=38명

∴ 2019년과 2020년에 전년 대비 임직원 수가 가장 많이 증가한 국적은 중국이다.

🔍 **오답해설**

㉡ 연도별 전체 임직원 수를 구하면 다음과 같다.
- 2018년: 8,914+5,181+1,152=15,247명
- 2019년: 8,933+7,113+1,952=17,998명
- 2020년: 10,947+6,210+1,700=18,857명

연도별 전체 임직원 중 20대 이하 임직원이 차지하는 비중을 구하면 다음과 같다.
- 2018년: $\frac{8,914}{15,247} \times 100 ≒ 58.5\%$
- 2019년: $\frac{8,933}{17,998} \times 100 ≒ 49.6\%$
- 2020년: $\frac{10,947}{18,857} \times 100 ≒ 58.1\%$

∴ 2019년의 경우 전체 임직원 중 20대 이하 임직원이 차지하는 비중은 50% 미만이다.

㉣ 연령대별 2019년 대비 2020년의 증감률을 구하면 다음과 같다.
- 20대 이하: $\frac{10,947-8,933}{8,933} \times 100 ≒ 22.55\%$
- 30대: $\frac{6,210-7,113}{7,113} \times 100 ≒ -12.70\%$
- 40대 이상: $\frac{1,700-1,952}{1,952} \times 100 ≒ -12.91\%$

∴ 2019년 대비 2020년 임직원 수의 감소율이 가장 큰 연령대는 40대 이상이다.

50 정답 ④

🔍 **정답해설**

- 경기북부 지역의 도시가스 사용 비율: 64%
- 경기북부 지역의 LPG 사용 비율: 3.2%

∴ 64÷3.2=20배

🔍 **오답해설**

① 서울과 인천의 도시가스 사용 비율이 각각 84.5%, 91.8%로 다른 난방연료에 비해 높다.

② • 경기남부 지역의 열병합 사용 비율: 65%
   • 경기남부 지역의 도시가스 사용 비율: 32.5%
   ∴ 열병합 사용 비율은 도시가스 사용 비율의 2배이다.

③ • 경기북부 지역의 등유 사용 비율: 4.1%
   • 인천 지역의 등유 사용 비율: 0.4%
   ∴ 0.4×10<4.1이므로 올바른 설명이다.

51 정답 ③

🔍 **정답해설**

㉡ 비흡연 시 폐암 발생률: $\frac{300}{10,000} \times 100 = 3\%$

㉢ 흡연 여부와 상관없이 전체 폐암 발생률: $\frac{600}{11,000} \times 100$ ≒ 5.45%

🔍 **오답해설**

㉠ 흡연 시 폐암 발생률: $\frac{300}{1,000} \times 100 = 30\%$

52 　정답 ③

정답해설

7월과 9월에는 COD가 DO보다 높았다.

오답해설

① 자료를 통해 확인할 수 있다.
② DO는 4월에 12.1로 가장 많았고, 9월에 6.4로 가장 적었다. 이때의 차는 $12.1-6.4=5.7$mg/L이다.
④ • 7월의 BOD는 2.2mg/L이고, 12월의 BOD는 1.4mg/L이다.
　• 7월 대비 12월 소양강댐의 BOD 증감률은
　　$\dfrac{1.4-2.2}{2.2}\times100\fallingdotseq-36.36\%$이다.
　∴ 7월 대비 12월 소양강댐의 BOD 감소율은 30% 이상이다.

53 　정답 ②

정답해설

• 군사경찰대의 달리기 점수
　: $(60\times5)-90.5-45.5-22-79=63$점
• 보급대의 턱걸이 점수
　: $(65\times5)-80-63.5-68.5-65=48$점
∴ $63-48=15$점

54 　정답 ④

정답해설

40세 이상의 장염 환자는 40명, 40세 미만의 장염 환자도 40명이다.

오답해설

① 전체 환자의 수는 110명으로 확률은 $\dfrac{25}{110}=\dfrac{5}{22}$이다.
② 남성 환자는 총 59명으로 그 중 43명이 장염 환자이고, 여성 환자는 총 51명으로 그 중 37명이 장염 환자이다.
　∴ 남성과 여성 모두 장염 환자가 더 많다.
③ 40세 미만 남성 환자의 수는 $4+18=22$명, 40세 이상 여성 환자의 수는 $8+15=23$명이다.

55 　정답 ①

정답해설

여학생이면서 독서량이 6권 이상인 학생은 A, G 2명이고, 전체 여학생은 5명이다.
∴ 여학생이면서 독서량이 6권 이상인 학생 수는 전체 여학생 수의 $\dfrac{2}{5}\times100=40\%$이다.

오답해설

② 학생들의 평균 독서량은 $\dfrac{7+4+0+2+5+4+8+10}{8}$
　$=\dfrac{40}{8}=5$권이다.
③ 남학생은 C, E, H 3명이고, 독서량이 5권 이상인 학생은 A, E, G, H 4명이다.
　∴ 남학생이거나 독서량이 5권 이상인 학생은 A, C, E, G, H 5명이고, 전체 학생 수의 $\dfrac{5}{8}\times100=62.5\%$이므로 70% 이하이다.
④ 독서량이 3권 이상인 학생(6명) 중 여학생 비율(4명)은 $\dfrac{4}{6}\times100\fallingdotseq66.7\%$이고, 전체 학생 중 남학생 비율은 $\dfrac{3}{8}\times100=37.5\%$이므로 2배 이하이다.

56 　정답 ①

정답해설

승소율과 패소율은 각각 처리 건수에 대한 승소 건수 또는 패소 건수의 비율을 말한다.
• ㉠ (승소 건수)=(처리 건수)×[승소율(%)]÷100=4,140 ×35÷100=1,449
• ㉡ [승소율(%)]=(승소 건수)÷(처리 건수)×100=1,170 ÷3,120×100=37.5

57 　정답 ③

정답해설

자료의 일정한 규칙은 다음과 같다.

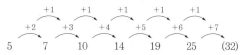

58 　정답 ④

정답해설

자료의 일정한 규칙은 다음과 같다.

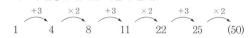

59 정답 ④

정답해설

사망자가 30명 이상인 사고를 제외한 나머지 사고는 A, C, D, F이다. 네 사고를 화재 규모와 복구 비용이 큰 순으로 각각 나열하면 다음과 같다.

- 화재 규모: A − D − C − F
- 복구 비용: A − D − C − F

따라서 ④는 옳은 설명이다.

오답해설

① 터널 길이가 긴 순으로, 사망자가 많은 순으로 사고를 각각 나열하면 다음과 같다.
  - 터널 길이: A − D − B − C − F − E
  - 사망자 수: E − B − C − D − A − F
  ∴ 터널 길이와 사망자 수는 관계가 없다.

② 화재 규모가 큰 순으로, 복구 기간이 긴 순으로 사고를 각각 나열하면 다음과 같다.
  - 화재 규모: A − D − C − E − B − F
  - 복구 기간: B − E − F − A − C − D
  ∴ 화재 규모와 복구 기간의 길이는 관계가 없다.

③ 사고 A를 제외하고 복구 기간이 긴 순으로, 복구 비용이 큰 순으로 사고를 나열하면 다음과 같다.
  - 복구 기간: B − E − F − C − D
  - 복구 비용: B − E − D − C − F
  ∴ 옳지 않은 설명이다.

60 정답 ②

정답해설

- 보고서 점수가 2점 이하인 신입사원은 15명이므로,
  $2+1+2+3+4+$㉡$+2=15 \rightarrow$ ㉡$=1$명
- 근무태도 점수가 4점 이상인 신입사원은 17명이므로,
  $2+3+1($㉢$)+2+$㉣$+1=17 \rightarrow$ ㉢$=8$명
- 신입사원은 총 35명이므로,
  $2+1+2+3+4+1($㉡$)+2+2+$㉠$+8($㉢$)+1+1+3+1$
  $+3=35 \rightarrow$ ㉠$=1$명
  ∴ ㉠$+$㉡$+$㉢$=1+8+1=10$명

61 정답 ④

정답해설

A, B, E구의 1인당 소비량을 각각 a, b, e라고 하고 제시된 조건을 식으로 나타내면 다음과 같다.

- 첫 번째 조건: $a+b=30$ … ㉠
- 두 번째 조건: $a+12=2e$ … ㉡
- 세 번째 조건: $e=b+6$ … ㉢

㉢을 ㉡에 대입하여 식을 정리하면,
$a+12=2(b+6) \rightarrow a-2b=0$ … ㉣
㉠과 ㉣을 연립방정식으로 풀면, $3b=30 \rightarrow b=10$
∴ $a=20$, $e=16$

$A \sim E$구의 변동계수를 구하면 다음과 같다.

- A구: $\dfrac{5}{20} \times 100 = 25\%$
- B구: $\dfrac{4}{10} \times 100 = 40\%$
- C구: $\dfrac{6}{30} \times 100 = 20\%$
- D구: $\dfrac{4}{12} \times 100 ≒ 33.33\%$
- E구: $\dfrac{8}{16} \times 100 = 50\%$

따라서 변동계수가 3번째로 큰 구는 D구이다.

62 정답 ④

정답해설

이윤을 구하는 식은 (판매 가격−생산 단가)×판매량이다.

- 핫바: $(4,000-3,500) \times 500 = 250,000$
- 샌드위치: $(6,000-5,500) \times 300 = 150,000$
- 컵밥: $(5,000-4,000) \times 400 = 400,000$
- 햄버거: $(7,000-6,000) \times 200 = 200,000$

∴ 하늘이는 이윤이 가장 높은 컵밥을 선택할 것이다.

63 정답 ②

정답해설

사격점수 평균 50점과 60점을 기록한 용사 수를 x, 90점을 받은 용사 수를 y라고 가정하면,
3소대 용사 정원 15명에 관한 방정식은
- $2x+5+4+y+1=15 \rightarrow 2x+y=5$ … ㉠

3소대 전체 평균은 72점이므로 15명의 평균을 모두 합하여 전체 평균을 구하는 방정식은
- $50x+60x+70 \times 5+80 \times 4+90 \times y+100 \times 1=72 \times 15$
  $\rightarrow 110x+90y=310$
  $\rightarrow 11x+9y=31$ … ㉡

㉠과 ㉡을 연립하면 $11x+9(5-2x)=31$
$\rightarrow -7x=31-45 \rightarrow x=2$
∴ 3소대에서 사격점수 평균 60점을 기록한 용사는 2명이다.

64 정답 ④

정답해설

$A \sim E$도시의 인구를 각각 a, b, c, d, e라고 하자.
주어진 식을 이용하면, (두 도시 인구의 곱)
$= \dfrac{(두\ 도시\ 간의\ 거리) \times (두\ 도시의\ 인구이동량)}{k}$이다.

- $ab = \dfrac{60 \times 2}{k} = \dfrac{120}{k}$
- $ac = \dfrac{30 \times 4.5}{k} = \dfrac{135}{k}$

$$\cdot\ ad=\frac{25\times 7.5}{k}=\frac{187.5}{k}$$

$$\cdot\ ae=\frac{55\times 4}{k}=\frac{220}{k}$$

B ~ E도시의 인구는 A도시 인구와의 곱에 비례한다.
따라서 각 도시의 인구는 E − D − C − B 순이다.

65 　정답 ④

🔍 **정답해설**

A팀은 C팀의 평균보다 3초 짧고, B팀은 D팀의 평균보다 2초 길다. 각 팀의 평균을 구하면 다음과 같다.

구 분	평 균
A팀	45−3=42초
B팀	44+2=46초
C팀	$\frac{51+30+46+45+53}{5}=45$초
D팀	$\frac{36+50+40+52+42}{5}=44$초

A팀의 4번 선수의 기록을 a초, B팀의 2번 선수의 기록을 b초로 가정하면,

• A팀의 4번 선수의 기록: $\frac{32+46+42+a+42}{5}=42$

　$\rightarrow a+162=210 \rightarrow a=48$초

• B팀의 2번 선수의 기록: $\frac{48+b+36+53+55}{5}=46$

　$\rightarrow b+192=230 \rightarrow b=38$초

∴ 두 선수의 평균 기록: $\frac{48+38}{2}=43$초

66 　정답 ④

🔍 **정답해설**

음식점까지의 거리를 x km라 하면 역에서 음식점까지 왕복하는 데 걸리는 시간과 음식을 포장하는 데 걸리는 시간이 1시간 30분 이내여야 하므로

• $\frac{x}{3}+\frac{15}{60}+\frac{x}{3}\leq\frac{3}{2}$ → 양변에 60을 곱하면

• $20x+15+20x\leq 90 \rightarrow 40x\leq 75 \rightarrow x\leq\frac{75}{40}$

　$\rightarrow x\leq 1.875$

∴ 역과 음식점 사이 거리는 1.875km 이내여야 하므로, K대위가 구입할 수 있는 음식은 '햄버거, 도시락'이다.

67 　정답 ①

🔍 **정답해설**

설문에 응한 총 고객 수를 x명이라고 하면,
연비를 장점으로 선택한 260명의 고객은 전체의 13%이므로

$$\frac{13}{100}x=260$$

$$\therefore\ x=260\times\frac{100}{13}=2,000$$명

68 　정답 ③

🔍 **정답해설**

① $143,000-(143,000\times 0.15)=143,000\times 0.85$
　$=121,550$원
② $165,000-(165,000\times 0.2)=165,000\times 0.8$
　$=132,000$원
③ $164,000-(164,000\times 0.3)=164,000\times 0.7$
　$=114,800$원
④ $154,000-(154,000\times 0.2)=154,000\times 0.8$
　$=123,200$원

∴ 가장 비용이 저렴한 경우는 ③이다.

69 　정답 ④

🔍 **정답해설**

협동조합이 산지에서 구매한 배추 가격을 a원이라 하고, 판매처별 배추 가격을 구하면 다음과 같다.

• 협동조합: $a\left(1+\frac{20}{100}\right)=1.2a$

• 도매상: 도매상의 판매가를 x원이라고 하면 $\frac{80}{100}x=1.2a$

　$\rightarrow x=1.5a$

• 소매상: $1.5a\left(1+\frac{20}{100}\right)=1.8a$

즉, 상승한 배추 가격은 $1.8a-a=0.8a$이다.

∴ 협동조합의 산지 배추 구매가격 대비 (유통과정에서) 상승한 소비자 구매 배추 가격의 비율은 $\frac{0.8a}{a}\times 100=80\%$이다.

70 　정답 ④

🔍 **정답해설**

• 변동 후 요금이 가장 비싼 노선은 D이므로, D는 2000번이다.
• 요금 변동이 없는 노선은 B이므로, B는 42번이다.
• 연장운행을 하기로 결정한 노선은 C로, C는 6번이다.
• A는 남은 번호인 3100번이다.

71

🔍 정답해설

연도별 전시 1회당 문화재 반출 허가 횟수를 구하면 다음과
같다.

구 분	반출 허가 횟수	전시 횟수	회당 반출 허가 횟수
2014년	924	18	51.3
2015년	330	10	33
2016년	1,414	28	50.5
2017년	1,325	24	55.2
2018년	749	9	83.2
2019년	1,442	21	68.7
2020년	1,324	20	66.2
2021년	1,124	23	48.9

따라서 전시 1회당 문화재 반출 허가 횟수가 가장 많은 해는
2018년이다.

72

정답 ④

🔍 정답해설

- 2020년 게임산업 수출액 중 가장 높은 비중을 차지하는 지
  역은 E국이다.
  2020년 전체 수출액 대비 E국의 수출액이 차지하는 비중을
  구하면 $\frac{9,742}{29,354} \times 100 ≒ 33.2\%$이다.
- 2020년 게임산업 수입액 중 가장 높은 비중을 차지하는 지
  역은 B국이다.
  2020년 전체 수입액 대비 B국의 수입액이 차지하는 비중을
  구하면 $\frac{6,002}{6,715} \times 100 ≒ 89.4\%$이다.

∴ 구하는 값은 89.4%−33.2%=56.2%이다.

73

정답 ①

🔍 정답해설

서울과 6대 광역시의 가맹점 수를 더한 값이 전체 가맹점 수
와 같으므로 서울과 6대 광역시를 제외한 나머지 지역에는
프랜차이즈가 위치하지 않는다.

① 중규모 가맹점과 대규모 가맹점이 모두 서울 지역에 위치
하고 있다면 이 둘의 결제 건수의 합인 4,758건이 모두
서울 지역에서 발생한 것이 되므로 서울 지역의 결제 건수
인 142,248건에서 4,758건을 뺀 137,490건이 최소로 가
능한 건수이다.

🔍 오답해설

② 6대 광역시 가맹점의 결제 건수의 합은 3,082+291+
1,317+306+874+205=6,075건으로 6,000건 이상
이다.

③ 가맹점 규모별 결제 건수 대비 결제 금액을 구하면 다음과
같다.
- 소규모: $\frac{250,390}{143,565} ≒ 1.74$만 원
- 중규모: $\frac{4,426}{3,476} ≒ 1.27$만 원
- 대규모: $\frac{2,483}{1,282} ≒ 1.94$만 원

④ 전체 가맹점 수에서 서울 지역 가맹점 수 비중은
$\frac{1,269}{1,363} \times 100 ≒ 93\%$이다.

74

정답 ②

🔍 정답해설

② 2015년 대비 2020년 한국의 이산화탄소 배출량의 증가
율: $\frac{562.92-469.1}{469.1} \times 100 = \frac{93.82}{469.1} \times 100 = 20\%$

🔍 오답해설

① 2020년 이산화탄소 배출량이 가장 많은 국가는 중국이며,
2020년 중국의 이산화탄소 배출량은 이란의 이산화탄소
배출량의 $\frac{7,126}{509} = 14$배이다.

③ • 영국의 2016년과 2020년 이산화탄소 배출량의 차:
534.7−483.5=51.2백만 톤
• 일본의 2016년과 2020년 이산화탄소 배출량의 차:
1,205.0−1,143.1=61.9백만 톤

④ 2018년 이산화탄소 배출량이 많았던 5개 국가를 순서대
로 나열하면, 중국(6,506.8백만 톤), 미국(5,586.8백만
톤), 러시아(1,593.4백만 톤), 인도(1,438.5백만 톤), 일
본(1,154.3백만 톤)이다.

75

정답 ④

🔍 정답해설

- 네 번째 조건: 2009년 대비 2019년 독신 가구 실질세 부담
  률이 가장 큰 폭으로 증가한 국가는 (다)이다. 즉, (다)는 포
  르투갈이다.
- 첫 번째 조건: 2019년 독신 가구와 다자녀 가구의 실질세
  부담률 차이가 덴마크보다 큰 국가는 (가), (다), (라)이다.
  네 번째 조건에 의하여 (다)는 포르투갈이므로 (가), (라)는
  캐나다, 벨기에 중 한 곳이다.
- 두 번째 조건: 2019년 독신 가구 실질세 부담률이 전년 대
  비 감소한 국가는 (가), (나), (마)이다. 즉, (가), (나), (마)
  는 벨기에, 그리스, 스페인 중 한 곳이다. 첫 번째 조건에
  의하여 (가)는 벨기에, (라)는 캐나다이다. 따라서 (나), (마)
  는 그리스와 스페인 중 한 곳이다.
- 세 번째 조건: (마)의 2019년 독신 가구 실질세 부담률은
  (나)의 2019년 독신 가구 실질세 부담률보다 높다. 즉, (나)
  는 그리스, (마)는 스페인이다.

01	③	02	②	03	④	04	③	05	②
06	④	07	④	08	③	09	①	10	②
11	③	12	①	13	③	14	③	15	②
16	②	17	③	18	①	19	②	20	④
21	②	22	①	23	③	24	②	25	②
26	②	27	④	28	③	29	③	30	②
31	①	32	①	33	④	34	④	35	③

01 정답 ③

🔍 정답해설

제시된 도수분포다각형을 도수분포표로 나타내면 다음과 같다.

던진 거리(m)	사람 수(명)
10 이상 ~ 15 미만	0
15 ~ 20	1
20 ~ 25	5
25 ~ 30	11
30 ~ 35	13
35 ~ 40	12
40 ~ 45	10
45 ~ 50	8
50 ~ 55	0

∴ 30m 이상 40m 미만으로 던진 사람은 모두 13+12=25명이다.

02 정답 ②

🔍 정답해설

나. 매년 참전유공자의 총 수는 줄어드는 반면, 65 ~ 74세에 해당하는 유공자의 수는 점점 늘어나므로 그 비율은 매년 증가하고 있다고 할 수 있다.

🔍 오답해설

가. 2014년 전체 참전유공자는 167,565+207,230+3,067 =377,862명이며, 이의 1%는 약 3,779명에 해당한다. 6·25 전쟁과 월남전에 모두 참전한 유공자는 3,067명으로 약 0.8%에 해당한다.

다. 2014년 월남전 참전유공자의 연령별 자료가 주어져 있지 않아 알 수 없다(2014년 전체 참전유공자 중에서는 65 ~ 69세의 연령이 가장 많다).

03 정답 ④

🔍 정답해설

④ 전단의 설명은 맞지만, 2020년이 2019년도에 비해 가장 큰 감소율을 보이는 지역은 '기타 지역'이다.

구 분	북 미	유 럽	아시아	기타 지역
증감률	92.3%	273.6%	−12.3%	−20.8%

🔍 오답해설

① 2019년의 글로벌 e-스포츠 시장 규모는 143+72+374 +24=613이고, 2020년의 글로벌 e-스포츠 시장 규모는 275+269+328+19=891이다.

∴ $\frac{891-613}{613} \times 100 = \frac{278}{613} \times 100 = 45.35\%$ 상승하였다.

② 2019년 대비 2020년에 시장 규모가 증가한 지역은 북미와 유럽이다.

• 북미: $\frac{275-143}{143} \times 100 = \frac{132}{143} \times 100 = 92.3\%$

• 유럽: $\frac{269-72}{72} \times 100 = \frac{197}{72} \times 100 = 273.6\%$

∴ 유럽이 가장 크게 상승하였다.

③ 〈2020년 글로벌 e-스포츠 시장 규모의 구성비〉에 따르면 '상금'이 74%로 그 비중이 가장 크므로, (275+269+ 328+19)×0.74=659.34

∴ 약 6억 6,000만 달러 규모이다.

04 정답 ③

🔍 정답해설

'학생 수'는 2003년 331,400명에서 2017년 228,868명으로 14년간 102,532명이 줄었다.

∴ 102,532÷14≒7,324, 매년 평균 약 7,324명 감소하고 있다.

🔍 오답해설

① 2003년 대비 2017년의 감소율은

$\frac{2003년 수치-2017년 수치}{2003년 수치} \times 100$이다.

∴ 학교 수 감소율은 약 9.5%, 학생 수 감소율은 약 30.9%, 교원 수 감소율은 약 1.4%이다.

② 교원 1인당 학생 수는 '$\frac{학생 수}{교원 수}$'이다.

∴ 각 연도별로 위 식을 적용하여 계산하면, 매년 감소한다는 것을 알 수 있다.

④ 학교당 학생 수는 '$\frac{학생 수}{학교 수}$'이다.

∴ 2003년 약 216명, 2017년 약 165명으로 2003년이 더 많다.

05

정답 ②

정답해설

- 2003 ~ 2005년: 40개교 감소
- 2007 ~ 2009년: 44개교 감소
- 2009 ~ 2011년: 36개교 감소
- 2013 ~ 2015년: 5개교 감소

∴ 2007 ~ 2009년에 학교 수가 가장 많이 감소했다.

전략 TIP

<그림-I>에서 기울기가 가장 큰 기간을 찾으면 됩니다.

06

정답 ④

정답해설

각 연령대를 기준으로 남성과 여성의 인구비율을 계산하면 다음과 같다.

구 분	남 성	여 성
0 ~ 14세	$\frac{323}{627} \times 100 ≒ 51.5\%$	$\frac{304}{627} \times 100 ≒ 48.5\%$
15 ~ 29세	$\frac{453}{905} \times 100 ≒ 50.1\%$	$\frac{452}{905} \times 100 ≒ 49.9\%$
30 ~ 44세	$\frac{565}{1,110} \times 100 ≒ 50.9\%$	$\frac{545}{1,110} \times 100 ≒ 49.1\%$
45 ~ 59세	$\frac{630}{1,257} \times 100 ≒ 50.1\%$	$\frac{627}{1,257} \times 100 ≒ 49.9\%$
60 ~ 74세	$\frac{345}{720} \times 100 ≒ 47.9\%$	$\frac{375}{720} \times 100 ≒ 52.1\%$
75세 이상	$\frac{113}{309} \times 100 ≒ 36.6\%$	$\frac{196}{309} \times 100 ≒ 63.4\%$

남성 인구가 40% 이하인 연령대는 75세 이상(36.6%)이며, 여성 인구가 50%를 초과한 연령대는 60 ~ 74세(52.1%)와 75세 이상(63.4%)이다. 따라서 ④가 적절하다.

07

정답 ④

정답해설

- 급류: $\frac{15}{10} = 1.5$명
- 고립: $\frac{8}{4} = 2$명
- 부주의: $\frac{40}{34} ≒ 1.17$명
- 래프팅: $\frac{21}{6} = 3.5$명

∴ 물놀이 사고 발생 건수 대비 사망자 수가 가장 많은 사고 유형은 래프팅이다.

08

정답 ③

정답해설

40세 이상 사망자 수는 15(40 ~ 49세)+2(50세 이상)으로 17명, 39세 이하 사망자 수는 2(10세 미만)+8(10 ~ 19세) +5(20 ~ 29세)+3(30 ~ 39세)으로 18명이다.

오답해설

① 사고 건수는 80건, 사망자 수는 112명이므로 사고 1건당 사망자 수는 $\frac{112}{80} = 1.4$명이다.

② 사고가 가장 많이 발생하는 연령대는 연령별 사고자 수 그래프의 막대가 가장 높은 40대이다.

④ 물놀이 사고 원인 그래프를 보면 부주의에 의한 사고 발생 건수 및 사망자 수가 가장 많은 것을 알 수 있다.

09

정답 ①

정답해설

㉠ 남학생 수는 2+3+4+10+5+5=29명, 여학생 수는 2 +3+5+9+6+4=29명으로 동일하다.

㉡ 남학생의 도수분포다각형은 여학생의 것보다 전체적으로 오른쪽, 즉 무거운 쪽에 위치한다.

오답해설

㉢ 가장 무거운 학생은 남학생 중에 있다.

㉣ 몸무게가 40kg 이상 ~ 55kg 미만인 학생은 남학생(3+4 +10=17명)보다 여학생(5+9+6=20명)이 더 많다.

10

정답 ②

오답해설

① 여학생들은 취미오락 동아리에 가장 많이 참여하였다.

③ 종교 동아리에 참여하는 여학생은 취미오락 동아리에 참여하는 여학생의 약 $\frac{1}{3}$이다.

④ 학습 동아리에 참여하는 남학생은 스포츠 동아리에 참여하는 남학생의 약 $\frac{1}{2}$이다.

11

정답 ③

정답해설

뇌혈관 질환으로 사망할 확률은 남성이 10만 명당 54.7명, 여성이 10만 명당 58.3명으로 남성이 여성보다 낮다.

12

정답해설

㉠ 〈연도별 지하수 평균수위〉 자료를 통해 확인할 수 있다.

㉡ 2015년 지하수 온도가 가장 높은 곳은 영양입암 관측소로 27.1℃이다. 2015년 지하수 평균수온과의 차이는 27.1 −14.4＝12.7℃이다.

오답해설

㉢ 2015년 지하수 전기전도도가 가장 높은 곳은 양양손양 관측소로 38,561.0μS/cm이다. 2015년 평균 전기전도도와 비교하면 38,561.0÷516≒74.73이므로 2015년 지하수 전기전도도가 가장 높은 곳은 평균 전기전도도의 76배 미만이다.

13 정답 ③

정답해설

2016년에 지니계수는 B 국가가 A 국가보다 낮다.

∴ 2016년에 B 국가는 A 국가보다 계층 간 소득 차가 적었다.

오답해설

① 2012년에 지니계수는 B 국가가 A 국가보다 낮으므로 B 국가가 A 국가보다 빈부의 격차가 더 적다.

② A 국가의 지니계수가 점점 작아지고 있으므로 소득 차이가 점점 작아지고 있음을 알 수 있다.

④ 제시된 그래프를 보면, 두 국가의 지니계수 차이가 가장 작은 해는 2018년임을 알 수 있다.

14 정답 ③

정답해설

• 1인 1일 사용량에서 영업용 사용량이 차지하는 비중

: $\frac{80}{282} \times 100 \coloneqq 28.37\%$

• 1인 1일 가정용 사용량 중 하위 두 항목이 차지하는 비중

: $\frac{20+13}{180} \times 100 \coloneqq 18.33\%$

15 정답 ②

오답해설

① 주어진 자료만으로는 알 수 없다.

③ 2017년 신 주택보급률이 가장 높았던 지역은 '광주'이다.

④ 증가와 감소를 반복하고 있다.

16 정답 ②

정답해설

전체 외국인 근로자의 직업 중 두 번째로 높은 비율을 차지하는 것은 농업이지만, 필리핀 근로자의 직업 중에서도 두 번째로 높은 비율을 차지하는지는 알 수 없다.

오답해설

①·③ 외국인 근로자의 출신 국가 비율이 높은 순으로 나열하면 몽골(37%), 필리핀(21%), 베트남과 중국(16%), 스리랑카(10%)이다.

④ 외국인 근로자가 많이 종사하는 직종 순으로 나열하면 음식업(40%), 농업(30%), 건축업(20%), 상업(10%)이다.

17 정답 ③

정답해설

• 전체 준공 실적: 36,827호

• 준공 실적 중 지방이 차지하는 비율: 36%

• 지방의 준공 호수: $36,827 \times \frac{36}{100} \coloneqq 13,258$호

• 전체 착공 실적: 34,919호

• 착공 실적 중 지방이 차지하는 비율: 47%

• 지방의 착공 호수: $34,919 \times \frac{47}{100} \coloneqq 16,412$호

∴ 지방의 준공 호수는 착공 호수보다 적다.

오답해설

① • 2020년 5월 분양 실적: 26,768호

• 2019년 5월 분양 실적: 50,604호

전년 동월 대비 2020년 5월 분양 실적의 증감률은 $\frac{26,768-50,604}{50,604} \times 100 \coloneqq -47.1\%$이다.

∴ 2020년 5월의 분양 실적은 작년 같은 달의 분양 실적보다 약 47.1% 감소하였다.

② • 전체 인허가 실적: 53,511호

• 인허가 실적 중 지방이 차지하는 비율: 55%

∴ 지방의 인허가 실적 수는 $53,511 \times \frac{55}{100} \coloneqq 29,431$호이다.

④ 2018 ~ 2020년 5월 전체 인허가 호수 대비 전체 준공 호수의 비중을 구하면 다음과 같다.

• 2018년 5월: $\frac{27,763}{56,861} \times 100 \coloneqq 48.83\%$

• 2019년 5월: $\frac{36,785}{52,713} \times 100 \coloneqq 69.78\%$

• 2020년 5월: $\frac{36,827}{53,511} \times 100 \coloneqq 68.82\%$

∴ 전체 인허가 호수 대비 전체 준공 호수의 비중은 2019년 5월이 가장 컸다.

18　정답 ①

제시된 그래프의 기울기가 가장 큰 구간은 2018 ~ 2019년이다. 즉, 전년 대비 개인정보 침해신고 상담 건수의 증가량이 가장 많았던 해는 2019년이다.

∴ 전년 대비 2019년의 상담 건수의 증가량은
122,215−54,832=67,383건이다.

② 2018년 개인정보 침해신고 상담 건수의 전년 대비 증가율: $\frac{54,832-35,167}{35,167} \times 100 ≒ 55.9\%$

③ 개인정보 침해신고 상담 건수는 2012년과 2017년에는 전년에 비해 감소하였다.

④ 2011년 개인정보 침해신고 상담 건수의 10배는 17,777 ×10=177,770>122,215이므로, 2019년 개인정보 침해신고 상담 건수는 2011년 상담 건수의 10배 미만이다.

19　정답 ②

제시된 그래프에서 선의 기울기가 가파른 구간은 2006 ~ 2007년, 2007 ~ 2008년, 2010 ~ 2011년이다. 2007년, 2008년, 2011년 물이용부담금 총액의 전년 대비 증가폭을 구하면
• 2007년: 6,631−6,166=465억 원
• 2008년: 7,171−6,631=540억 원
• 2011년: 8,108−7,563=545억 원

∴ 물이용부담금 총액이 전년과 비교할 때 가장 많이 증가한 해는 2011년이다.

㉠ 제시된 자료를 통해 매년 지속적으로 증가하는 것을 확인할 수 있다.

㉢ 2015년 금강유역 물이용부담금 총액
 : 8,661×0.2=1,732.2억 원
 ∴ 2015년 금강유역에서 사용한 물의 양
  : 1,732.2억 원÷160원/m³ ≒10.83억m³

㉣ 2015년 물이용부담금 총액의 전년 대비 증가율
 : $\frac{8,661-8,377}{8,377} \times 100 ≒ 3.39\%$

20　정답 ④

제시된 자료에서 중학생과 고등학생 각각의 총 인원 수가 구체적으로 나와 있지 않으므로 알 수 없다.

① 전문계 고등학생 1인당 월평균 사교육비는 6만 7천 원으로, 학교급별 1인당 월평균 사교육비는 가장 적다.

② 1인당 월평균 사교육비는 일반고 학생이 24만 원으로 가장 많다.

③ $200 \times \frac{88.8}{100} = 177.6$이므로 옳은 설명이다.

21　정답 ②

• '자녀 유학을 원함'에 응답한 학부모의 수
 : $1,500 \times \frac{51.8}{100} = 777$명

• 이 중 '외국의 학력을 더 인정하는 풍토 때문'이라고 응답한 학부모의 수: $777 \times \frac{48}{100} ≒ 372$명(∵ 소수점 이하 버림)

• '외국어 습득에 용이'라고 응답한 학부모의 수
 : $777 \times \frac{7.4}{100} ≒ 57$명(∵ 소수점 이하 버림)

∴ 두 응답자 수의 차: 372−57=315명

22　정답 ①

② 경제규제는 부패도와 강한 양의 상관관계, 경제성장률과는 음의 상관관계를 갖는다.
 ∴ 부패도와 경제성장률은 음의 상관관계를 보일 것이다.

③ 그림은 상호관련성만을 보여주고 있으므로 정확한 인과관계는 판단할 수 없다.

④ 부패도는 덴마크가 가장 낮다.

23　정답 ③

2005년 1차 산업 취업자가 0 ~ 20% 구간의 $\frac{1}{3}$을 차지하고 있으므로 약 7% 정도임을 알 수 있다. 따라서 1980년의 1차 산업 취업자가 2005년 대비 6배 이상이 되기 위해선 약 40% 이상이 되어야 하는데, 1980년의 1차 산업 취업자는 40%가 채 되지 않음을 알 수 있다.

24　정답 ④

1년 중 사고 발생 건수가 가장 많은 달은 1,155회의 사고가 발생한 5월이다.

$\frac{\text{해당 월 사고 발생 건수}}{\text{연간 총 사고 건수}}$'를 이용하여 연간 사고 발생 비율을 구하면, $\frac{1,155}{10,948} \times 100 ≒ 10.5\%$이다.

25 정답 ②

정답해설

사고 발생 건수 대비 사망자 수의 비율이 0.5% 이상이 되려면

$\dfrac{\text{사망자 수}}{\text{발생 건수}} \times 100 \geq 0.5\%$ 조건을 만족해야 하므로,

$\dfrac{\text{사망자 수}}{\text{발생 건수}} \geq \dfrac{5}{1000} \rightarrow \dfrac{\text{사망자 수}}{\text{발생 건수}} \geq \dfrac{1}{200}$

→ 사망자 수 $\times 200 \geq$ 발생 건수

∴ 사고 발생 건수 대비 사망자 수의 비율이 0.5% 이상인 월은 1, 2, 6, 10, 12월 총 5번이다.

〈월별 연간 사고 발생 비율〉

(단위 : 건, 명, %)

월 별	1월	2월	3월	4월	5월	6월
발생 건수	708	596	849	967	1,155	1,052
사망자 수	4	3	4	4	5	8
사망 비율	0.56	0.503	0.47	0.41	0.43	0.76

월 별	7월	8월	9월	10월	11월	12월
발생 건수	944	1,111	1,018	958	848	742
사망자 수	4	1	5	9	3	4
사망 비율	0.42	0.09	0.49	0.94	0.35	0.54

26 정답 ③

오답해설

① 발생 건수 당 사망률이 $\dfrac{\text{사망자 수}}{\text{발생 건수}} \times 100$ 이므로,

- 2020년 : $\dfrac{71}{11,284} \times 100 \fallingdotseq 0.63\%$

- 2021년 : $\dfrac{54}{10,960} \times 100 \fallingdotseq 0.49\%$

∴ 2020년 대비 2021년 사망률은 감소하였다.

② 사망자 수 변동률 : $\dfrac{54-71}{71} \times 100 \fallingdotseq -24\%$

∴ 약 24%가 감소하였다.

④ 사고 1건 당 부상자 수가 $\dfrac{\text{부상자 수}}{\text{발생 건수}}$ 이므로,

- 2020년 : $\dfrac{14,215}{11,284} \fallingdotseq 1.26$명

- 2021년 : $\dfrac{13,433}{10,960} \fallingdotseq 1.23$명

∴ 2020년이 더 많다.

27 정답 ④

정답해설

그래프를 역순으로 계산하여 21번째 지점을 찾으면 된다. 8명(61회 이상)+9명(51~60회)+6명(41~50회)의 합은 23명이므로 21번째 학생은 41~50회 그룹에 포함된다.

28 정답 ②

오답해설

① • '나' 기업의 수익률 : $\dfrac{10}{100} \times 100 = 10\%$

• '바' 기업의 수익률 : $\dfrac{25}{200} \times 100 = 12.5\%$

③ 매출액 대비 수익률은 기울기로 비교할 수 있다. 매출액 대비 가장 큰 수익률을 낸 기업은 기울기가 가장 가파른 '라' 기업이다.

④ 매출액이 200억 이상이거나 영업이익이 20억 이상인 기업 수는 '라, 마, 바, 사, 아, 자' 기업으로 6개다.

29 정답 ③

정답해설

수익률이 10%인 '나' 기업을 기준으로 잡는다. 원점과 '나' 기업을 직선으로 이었을 때, 직선의 오른쪽에 위치한 기업들이 수익률이 10%에 미치지 못하는 기업이다. 따라서 수익률이 10% 이하인 기업은 '나, 다, 아' 3개이다.

30 정답 ②

정답해설

그래프는 전년 대비 증가율을 나타낸 것이다. 2018년 총매출액은 전년 대비 1.0% 증가하였다.

오답해설

① 전년 대비 매출성장률이 2016년을 제외하고(0.0%) 모두 (+)성장률을 나타내고 있으므로, 총매출액이 매년 증가하여 2019년이 가장 많다.

③ 2015년 총매출액은 2014년보다 0.5% 증가하였다.

④ 성장률의 수치가 4번 감소하기는 하였으나 이것이 총매출액의 감소를 의미하는 것은 아니다. 2016년의 증가율이 0.0%여서 2015년과 2016년의 총매출액이 같았을 뿐, 총매출액이 감소한 경우는 없다.

31

🔍 **정답해설**

① 2012 ~ 2021년 중 최대 수출실적을 기록한 해는 2021년
이다. 그러나 2021년 국내 생산과 내수 판매는 2020년에
비해 모두 감소하였다.

🔍 **오답해설**

③ • 2012년 수출 금액: 약 250억 불
 • 2021년 수출 금액: 약 750억 불
 ∴ 2012년 대비 2021년의 수출 금액 증가율
 $: \dfrac{750-250}{250} \times 100 = 200\%$

32

정답 ①

🔍 **정답해설**

도보를 이용하는 직원은 $1200 \times 0.39 = 468$명이고, 버스만
이용하는 직원은 $1200 \times 0.45 \times 0.27 = 146$명으로 모두 468
$+146 = 614$명이므로 이 중 25%는 $614 \times 0.25 = 154$명이
다. 30분 초과 45분 이하인 인원에서 도보 또는 버스만 이용
하는 직원을 제외하면 $260-154 = 106$명이 된다.
따라서 이 인원이 자가용으로 출근하는 전체 인원에서 차지하
는 비중은 $\dfrac{106}{1,200 \times 0.16} \times 100 = 55\%$이다.

33

정답 ④

🔍 **정답해설**

④ • 영남지역의 기초생활수급자 수
 $: 1,346+688+225+1,419+1,201 = 4,879$명
 • 영남지역의 차상위계층 수
 $: 335+204+36+737+690 = 2,002$명
 • 영남지역의 차상위초과 수
 $: 591+364+53+1,014+1,105 = 3,127$명
 • 영남지역 전체 노인돌봄서비스 이용자 수
 $: 4,879+2,002+3,127 = 10,008$명
 $\rightarrow 10,008 \times \dfrac{50}{100} = 5,004 < 2,022+3,127 = 5,149$

즉, 영남지역 전체 노인돌봄서비스 이용자 수에서 차상위
계층과 차상위초과 이용자 수가 차지하는 비중은 50%를
넘는다.

🔍 **오답해설**

① 제시된 자료를 보면 충남을 제외한 모든 지역의 노인돌봄
서비스 이용자 수는 기초생활수급, 차상위초과, 차상위계
층 순으로 많음을 알 수 있다.
② 수도권지역 노인돌봄서비스의 차상위계층 이용자 수를 구
하면 $355+199+666 = 1,220$명이다.
 $1,220 \div 2 = 610 < 666$이므로 옳은 설명이다.

③ • 호남지역의 기초생활수급자 수
 $: 1,109+1,761+1,425 = 4,295$명
 • 호남지역의 차상위계층 수
 $: 358+863+1,159 = 2,380$명
 • 호남지역의 차상위초과 수
 $: 549+1,014+1,305 = 2,868$명
 • 호남지역 전체 노인돌봄서비스 이용자 수
 $: 4,295+2,380+2,868 = 9,543$명
 따라서 호남지역 전체 노인돌봄서비스 이용자 중 기초생
활수급자가 차지하는 비율은 $\dfrac{4,295}{9,543} \times 100 = 45\%$이다.

34

정답 ④

🔍 **정답해설**

㉠ 2017년 대비 2019년 의사 수의 증가율은 $\dfrac{11.40-10.02}{10.02}$
 $\times 100 = 13.77\%$이고, 간호사 수의 증가율은
 $\dfrac{19.70-18.60}{18.60} \times 100 = 5.91\%$이다.
 따라서 의사 수의 증가율은 간호사 수의 증가율보다
 $13.77-5.91 = 7.86\%p$ 높다.
㉢ 2010 ~ 2014년 동안 의사 한 명당 간호사 수를 구하면
 다음과 같다.
 • 2010년: $\dfrac{11.06}{7.83} = 1.41$명
 • 2011년: $\dfrac{11.88}{8.45} = 1.40$명
 • 2012년: $\dfrac{12.05}{8.68} = 1.38$명
 • 2013년: $\dfrac{13.47}{9.07} = 1.48$명
 • 2014년: $\dfrac{14.70}{9.26} = 1.58$명
 따라서 2014년의 의사 한 명당 간호사 수가 약 1.58명으
 로 가장 많다.
㉣ 2013 ~ 2016년까지 간호사 수의 평균은
 $\dfrac{13.47+14.70+15.80+18.00}{4} = 15.49$만 명이다.

🔍 **오답해설**

㉡ 2011 ~ 2019년 동안 전년 대비 의사 수의 증가량이 2천
 명 이하인 해는 2014년이다. 2014년의 의사와 간호사 수
 의 차는 $14.70-9.26 = 5.44$만 명이다.

35

정답해설

③ 2019년 제2군 감염병 발생자 수 중 전년 대비 증가한 병은 백일해, 일본뇌염, 수두이다.

2019년 세 감염병 발생 수의 전년 대비 증가율을 각각 구하면 다음과 같다.

• 백일해: $\dfrac{205-88}{88} \times 100 ≒ 132.95\%$

• 일본뇌염: $\dfrac{40-26}{26} \times 100 ≒ 53.85\%$

• 수두: $\dfrac{46,330-44,450}{44,450} \times 100 ≒ 4.23\%$

즉, 2019년 제2군 감염병 중 백일해의 전년 대비 발생 증가율이 가장 높다.

오답해설

① 2018년과 2019년의 제1~4군의 감염병 발생자 수를 구하면 다음과 같다.

• 제1군 감염병 발생자 수

   – 2018년: 251+37+110+111+1,307=1,816명

   – 2019년: 121+44+88+71+1,804=2,128명

• 제2군 감염병 발생자 수

   – 2018년: 88+442+25,286+26+44,450
   =70,292명

   – 2019년: 205+7+23,448+40+46,330
   =70,030명

• 제3군 감염병 발생자 수

   – 2018년: 638+5,809+61+8,130+58
   =14,696명

   – 2019년: 699+7,002+37+9,513+104
   =17,355명

• 제4군 감염병 발생자 수

   – 2018년: 165+8+1+13+2+55=244명

   – 2019년: 255+27+2+9+4+79+185=561명

즉, 2019년의 제2군 감염병 발생자 수는 전년 대비 감소하였고, 나머지 감염병 발생자 수는 전년 대비 증가하였다.

② • 2018년의 제1군 감염병 발생자 수: 1,816명

  • 2018년의 A형간염 발생자 수: 1,307명

   → 2018년 제1군 감염병 발생자 수 중 A형간염 발생자 수가 차지하는 비율은 $\dfrac{1,307}{1,816} \times 100 ≒ 71.97\%$이다.

  • 2019년의 제1군 감염병 발생자 수: 2,128명

  • 2019년의 A형간염 발생자 수: 1,804명

   → 2019년 제1군 감염병 발생자 수 중 A형간염 발생자 수가 차지하는 비율은 $\dfrac{1,804}{2,128} \times 100 ≒ 84.77\%$이다.

즉, 2019년의 제1군 감염병 전체 발생자 수 중 A형간염 발생자 수가 차지하는 비중은 2018년보다 증가하였다.

④ 제시된 자료를 보면 2018년에 발생자 수 없던 MERS가 2019년에 제4군 감염병 중 2번째 높은 순위를 기록하며 2018년과 발생자 수 순위의 변동이 있었다.

2024 SD에듀 ROTC/학사장교 KIDA 간부선발도구 고득점 단기완성

개정5판1쇄 발행	2024년 01월 05일 (인쇄 2023년 11월 21일)
초 판 발 행	2017년 04월 10일 (인쇄 2017년 03월 09일)
발 행 인	박영일
책 임 편 집	이해욱
편 저	SD장교수험기획실
편 집 진 행	박종옥 · 정유진
표지디자인	조혜령
편집디자인	차성미 · 곽은슬
발 행 처	(주)시대고시기획
출 판 등 록	제10-1521호
주 소	서울시 마포구 큰우물로 75 [도화동 538 성지 B/D] 9F
전 화	1600-3600
팩 스	02-701-8823
홈 페 이 지	www.sdedu.co.kr

I S B N	979-11-383-6352-5
정 가	25,000원

육·해·공군

ROTC/
학사장교

KIDA 간부선발도구
고득점 단기완성